KB080488

중간 · 기말 · 내신 대비를 위한

평가문제집

중학교

기술 · 가정 **1**

(주) 삼양미디어

발 행 일	2022년 5월 10일
저　　자	김성교 · 이정규 · 한주 · 김갑순 · 안영순 · 한정동
발 행 인	신재석
발 행 처	(주)삼양미디어
등록번호	제10–2285호
주　　소	서울시 마포구 양화로 6길 9–28
전　　화	02 335 3030
팩　　스	02 335 2070
홈페이지	www.samyangM.com
정　　가	11,000원
I S B N	978-89-5897-351-5(53590)

CONTENTS

중학교 **기술 · 가정** ①

I

청소년기 발달의 이해

01. 청소년기 발달과 긍정적 자아 정체감 형성 ············ 6
　　중단원 핵심 문제 ································· 8
02. 건강한 친구 관계 만들기 ··················· 11
　　중단원 핵심 문제 ································· 12
03. 청소년기의 건강한 성 가치관 정립 ··········· 14
　　중단원 핵심 문제 ································· 17
● 대단원 정리 문제 ······························· 20
● 수행 활동 ····································· 26

II

청소년기 식·의·주 생활문화와 안전

01. 청소년기 식생활 ························· 32
　　중단원 핵심 문제 ································· 35
02. 개성은 살리고 타인은 배려하는 의생활 실천 ··· 38
　　중단원 핵심 문제 ································· 40
03. 의복 마련 계획과 선택 ··················· 42
　　중단원 핵심 문제 ································· 44
04. 청소년기 생활 문제와 예방 ··············· 46
　　중단원 핵심 문제 ································· 47
05. 쾌적한 주거 환경과 안전 ················· 49
　　중단원 핵심 문제 ································· 51
06. 다양한 안전사고의 예방과 대처 ··········· 53
　　중단원 핵심 문제 ································· 55
● 대단원 정리 문제 ······························· 57
● 수행 활동 ····································· 64

III

청소년기 자기 관리와 소비 생활

01. 청소년의 균형 잡힌 자기 관리 ············· 70
　　중단원 핵심 문제 ································· 71
02. 의복 재료에 따른 세탁과 관리 /
03. 창의적이고 친환경적인 의생활 ············· 73
　　중단원 핵심 문제 ································· 77
04. 청소년기 합리적인 소비 생활 ············· 80
　　중단원 핵심 문제 ································· 82
05. 청소년기 책임 있는 소비 생활 실천 ········· 85
　　중단원 핵심 문제 ································· 87
● 대단원 정리 문제 ······························· 89
● 수행 활동 ····································· 96

IV

기술과 발명의 이해, 그리고 **표준화**

01. 기술의 발달과 사회 변화 ·················· 104
    중단원 핵심 문제 ·················· 106
02. 기술의 발달과 안전한 생활 ·················· 108
    중단원 핵심 문제 ·················· 110
03. 기술적 문제 해결하기 /
04. 발명의 이해 ·················· 112
    중단원 핵심 문제 ·················· 114
05. 특허와 지식 재산권 ·················· 116
    중단원 핵심 문제 ·················· 118
06. 생활 속 문제, 창의적으로 해결하기 ·················· 120
    중단원 핵심 문제 ·················· 122
07. 표준의 이해 /
08. 생활 속 불편함, 표준화로 해결하기 ·················· 124
    중단원 핵심 문제 ·················· 126
◉ 대단원 정리 문제 ·················· 128
◉ 수행 활동 ·················· 132

V

생산 기술 시스템

01. 생산 기술의 이해 /
02. 제조 기술 시스템과 생산 과정 ·················· 138
    중단원 핵심 문제 ·················· 141
03. 제조 기술의 특징과 발달 전망 /
04. 제조 기술 문제, 창의적으로 해결하기 ·················· 144
    중단원 핵심 문제 ·················· 147
05. 건설 기술 시스템과 생산 ·················· 149
    중단원 핵심 문제 ·················· 151
06. 건설 기술의 특징과 발달 ·················· 153
    중단원 핵심 문제 ·················· 155
07. 건설 기술 문제, 창의적으로 해결하기 ·················· 157
    중단원 핵심 문제 ·················· 158
◉ 대단원 정리 문제 ·················· 159
◉ 수행 활동 ·················· 164

정답과 해설

◉ 중단원 핵심 문제 & 대단원 정리 문제 ·················· 166
◉ 수행 활동 ·················· 196

I

청소년기 발달의 이해

01 청소년기 발달과 긍정적 자아 정체감 형성

02 건강한 친구 관계 만들기

03 청소년기의 건강한 성 가치관 정립

01 청소년기 발달과 긍정적 자아 정체감 형성

① 청소년기의 신체 발달을 알아볼까

1 청소년기의 의미

❶ 청소년기는 어린이에서 어른으로 변화해 가는 시기로 청소년 기본법에서는 9세 이상~24세 이하를 청소년 이라고 보고, 청소년 보호법에서는 19세 미만을 청소년 으로 보고 있다.

❷ 청소년기는 신체적·생리적·사회적·심리적으로 변화 가 왕성하며, 자아 정체감 형성이 중요한 발달 과업이다.

❸ 청소년기에 획득해야 할 발달 과업
- 자아 정체감 형성
- 사회적 역할 획득
- 독립 과업 성취
- 윤리적 체계 획득

> **TIP** 발달 과업
>
> 인간이 성장·발달하는 각 단계에서 획득해야 할 행동 형태 로, 이를 획득하면 그 시기에 잘 적응할 수 있고 획득하지 못 하면 적응이 잘 안 되어 다음 시기의 행동 발달에도 지장을 미친다.

2 성장 급등

❶ 청소년기에 신장과 체중이 급격하게 성장하는 것을 성 장 급등이라고 하며, 청소년기의 성장은 유전·영양· 기후·성별에 따라 개인차가 크다.

❷ 일반적으로 여학생이 남학생보다 2~3년 정도 일찍 성 장하나, 남학생은 대체로 21세까지 키가 계속 크는 반 면 여학생은 남학생보다 일찍 성장이 멈춘다.

❸ 청소년기 무분별한 다이어트나 거식증 같은 식습관 장 애는 체중을 심각하게 줄게 하고, 월경을 잠시 중단시 키는 원인이 되기도 한다.

3 청소년기 성적 성숙과 2차 성징

❶ 2차 성징이란 청소년기에 나타나는 신체의 형태와 기 능적인 특징을 나타내는 것으로 성호르몬의 영향을 받 는다.

❷ 다른 신체 발달과 마찬가지로 성적 성숙, 즉 2차 성징 역시 개인차가 있다. 대체로 여학생은 9~16세 사이, 남학생은 10~18세 사이에 2차 성징이 나타난다.

❸ 오늘날 2차 성징도 개인의 유전, 영양, 건강 등에 따라

개인차가 있으므로 친구들과 비교하기보다는 자신의 내적 성숙에 노력하는 것이 좋다.

| 남녀 공통적으로 여드름이 나고, 생식 기관과 겨드랑이에 털이 나기 시작한다. | 남 | 수염이 나고 목소리가 굵어지며 근육 이 발달하여 남성다운 체형으로 바뀐 다. 또한 생식 기관이 발달하고 몽정을 경험하게 된다. |
| | 여 | 가슴이 발달하고 피하지방이 축적되며 골반이 확대되어 여성다운 체형으로 바뀐다. 자궁이 발달하여 초경이 시작 된다. |

▲ 2차 성징의 특징

② 청소년기의 인지 발달을 알아볼까

청소년기에는 지적 능력이 발달하면서 자아 정체성, 도덕성, 사회성이 향상된다.

가설적 사고

가설을 세우고 정답의 범위 를 단계적으로 좁혀가는 사 고 능력

조합적 사고

모든 가능성을 체계적으로 생각하여 조합하는 능력

메타 인지 (사고에 대한 사고)

자신이 생각하는 것에 대한 사고로, 한 차원 높게 자신을 객관적으로 바라보는 능력

은유에 대한 이해

언어의 비유적인 표현을 이 해하고 활용하는 능력

▲ 청소년기의 인지 발달

③ 청소년기의 정서 발달을 알아볼까

1 정서의 발달

1) 청소년기 정서 발달

❶ 정서: 사람이 자극을 받았을 때 느끼는 기쁨, 사랑, 만족, 슬픔, 분노, 불안 등의 감정 상태이다.

❷ 청소년기는 제2의 반항기라고 할 만큼 정서 변화가 많으며, 청소년기의 정서 불안은 자연스러운 과정이다.

❸ 청소년기 정서 발달의 특징

• 열등감과 무력감을 느끼기도 한다.

• 동조 의식: 같은 집단의 친구들과 동질감을 느끼기 위해 외모, 스타일 등을 같게 하려는 것

• 타인을 우상화: 자신의 존재보다는 연예인이나 스포츠 스타, 친구, 선생님 등의 타인을 우상화하고 의지하면서 만족감을 얻는 것

2) 자아 중심성의 발달

❶ 자아 중심성: 자기를 중심으로 다른 이를 판단하는 경향이다.

❷ 자아 중심성의 특성

• 상상적 관중: 모두 나만 바라보고 있을 것이라는 생각

• 개인적 우화: 난 누구보다 독특하고 특별한 존재라는 생각

2 자아 존중감과 자아 정체감

1) 자아 개념

❶ 자아: 자기가 어떤 사람이라고 생각하는 스스로의 의견이나 생각 따위를 의미한다.

❷ 긍정적 자아 개념: 자신감 있고 주도적으로 일을 처리하며 자신을 쓸모 있는 사람이라고 생각한다.

❸ 부정적 자아 개념: 자신을 쓸모없는 사람이라 생각하고, 열등감에 시달리며, 다른 사람과 잘 지내지 못한다.

2) 자아 존중감

❶ 자아 존중감: 자신을 인정하고, 자신의 능력을 신뢰하며, 자신을 가치 있는 존재로 느끼고 사랑하는 것이다.

❷ 진정한 자아 존중감은 다른 사람의 인정이 아니라 스스로 자신을 인정하면서 형성된다.

❸ 자아 존중감이 높은 사람

• 사람의 외모나 돈, 학벌보다는 인격을 중요하게 생각하고 다른 사람의 험담을 하지 않는다.

• 실수를 하면 다음 기회의 발판으로 삼는다.

• 일단 마음먹은 일은 끝까지 해낸다.

• 남을 시기하고 질투하지 않으며, 함께 잘 되기를 바란다.

• 친절하고 남을 배려한다.

3) 자아 정체감

❶ 자아 정체감: '나는 누구인가', '나는 왜 사는가' 등에 스스로 하는 대답 또는 느낌이다.

❷ 자아 정체성이 형성되었다는 것은 자기의 성격, 취향, 가치관, 능력, 관심 분야를 명확하게 이해하고 있다는 것을 의미한다.

❸ 자아 정체성은 아동기에서 시작해 청소년기를 거쳐 성인기까지 형성되며, 청소년기의 주요 과업이기도 하다.

❹ 자아 정체성이 잘 형성된 사람의 특징

• 자주성이 강하다.

• 자신이 독특한 존재라는 것을 스스로 잘 이해한다.

• 삶의 목표를 확실히 정한다.

• 의사 결정을 할 때 주도적이다.

④ 청소년기의 사회·도덕성 발달을 알아볼까

1 사회성 발달

1) 사회성 발달과 성 역할

❶ 사회성: 다른 사람이나 주변 환경과 관계를 맺어 나가면서 발달하는 능력이다.

❷ 성 역할: 사회가 개인에게 남자 또는 여자로서 기대하는 역할이다.

2) 사회성 발달 및 성 역할과 직업의식

❶ 청소년기에는 신체적으로 여성과 남성의 구분이 뚜렷해지면서 성 정체성을 형성하고 사회에서 기대하는 성에 대한 역할을 형성하게 된다.

❷ 전통 사회에서는 남자와 여자의 역할을 구분하였으나 현대 사회에서는 개인의 능력과 적성을 중요시하여 남성성과 여성성을 동시에 가지고 있는 양성성을 바람직하게 여긴다.

❸ 현재는 성 역할에 따라서 직업을 구분하지 않고 자신의 관심, 적성, 능력에 따라서 직업을 선택하는 경향이 높게 나타난다.

3 도덕성 발달

❶ 도덕성: 도덕적 품성, 곧 선악의 관점에서 본 인격·판단·행위 따위에서 보이는 가치를 의미한다.

❷ 도덕성이 높은 사람의 특징

• 삶에 만족하고 희망적이며 낙관적이다.

• 자신을 존중하고, 일상생활에서 보람과 당당함을 느낀다.

• 가정생활도 학교생활도 만족한다.

• 다른 사람과 사회에도 좋은 영향을 준다.

중단원 핵심 문제

01 다음 중 청소년기의 성장 급등 현상에 대해 바르게 설명하지 <u>않은</u> 것은?

① 신체 각 부분의 성장 속도는 다르다.
② 성장 급등 시기는 점차 늦어지는 추세이다.
③ 여자는 9~11세경, 남자는 11~13세경에 나타난다.
④ 4~5년간 성장이 계속되면서 성인 수준의 키와 몸무게가 된다.
⑤ 얼굴 모양이 길쭉하게 변하고, 코와 입이 커지고 넓어지게 된다.

02 다음의 (   ) 안에 들어가기에 적합한 청소년기의 발달 특징을 일컫는 용어로 가장 알맞은 것은?

> ### 성 조숙증 의심 어린이 2년 사이 4배 급증
>
> 8~9세 이전에 성 조숙 증상으로 병원을 찾는 어린이가 급증하고 있다. 성 조숙증은 유방 발달, 고환 크기의 증가, 음모 발달 등의 (   )이 여자 아이는 8세 이전, 남자 아이는 9세 이전에 나타나는 것으로, 빠른 뼈 성숙을 가져와 성장판이 조기에 닫히기 때문에 키가 제대로 크지 못하거나 심리적, 정신적 문제도 나타날 가능성이 있다.
>
> —○○신문

① 양성성
② 성장 급등
③ 1차 성징
④ 2차 성징
⑤ 자아 정체감

03 청소년기의 신체적 발달 특징으로 옳은 것을 〈보기〉에서 모두 고른 것은?

> ┌〈 보기 〉────────
> ㉠ 청소년들의 성장 시기가 점차 늦어지고 있다.
> ㉡ 신체 각 부분의 성장 속도가 다르게 나타나기도 한다.
> ㉢ 일반적으로 여자가 남자보다 성장 급등이 먼저 일어난다.
> ㉣ 성장은 개인차 없이 나이에 따라 동시적으로 일어나는 현상이다.

① ㉠, ㉡
② ㉠, ㉢
③ ㉡, ㉢
④ ㉠, ㉡, ㉢
⑤ ㉡, ㉢, ㉣

04 다음 중학생의 모둠 일기에서 밑줄 친 부분과 같은 청소년의 생각을 가장 잘 나타내는 용어는?

> ### 우리 모둠 일기 – 요즘 나는…….
> 준기: 선생님이 나만 미워하시는 것 같아. 자꾸 나만 지적해….
> 지혜: 친구들이 내 여드름만 보는 것 같아. 그래서 머리카락으로 얼굴을 자꾸 가리게 돼.
> 병기: 난 아침에 학교 올 때마다 늦을까봐 무단횡단을 하는데, 나한테 사고는 절대 일어나지 않을 거야. 왜냐하면 나는 불사신이니까 ….
> 수정: 쉬는 시간마다 마주치는 옆 반 남자애가 아무래도 나를 좋아하는 것 같아.

① 성 역할
② 자아 존중감
③ 자아 정체감
④ 개인적 우화
⑤ 상상의 관중

05 문제 해결을 위해 가설을 세우고 차례로 시험하면서 정답의 범위를 단계적으로 좁혀나가는 청소년기 지적 발달의 특성은?

① 가설적 사고
② 구체적 사고
③ 조합적 사고
④ 상징적 사고
⑤ 물활론적 사고

06 다음 사례를 통해 알 수 있는 청소년기의 도덕성 발달 특징으로 가장 적절한 것은?

> 중학생인 지수는 설거지를 하려다가 컵을 여러 개 깬 콩쥐보다 컵 한 개를 고의로 던져서 깬 팥쥐가 더 나쁘다고 판단하였다.

① 행동의 결과를 중요하게 여긴다.
② 행동의 의도와 동기를 중요하게 생각한다.
③ 상과 벌을 가장 중요한 도덕적 척도로 생각한다.
④ 자신의 입장만을 도덕적인 판단 근거로 생각한다.
⑤ 중학생 시기에는 타인에게 '착한' 사람으로 인정받는 것을 가장 중요하게 여긴다.

07 다음은 인터넷 상담실에 올라온 질문과 답변이다. 선생님의 답변 중 (　　) 안에 들어가기에 적절하지 않은 것은?

> **Q 학생의 상담 내용**
> 선생님, 제가 요즘 이상해요! 부모님의 말씀이 잔소리로 느껴져 짜증을 내고, 이유없이 슬퍼지기도 해요. 어쩌면 좋죠?
> — 박미소 학생(중1)
>
> **A 선생님의 답변**
> 미소 학생, 자연스러운 성장 과정이니 너무 걱정하지 않아도 될 것 같네요. 청소년기는 (　　　　　　　　) 시기입니다. 다만 미소 학생이 보다 긍정적인 의사소통을 할 수 있도록 노력해 보면 좋겠죠?

① 정서적 변화가 심한
② 감수성이 예민해지는
③ 정서적으로 불안하거나 초조해지기 쉬운
④ 무의식적인 열등감에 빠지기도 하는
⑤ 주로 구체적인 사물에 대해 공포를 느끼는

08 밑줄 친 부분과 가장 관계있는 청소년기의 심리적 발달 과정은?

이 영화에서 당신은 '나는 누구인가?' 혹은 '나는 무엇을 해야 하는가?'라는 질문으로 고민하고 방황하는 사춘기 아이들을 만날 수 있다.

① 양성성
② 2차 성징
③ 자기 중심성
④ 자아 정체감
⑤ 성 역할 고정 관념

09 다음 중 긍정적인 자아 정체감을 갖고 있다고 보기 어려운 학생은?

① 동욱: 열심히 노력하면 다 잘 될 거야.
② 희태: 조금만 더 노력하면 나도 선생님께 칭찬받을 수 있어.
③ 진우: 괜히 발표했다가 틀려서 친구들이 웃으면 어떻게 하지?
④ 정희: 나는 친구들에게 인기가 있고 애들이 좋아할 만한 아이야.
⑤ 준영: 내 목표인 전문 상담가가 되려면 열심히 공부하며 노력해야지.

10 다음 중 청소년기에 수행해야 하는 발달 과업이 아닌 것은?

① 인생의 목표를 세운다.
② 자아 정체감을 형성한다.
③ 건전한 또래 관계를 형성한다.
④ 적성에 맞는 진로를 선택하고 준비한다.
⑤ 부모님에게서 벗어나 혼자 독립해서 생활한다.

11 다음 〈보기〉 중에서 청소년기 남녀에게 공통적으로 나타나는 특징을 모두 고르시오.

> 〈 보기 〉
> ㉠ 음모가 생긴다.　　　　㉡ 음성이 변한다.
> ㉢ 근육이 발달한다.　　　㉣ 몽정을 경험한다.
> ㉤ 여드름이 생긴다.　　　㉥ 초경이 나타난다.
> ㉦ 생식 기관이 발달한다.　㉧ 골반이 넓어진다.

① ㉠, ㉤, ㉧　　　　　　② ㉠, ㉤, ㉦
③ ㉠, ㉡, ㉢, ㉥　　　　④ ㉠, ㉡, ㉦, ㉧
⑤ ㉡, ㉢, ㉣, ㉧

12 다음 중 청소년기에 나타나는 신체적 발달의 특징이 아닌 것은?

① 성호르몬의 분비가 증가한다.
② 키와 몸무게가 급격히 증가한다.
③ 청소년기의 성장에는 개인차가 있다.
④ 일반적으로 남자가 여자보다 빨리 성장하기 시작한다.
⑤ 신체 각 부분의 성장 속도가 달라 일시적으로 불균형한 모습을 보이기도 한다.

13 다음 〈보기〉에서 도덕성이 높은 사람의 특성 중 알맞은 것을 모두 고르시오.

〈 보기 〉

ㄱ 일상생활에서 보람과 당당함을 느낀다.
ㄴ 일의 결과보다 과정이나 동기를 더 중요시 한다.
ㄷ 삶을 언제나 신중하게 생각해서 비관적인 면이 강하다.
ㄹ 다른 이를 배려할 줄 알고, 약속을 지킬 때도 융통성이 있다.

① ㄱ
② ㄱ, ㄴ
③ ㄴ, ㄷ
④ ㄴ, ㄷ, ㄹ
⑤ ㄱ, ㄴ, ㄹ

14 다음은 청소년기의 여러 가지 특징 중 무엇을 설명한 것인가?

① 자아도취
② 자기 사랑
③ 개인적 우화
④ 상상적 관중
⑤ 타인을 우상화

15 다음 중 자아 정체감을 설명한 것으로 바르지 <u>않은</u> 것은?

① 자아 정체감이 잘 형성된 사람은 자주성이 강하다.
② 청소년기에는 나는 누구인가, 왜 사는가 등의 생각을 한다.
③ 자아 정체감은 아동기, 청소년기, 성인기에 걸쳐 형성된다.
④ 청소년기는 자아 정체감이 자리 잡지 않아 통제력이 약하다.
⑤ 자아 정체감은 부모나 선생님, 친구들의 태도를 받아들임으로써 완성된다.

16 다음 중 자아 개념이 긍정적으로 잘 형성된 사람은 누구인가?

① '나는 도무지 잘하는 것이 없어 속상해.'
② '언니는 나를 만만하게 보고, 내말은 잘 듣지 않아.'
③ '나는 머리가 좋지 않아서 숙제하는 데도 시간이 오래 걸려.'
④ '친구들이 내 말을 듣고 비웃을지도 모르니 그냥 가만히 있을래.'
⑤ '나는 운동을 좀 못하지만 노래도 잘하고 춤추는 것도 좋아하니 괜찮아.'

주관식 문제

17 청소년기에 성 호르몬의 분비로 나타나는 신체적 변화를 무엇이라고 하는가?

_____

_____

18 자아 정체감이 잘 형성된 사람의 특성을 2가지만 쓰시오.

_____

_____

_____

02 건강한 친구 관계 만들기

① 건강한 친구 관계 어떻게 만들어갈까

1 청소년기 또래 문화

❶ 또래 집단이란 나이나 성숙 수준이 서로 비슷한 무리를 일컫는다. 보통 학교나 동네 친구, 청소년 집단 등이 여기에 속하며, 같은 경험을 하게 되어 결속력이 강하고 동조 행동을 하는 것이 특징이다.

> **TIP 동조 행동**
> 남의 주장에 자기의 의견을 일치시키거나 보조를 맞추어 행동하는 것

❷ 청소년기에는 부모보다 또래 친구들과 더 많은 시간을 보내며, 친구에 대한 친밀감이 강하게 나타난다.

❸ 따라서 아동기와 청소년기에 맺은 또래 관계는 긍정적인 자아 정체감 형성과 사회성 발달에도 커다란 영향을 미친다.

2 건강한 친구 관계

❶ 친구의 역할

- 함께 시간을 보내고 활동할 수 있는 친근한 대상이다.
- 흥미로운 정보, 신나는 느낌, 즐거움 등의 자극을 주고받는다.
- 시간, 자원 등 물리적인 도움을 준다.
- 친구의 지지와 격려를 통해 자아에 대한 지지를 받게 된다.
- 친구를 통해 자기 자신이 어느 수준에 와 있는지 사회적 비교 표준을 얻는다.
- 친구 관계 속에서 따뜻함과 신뢰를 경험하고, 친밀감과 정서적 유대를 얻는다.

❷ 친구의 기능

- 사회적 지원과 안정감을 제공: 부모에게서 독립하기를 원하는 과정에서 겪는 스트레스와 갈등을 비슷하게 느끼는 친구로부터 정시적 인정감을 제공받는다.
- 준거 집단으로서의 역할: 급격한 변화를 겪는 청소년기에는 자신의 행동 판단 준거를 또래 집단에서 찾는다.
- 성숙한 인간관계를 형성하는 기회를 제공: 여러 형태

의 또래 집단에 참여하며 상호성, 협동심 등의 가치를 배운다.

- 자아 정체감 형성에 영향: 또래와의 상호작용을 통해 격려를 받고, 긍정적 자아 정체감을 형성한다.

3 건강한 친구 관계를 유지하는 방법

- 건강한 친구 관계를 유지하려면 서로를 이해하고 믿으며, 서로에게 도움을 주고, 자신의 감정이나 고민을 솔직하게 표현하고 친구의 이야기에 귀를 기울일 수 있어야 한다.
- 친구를 사귈 때 가장 중요한 것은 자기 스스로 좋은 친구가 되기 위하여 노력하는 것이다.

> **하나 더 알기**   친구 관계에서의 갈등 해소
> ① 갈등을 인정하고 서로 솔직하게 대한다.
> ② 친구와 나의 차이점을 인정한다.
> ③ 필요하다면 다른 사람의 도움을 받도록 한다.
> ④ 관계가 개선되지 않을 때는 관계에서 멀어질 필요도 있다.

4 청소년기 이성 교제

- 정서적 만족감을 주고, 인격의 성숙을 도와주며, 미래의 배우자 선택이나 원만한 사회생활을 위한 좋은 경험이 될 수 있다.
- 서로 다른 이성과의 관계를 통해 각자의 사회적 역할을 인식할 수 있다.
- 자신에 대한 이해 및 자아 의식이 성숙된다.
- 친밀감을 형성하는 방법을 배울 수 있다.
- 학습 능률이 저하되거나 동성 친구와의 관계 소홀, 성적인 문제, 부모와의 갈등도 생길 수 있다.
- 건전한 이성 교제를 위해서는 공개적인 만남, 건전한 집단 활동, 책임감 있는 행동, 상대방을 배려하는 말과 행동 등이 필요하다.

중단원 핵심 문제

01 청소년기 친구 관계가 중요한 이유를 〈보기〉에서 있는 대로 고른 것은?

〈 보기 〉
㉠ 자아 정체감 발달을 도와준다.
㉡ 싫은 친구를 멀리할 구실이 될 수 있다.
㉢ 원만한 대인관계를 유지하는 방법을 배울 수 있다.
㉣ 서로를 이해하고 지지해 주어 정서적인 안정감을 지닐 수 있다.

① ㉠, ㉡   ② ㉡, ㉢
③ ㉢, ㉣   ④ ㉠, ㉢, ㉣
⑤ ㉡, ㉢, ㉣

02 이성 교제 시 지켜야 할 예절로 적절한 것을 〈보기〉에서 있는 대로 고른 것은?

〈 보기 〉
㉠ 옷차림은 단정하게 한다.
㉡ 비용은 주로 남학생이 부담한다.
㉢ 인적이 드문 곳에서 조용하게 만난다.
㉣ 건전한 집단 활동을 통해 자연스럽게 만난다.
㉤ 상대방의 동의 없이 신체 접촉을 하지 않는다.

① ㉠, ㉢   ② ㉡, ㉣
③ ㉢, ㉤   ④ ㉠, ㉣, ㉤
⑤ ㉡, ㉣, ㉤

03 다음 중 좋은 친구 관계를 만들기 위한 태도로 볼 수 없는 것은?

① 예절을 지킨다.
② 친구를 존중한다.
③ 솔직한 태도를 갖는다.
④ 자기 중심적인 태도로 대한다.
⑤ 친구에게 진정한 관심을 갖고 배려한다.

04 청소년기 또래 집단의 특성을 가장 잘 설명한 것은?

① 청소년의 사회성 발달을 저해한다.
② 집단 내의 규칙을 정하고 강한 동조성을 보인다.
③ 또래 집단은 견제하는 일이 없어 서로 협동한다.
④ 부모나 선생님의 보호 아래 또래를 형성하려고 한다.
⑤ 청소년기 이전에 형성하여 청소년기에 점차 사라진다.

05 다음 중 이성 교제를 생각하는 태도나 생각이 가장 바람직한 사람은?

① ㉠: 친구들이 알면 피곤해지니까 둘만 만나야지.
② ㉡: 부모님이 걱정하시니까 나는 몰래 만나는 게 좋아.
③ ㉢: 자주 만나지 못해서 매일 12시에 통화하고 있다고.
④ ㉣: 나는 이성 친구랑 같이 있는 것이 불쾌하고 불편해서 싫어.
⑤ ㉤: 밥 먹는 비용이나 영화 보는 것은 각자 부담하는 것이 좋다고 생각해.

06 청소년기에 진정한 친구를 사귀기 위한 방법으로 적절하지 않은 것은?

① 친구를 믿고 상호 배려하려고 노력한다.
② 친구와 한 약속은 가능한 지키도록 노력한다.
③ 친구를 위한 정서적 지지를 충분히 해주도록 한다.
④ 친구에게 충고를 할 때에는 진심을 가지고 하도록 한다.
⑤ 친구에게 어려운 문제가 생기면 금전적으로 기꺼이 도움을 준다.

07 다음 중 청소년기 또래 관계의 부정적 영향에 속하지 않는 행동은 어느 것인가?

① 흡연
② 행동 모방
③ 음주
④ 가출
⑤ 집단 따돌림

08 다음 〈보기〉의 설명에서 (　　　) 안에 들어갈 알맞은 용어를 쓰시오.

〈 보기 〉

청소년기에 또래 친구에 대한 의존도가 높아지면서 비슷한 나이를 가진 집단이 누리거나 즐기는 문화를 형성하게 되는데 이를 (　　　)라고 한다.

_____

09 청소년기에 나타나는 현상으로 다른 사람의 생각이나 행동에 자신의 의견을 일치시키거나 보조를 맞추는 현상을 무엇이라고 하는가?

_____

10 청소년기 이성 교제를 건전하게 유지해 나갈 수 있는 방법을 서술하시오.

_____

_____

_____

11 청소년기에 친구 관계가 왜 중요한지 세 가지 이상 서술하시오.

_____

_____

_____

_____

_____

_____

03 청소년기의 건강한 성 가치관 정립

① 성이란 무엇인가

1 성의 개념

❶ 성(sex): 태어날 때 구별되는 남성과 여성 및 남녀의 성 행동을 의미한다(동물에서 수컷과 암컷의 구별).

❷ 성(gender): 정신적인 면에서 남성과 여성의 성별이나 성차로 사회, 문화, 심리적 환경에 의해 후천적으로 얻은 남녀의 특성이다.

❸ 성(sexuality): 성별, 성행동뿐만 아니라 성에 대한 태도, 가치관, 감정, 문화, 행동 성적인 존재 및 성별 등 더 포괄적인 의미를 갖는다.

2 성의 의미

❶ 성(性)이란 단어의 한자어는 몸(生)과 마음(心)이 결합된 형태로, 신체적인 생명과 정신적인 사랑이 결합된 것이다.

❷ 성은 신체(生)나 성관계만을 뜻하는 것이 아니라 마음(心)을 의미하는 사랑이 포함되어 청소년기에는 성에 대한 건전한 가치관을 형성하고 성숙하고 책임감 있는 성에 대한 태도를 갖는 것이 중요하다.

② 청소년기 성적 발달, 어떻게 이루어질까

1 남성의 생식 기관 및 성적 발달

❶ 정자: 남성의 생식 세포. 0.0005mm 정도의 올챙이 모양으로 머리 · 몸통 · 꼬리로 되어 있으며, 여자의 몸속에서 48~72시간 생존할 수 있다.

❷ 사정: 정액이 음경 속 요도를 거쳐 몸 밖으로 배출되는 현상으로 1회 배출 시 3~5억 개 정도의 정자가 포함되어 있다.

❸ 발기: 성적 자극 등으로 음경 속 해면체에 혈액이 모여 음경이 단단해지고 커지는 현상이다.

❹ 몽정: 몽정은 잠 잘 때 등 무의식중에 정액이 배출되는 현상이며, 유정은 정액 혹은 그 비슷한 분비물이 낮에 무의식적으로 나오는 현상이다.

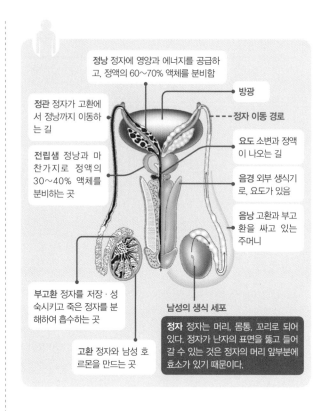

정낭 정자에 영양과 에너지를 공급하고, 정액의 60~70% 액체를 분비함

정관 정자가 고환에서 정낭까지 이동하는 길

전립샘 정낭과 마찬가지로 정액의 30~40% 액체를 분비하는 곳

방광

정자 이동 경로

요도 소변과 정액이 나오는 길

음경 외부 생식기로, 요도가 있음

음낭 고환과 부고환을 싸고 있는 주머니

부고환 정자를 저장 · 성숙시키고 죽은 정자를 분해하여 흡수하는 곳

고환 정자와 남성 호르몬을 만드는 곳

남성의 생식 세포

정자 정자는 머리, 몸통, 꼬리로 되어 있다. 정자가 난자의 표면을 뚫고 들어갈 수 있는 것은 정자의 머리 앞부분에 효소가 있기 때문이다.

2 여성의 생식 기관 및 성적 발달

❶ 난자: 여성의 생식 세포. 크기는 0.1mm 정도이며 우리 몸에서 가장 큰 세포로 배란 후 24시간 정도 생존 가능하다.

❷ 배란: 성숙한 난자가 한 달에 한 개씩 좌우 난소에서 교대로 배출되는 현상으로, 배란일은 다음 월경 예정일에서 14일 전쯤으로 예정일을 짐작할 수 있다.

❸ 월경(생리): 배란된 난자가 정자를 만나지 못하면 두꺼워진 자궁 내막의 혈관이 파열되면서 혈액의 질을 통해 몸 밖으로 나오는 현상이다.

❹ 월경 주기: 월경 시작한 날로부터 다음 월경이 시작하기 전날까지로 보통 28~35일 정도이다.

❺ 임신: 난자가 자궁으로 가는 중에 정자와 만나 수정되면 수정란이 되어 자궁으로 이동한 후 자궁벽에 착상하여 성장하는 전 과정이다.

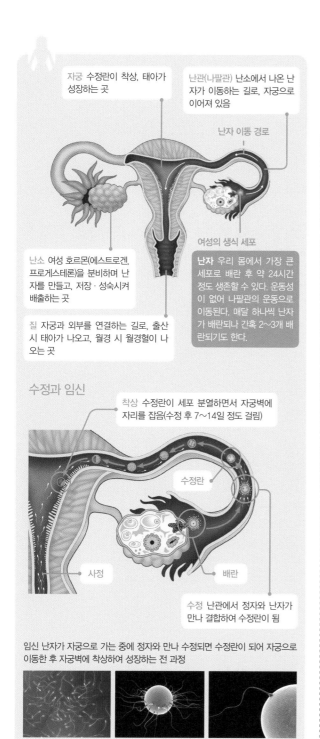

자궁 수정란이 착상, 태아가 성장하는 곳

난관(나팔관) 난소에서 나온 난자가 이동하는 길로, 자궁으로 이어져 있음

난자 이동 경로

난소 여성 호르몬(에스트로겐, 프로게스테론)을 분비하며 난자를 만들고, 저장·성숙시켜 배출하는 곳

질 자궁과 외부를 연결하는 길로, 출산 시 태아가 나오고, 월경 시 월경혈이 나오는 곳

여성의 생식 세포

난자 우리 몸에서 가장 큰 세포로 배란 후 약 24시간 정도 생존할 수 있다. 운동성이 없어 나팔관의 운동으로 이동된다. 매달 하나씩 난자가 배란되나 간혹 2~3개 배란되기도 한다.

수정과 임신

착상 수정란이 세포 분열하면서 자궁벽에 자리를 잡음(수정 후 7~14일 정도 걸림)

수정란

사정

배란

수정 난관에서 정자와 난자가 만나 결합하여 수정란이 됨

임신 난자가 자궁으로 가는 중에 정자와 만나 수정되면 수정란이 되어 자궁으로 이동한 후 자궁벽에 착상하여 성장하는 전 과정

③ 건강한 성 가치관, 어떻게 정립할까

1 올바른 가치관으로 바른 성 정보 탐색

❶ 성 호기심이 많은 청소년기에 접하게 되는 음란물은 과장되고 자극적이며 왜곡된 것이 많으므로 음란물에 빠지지 않도록 주의해야 한다.

❷ 성과 관련하여 궁금한 점은 학교의 성교육 담당교사나 공공기관의 청소년 사이트, 전문상담 기관을 통하여 올바른 정보를 습득하도록 한다.

❸ 성에 대한 무분별한 정보나 상품 및 광고 등으로부터 비판적인 시각을 갖고 판단할 수 있도록 성에 대한 지식을 갖고 성폭력이나 성매매 등의 위험에서 벗어나도록 한다.

2 비판적 시각으로 성과 관련된 사회 현상 바라보기

❶ 성에 관한 잘못된 정보나 성매매를 유인하는 광고는 청소년들에게 성을 왜곡하게 하고, 성 가치관 정립에 혼란을 야기한다.

❷ 성매매는 청소년들에게 잘못된 성의식을 갖게 할 수 있을 뿐만 아니라, 다양한 폭력과 위험에 놓이게 할 우려가 높다.

❸ 성매매를 유인하는 상황에서 올바른 판단을 할 수 있어야 하며, 무엇보다 자신을 가치 있는 존재로 생각하고 사랑하는 자아 존중감을 높여야 한다.

❹ 사람의 성은 사고파는 물건이 아님을 명심하고, 올바른 성 가치관을 세워 옳고 그름을 판별할 수 있는 능력을 길러야 한다.

3 책임 있는 성 행동

❶ 이성 교제를 할 때는 상대방을 존중하고 배려하는 마음을 갖고, 상대를 성적 욕구를 해소하는 대상으로 생각하지 말아야 한다.

❷ 성적 욕구는 꼭 발산하는 것이 아니며 조절이 가능한 것으로, 다양한 취미생활이나 봉사활동, 예술 활동으로 대치 가능하다.

4 성 상품화를 줄이기 위한 방법

❶ **개인:** 성 상품화한 제품을 구입하지 않는 불매 운동을 하거나 그러한 사이트를 차단하도록 한다.

❷ **사회나 국가:** 성 상품화를 한 제품의 광고를 강력하게 규제하고, 인터네 사이트나 광고의 규제를 철저히 한다.

5 10대 성매매의 문제점

청소년들이 성매매를 유인하는 환경에 노출되지 않도록 하고, 성매매가 인격을 말살하는 행위임을 간과하지 않도록 한다.

❶ **신체적 문제:** 각종 성 관련 질병에 감염되거나 원치 않은 임신, 인공 임신중절 등의 가능성이 높아진다.

❷ **정신적 문제:** 왜곡된 성의식 형성, 자아 존중감 저하, 대인관계의 어려움 등이 생길 수 있다.

❸ **사회적 문제:** 성과 사회에 대한 불신감 형성, 비행과 범죄에 쉽게 노출, 학업 중단, 대인관계·직업 선택·결혼 생활의 문제 발생 가능성 등의 문제가 있다.

6 피임의 종류와 방법

피임은 어떤 수단을 통해 임신이 되는 것을 예방하는 것으로, 자신과 타인의 소중한 몸과 생명을 지키기 위한 책임 있는 행동이다. 피임을 위해서는 서로가 배려해야 하며, 피임을 성적 욕구를 채우기 위한 수단으로 무분별하게 사용하지 않아야 한다.

1) 남성 피임 방법

❶ **콘돔**: 남성의 음경에 씌우는 얇은 주머니로, 이 안에 사정을 하여 정자가 여성의 질 안으로 들어가는 것을 막는 방법이다. 값이 싸고 방법이 간단하며, 성병 예방에 도움을 준다.

❷ **정관 수술**: 정자의 통로인 정관을 차단하여 정자의 출입을 막는 방법이다.

2) 여성 피임 방법

❶ **월경 주기법**: 여성의 배란 시기를 예측하여 임신을 피하는 방법이다. 다음 월경 예정일 19일 전부터 12일 전까지의 7~8일 정도가 임신 가능한 기간이므로 이 기간 동안 성관계를 피한다.

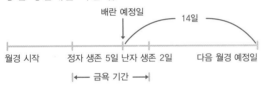

❷ **먹는 피임약**: 난소에서 배란을 억제시키는 호르몬 약으로, 월경 기간을 제외하고 매일 1정씩 복용해야 한다.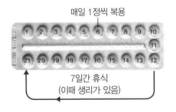

❸ **난관 수술**: 난자가 나오는 길인 난관을 막아서 난자가 이동을 못하게 하는 피임하는 방법으로 보통 단산을 원하는 경우에 하는 경우가 많다.

❹ **자궁 내 장치**: T 자 모양의 피임 도구를 자궁 안에 장치하여 수정란이 착상하지 못하게 하는 방법으로 한 번 착용 시 3~5년 사용한다.

❺ **페미돔**: 여성용 콘돔으로 여성의 질 내부를 감싸 정자가 들어가지 못하게 하는 방법이다.

❻ **사후 피임약**: 성관계 후 72시간 내 먹어 배란이나 수정을 막는 방법으로 다량의 강력한 호르몬제가 포함된 약으로 의사의 처방을 받아야 한다.

7 소중한 생식기를 건강하게 관리하는 방법

- 생식기에 충격을 주지 않는다.
- 생식기를 하루에 한 번 정도 씻는다.
- 더러운 손으로 생식기를 만지지 않는다.
- 속옷은 면내의와 같이 흡습성과 통기성이 좋은 것으로 입는다.
- 속옷은 날마다 갈아입어 청결을 유지한다.
- 생식기에 이상이 있으면 부모님과 상의하여 병원 진료를 받는다.
- 너무 꽉 끼는 바지나 몸에 붙는 옷은 피하는 것이 좋다.
- 남자들은 생식기를 시원하게 유지하는 것이 좋다.
- 여자들은 아랫배를 따뜻하게 유지하는 것이 좋다.

01 인간의 성에 대한 설명이다. 가장 바른 것은?

① 남녀의 성행위를 의미한다.
② 인간 생활에서 가장 중요한 부분이다.
③ 성은 남에게 알리거나 말해서는 안 되는 것이다.
④ 성은 신체적인 생명과 정신적인 사랑도 포함한 사랑의 표현이다.
⑤ 인간의 성과 동물의 성은 같은 것으로 서로 신체적인 접촉을 의미한다.

02 청소년기에 가져야 할 성에 대한 의식이 바람직한 것은?

① 성 관련 정보는 인터넷을 통해 얻는 것이 바람직하다.
② 성에 대한 욕구는 본능적인 것으로 조절이 불가능하다.
③ 자신과 상대방의 성 특성을 이해하여 존중하는 태도를 갖는다.
④ 청소년기의 성에 대한 호기심은 잘못된 것이므로 억제해야만 한다.
⑤ 성 행동에 대한 의사 결정을 할 때는 자신의 감정을 가장 중요하게 생각하고 결정한다.

03 다음 중 남성의 생식 기관에 대한 설명으로 바르지 않은 것은?

① 고환: 정자를 생산하는 곳이다.
② 정낭: 정자에 영양과 에너지를 공급한다.
③ 정관: 정자가 고환에서 정낭으로 이동하는 통로이다.
④ 음경: 정액과 소변이 나오는 남자의 외부 생식 기관이다.
⑤ 부고환: 정자를 성숙시키고 고환을 감싸주는 역할을 한다.

04 남자의 생리 현상에 대한 설명이 바르지 않은 것은?

① 발기는 남자의 생식기가 단단해지고 커지는 현상이다.
② 착상은 정자가 자궁으로 이동하여 자리를 잡는 현상이다.
③ 몽정은 생식 기능이 생기면 자다가 자기도 모르게 사정하는 현상이다.
④ 사정은 정자가 정액과 함께 음경을 통해 몸 밖으로 배출되는 현상이다.
⑤ 유정은 정액 혹은 그 비슷한 분비물이 낮에 무의식적으로 나오는 현상이다.

※ [05~06] 다음 그림은 여성의 생식 기관이다. 물음에 답하시오.

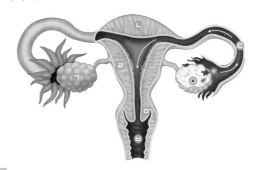

05 위 그림 중 ㉠부분의 명칭과 그에 대한 설명으로 옳은 것은?

	명칭	기능
①	자궁	태아가 자라는 곳이다
②	난소	난자를 성숙시키고 배출하는 곳이다.
③	수란관	배란된 난자가 자궁으로 이동하는 통로이다.
④	난소	한 달에 한 번씩 수정된 난자를 만들어 내는 곳이다.
⑤	질	월경 때 혈액이 나오거나 출산 시 태아가 나오는 통로이다.

06 위 그림에서 정자와 난자가 결합하게 되는 여성의 생식 기관의 명칭은 무엇이며, 어느 곳을 나타내는가?

① 질 – ㉫
② 자궁 – ㉡
③ 난소 – ㉢
④ 자궁 – ㉣
⑤ 난관 – ㉢

07 다음 〈보기〉에서 여성의 생리 현상과 생식 기관에 대한 설명이 바른 것끼리 묶인 것은?

〈 보기 〉

㉠ 난소는 좌우에 한 개씩 있으며 성숙된 난자를 생산하는 곳이다

㉡ 자궁은 월경 때는 혈액이, 출산할 때는 태아가 나오는 통로의 역할을 한다.

㉢ 배란은 성숙한 난자가 한 달에 양쪽에서 두 개의 난자가 배출되는 현상이다.

㉣ 월경은 배란된 난자가 정자를 만나지 못하면 난자가 몸 밖으로 나오는 현상이다.

㉤ 임신은 난자가 정자와 만나 수정되면 수정란이 되어 자궁으로 이동한 후 자궁벽에 착상하여 태아로 성장하는 전 과정이다.

① ㉠, ㉡, ㉢   ② ㉠, ㉢, ㉣
③ ㉠, ㉡, ㉤   ④ ㉡, ㉢, ㉣
⑤ ㉡, ㉢, ㉤

08 수정란이 세포 분열을 하면서 자궁 속으로 들어가 자궁벽에 자리 잡고 발육하게 되는 과정을 무엇이라고 하는가?

① 임신   ② 사정
③ 수정   ④ 배란
⑤ 월경

09 다음에 설명하는 여성의 생식 기관은 무엇인가?

• 월경 시 혈액이 나오는 통로이다.
• 출산 시에는 태아가 나오는 길이다.

① 질   ② 난소
③ 자궁   ④ 수란관
⑤ 나팔관

10 다음 (   ) 안에 들어갈 말이 바르게 짝지어진 것은?

정자가 정액과 함께 발기된 음경 안의 요도를 통해 몸 밖으로 배출되는 현상을 (㉠)라 하고, (㉡)은 잠을 자는 동안 무의식적으로 일어나는 현상을 말한다.

	㉠	㉡		㉠	㉡
①	발기	몽정	②	사정	몽정
③	사정	발기	④	발기	사정
⑤	몽정	발기			

11 월경이 일어나는 이유를 바르게 설명한 것은?

① 수정란이 자궁에 착상되기 때문에
② 난자와 정자가 만나 수정이 되기 때문에
③ 자궁이 태아가 자라기에는 부족하기 때문에
④ 미성숙한 난자가 한 달에 한 번씩 배출되기 때문에
⑤ 배란된 난자가 수정되지 못하여 두꺼워진 자궁 내막의 모세혈관을 파괴하기 때문에

12 성에 대한 바람직한 태도가 <u>아닌</u> 것은?

① 성적 욕구나 감정이 생기는 것은 자연스럽게 받아들인다.
② 자신에게 맞는 취미 활동이나 단체 활동으로 성적 욕구를 해소한다.
③ 음란물을 멀리하고 주위 사람들과 대화를 통해 성에 대한 고민을 해결한다.
④ 성에 대한 궁금한 점이나 정보 등은 친구나 인터넷을 통해서 얻는 것이 정확하다.
⑤ 성에 관한 의사 결정 시 상대방의 의견을 존중하고 성에 대하여 책임 있는 행동을 해야 한다.

13 성숙된 난자가 난소막을 뚫고 나오는 현상을 무엇이라고 하는가?

① 수정   ② 임신
③ 착상   ④ 발육
⑤ 배란

14 10대 성매매의 문제점이라고 보기 어려운 것은?

① 자아 존중감이 저하된다.
② 성에 대한 왜곡된 성의식을 갖게 된다.
③ 성병에 감염되거나 임신 등의 가능성이 생길 수 있다.
④ 비행과 범죄에 쉽게 노출되고 사회에 대한 불신감이 생길 수 있다.
⑤ 대인관계의 어려움이 생길 수 있으나 직업 선택이나 결혼과는 관계가 없다.

15 피임 방법 중 남자가 할 수 있으며 간단한 물리적 도구를 이용하여 할 수 있는 것은?

① 콘돔   ② 난관 수술
③ 먹는 피임약   ④ 월경 주기법
⑤ 자궁 내 장치

주관식 문제

16 다음 (   )에 가장 적당한 것은 무엇인가?

> 정자와 난자가 만나는 여성의 생식 기관은 (㉠)이고, 이때 정자가 난자의 막을 뚫고 들어가 결합하는 과정을 (㉡)이라고 한다.

㉠ _____   ㉡ _____

17 남자의 생식 기관 중 정자를 생성하는 곳은?

_____

18 피임 방법 중 여성이 할 수 있는 것으로 난소에서 배란을 억제시키는 호르몬 약을 월경 기간을 제외하고 매일 1정씩 복용하는 것은 어떤 피임 방법인가?

_____

19 월경과 월경 주기에 대하여 설명하시오.

_____
_____
_____

20 배란이라 무엇인가? 그리고 배란일을 예정할 수 있는 방법은 무엇인가?

_____
_____
_____

21 여성이 하는 피임 방법 중 성관계 후에 실시할 수 있는 방법으로 고농축의 호르몬을 통해 배란이나 수정을 막는 피임 방법은 무엇이며, 주의사항은 무엇인가?

_____
_____
_____

22 10대 성매매가 문제가 되는 점을 3가지 설명해 보자.

_____
_____
_____

23 10대 임신과 출산을 하게 되어 부모가 된다면 어떤 문제가 생길까? 개인적인 측면에서 3가지만 적어 보자.

_____
_____

01 다음 중 청소년기에 수행해야 하는 발달 과업이 <u>아닌</u> 것은?

① 인생의 목표를 세운다.
② 자아 정체감을 형성한다.
③ 건전한 또래 관계를 형성한다.
④ 적성에 맞는 진로를 선택하고 준비한다.
⑤ 부모님에게서 벗어나 혼자 독립해서 생활한다.

02 다음 〈보기〉 중에서 사춘기와 관련된 설명으로 올바른 것을 모두 고르시오.

〈 보기 〉
㉠ 사춘기에는 신체적인 성장만 한다.
㉡ 사춘기에는 성장 급등 현상을 경험한다.
㉢ 사춘기를 경험하는 시기는 사람마다 조금씩 다르다.
㉣ 청소년기 중 급격한 신체의 성장과 변화를 경험하는 처음 2~3년 동안을 말한다.

① ㉠, ㉡
② ㉡, ㉢
③ ㉠, ㉡, ㉣
④ ㉡, ㉢, ㉣
⑤ ㉠, ㉡, ㉢, ㉣

03 다음 중 청소년기의 특징을 설명한 것으로 적합하지 <u>않은</u> 것은?

① 무엇이 옳고 그른지 가치 기준을 세울 수 있다.
② 청소년기는 제2의 탄생기라고 하며, 변화가 많은 시기이다.
③ 상대적인 사고를 할 수 있게 되면서 부모와의 갈등이 사라진다.
④ 자아 정체감은 아동기에서 청소년기를 거쳐 성인기까지 형성된다.
⑤ 친구 관계가 넓어지며 이성 친구에게 관심이 커지는 등 사회성이 발달한다.

04 다음 중 청소년기의 발달 특성을 설명한 것으로 옳은 것은?

① 정서의 변화가 안정적이다.
② 발달 시기와 속도는 일정하다.
③ 구체적인 대상만 이해할 수 있다.
④ 여자가 남자보다 성장 시기가 빠르다.
⑤ 일생 중 가장 성장 속도가 빠른 시기이다.

05 긍정적인 자아 정체감을 형성한 청소년의 태도라고 할 수 <u>없는</u> 것은?

① 남을 배려하고 대인 관계가 원만하다.
② 자신감을 가지고 다른 사람과 어울린다.
③ 스스로 자신을 가치 있는 사람이라고 생각한다.
④ 자신의 행동 결과에 대한 책임을 회피하지 않는다.
⑤ 자신의 역할에만 충실하고 그 외에는 별 관심을 두지 않는다.

06 다음은 청소년기에 발달하는 사고를 설명한 것이다. 어떤 사고를 설명한 것인가?

• 타인의 주장에 의문이 생긴다.
• 하나의 사실을 절대 진리로 받아들이지 않는다.
• 사물을 다른 것과 구별하고 비교할 수 있다.

① 추상적 사고
② 상대적 사고
③ 이상주의적 사고
④ 가능성에 대한 사고
⑤ 사고하는 과정에 대한 사고

07 다음 중 정서가 안정된 사람의 특징이 <u>아닌</u> 것은?

① 친절하다.
② 우월감을 많이 느낀다.
③ 친구들과 잘 어울린다.
④ 감정 표현을 자연스럽게 한다.
⑤ 남 앞에 서는 것을 부담스러워하지 않는다.

08 다음에서 청소년기의 신체 변화를 설명한 것으로 옳지 <u>않은</u> 것을 모두 고르시오.

> ㉠ 폐, 위, 심장 등의 내부 기관도 성장한다.
> ㉡ 신체 각 부분은 일정한 속도로 똑같이 자란다.
> ㉢ 신체에서 머리 크기가 차지하는 비중이 점차 늘어난다.
> ㉣ 급격히 자라면서 일시적으로 얼굴 모양이 어색해 보일 수 있다.
> ㉤ 신체 발달의 시기는 남자가 여자보다 2~3년 빨리 나타난다.

① ㉠, ㉡
② ㉠, ㉡, ㉢
③ ㉡, ㉢, ㉣
④ ㉡, ㉢, ㉤
⑤ ㉠, ㉡, ㉢, ㉣

09 청소년기 신체 발달의 속도는 사람마다 다르다. 그 요인으로 거리가 <u>먼</u> 것은 무엇인가?

① 운동
② 수면 시간
③ 영양 상태
④ 지적 수준
⑤ 집안의 유전 인자

10 다음은 청소년기의 특징 중 무엇을 설명한 것인가?

> 연예인이나 스포츠 스타, 친구, 선생님 등을 의지함으로써 만족감을 얻고 싶어 한다.

① 동질감
② 동조 의식
③ 또래 집단
④ 개인적 우화
⑤ 타인을 우상화

11 청소년기 성장 급등 현상을 설명한 것이다. 옳은 것을 모두 고르시오.

> ㉠ 남자가 여자보다 2~3년 빠르게 나타난다.
> ㉡ 인간은 생애에서 2번의 성장 급등을 경험한다.
> ㉢ 성장 급등은 몸무게와 키가 급격히 성장하는 것을 의미한다.
> ㉣ 요즈음은 건강과 영양 상태가 좋아짐에 따라 성장 급등 시기가 더 빨라지고 있다.

① ㉠, ㉢
② ㉡, ㉢
③ ㉢, ㉣
④ ㉠, ㉡, ㉢
⑤ ㉡, ㉢, ㉣

12 다음 중 청소년기 성장에 관한 설명으로 바르지 <u>않은</u> 것은?

① 성호르몬의 분비 증가로 나타난다.
② 남녀의 신체적 특징이 다르게 나타난다.
③ 오늘날은 예전에 비해 일찍 나타나는 경향이다.
④ 여자는 유방이 발달하고, 겨드랑이에 털이 난다.
⑤ 뼈와 근육은 균형을 맞추어 동시에 같은 속도로 자란다.

13 이성 친구를 사귀면서 나타나는 긍정적인 기능으로 볼 수 <u>없는</u> 것은?

① 생활하는 데 활기가 생긴다.
② 성인 남녀의 역할을 배움으로써 사회적으로 성숙한다.
③ 학업에는 조금 소홀하지만 외모에 더욱 신경을 쓰게 된다.
④ 자아 의식이 발달하여 바람직한 인격 형성에 도움이 될 수 있다.
⑤ 이성을 대하는 적응력이 생겨 성숙한 대인관계를 배울 수 있다.

14 10대 청소년의 이성 교제 시 상대방의 성관계 요구의 대처 방법으로 적절한 것은?

① 사랑하는 사이라면 요구를 받아들인다.
② 마음이 내키지 않더라도 관계 유지를 위해 받아들인다.
③ 공개된 장소에서 만나서 그러한 상황을 사전에 차단한다.
④ 성관계를 가지더라도 피임 방법을 잘 배워서 대처하도록 한다.
⑤ 이성 교제를 하면 성관계를 가지는 것은 당연하다는 생각으로 임한다.

15 청소년기의 바람직한 이성 교제 모습이라고 볼 수 있는 것은?

① 결혼을 전제로 교제한다.
② 이성 교제는 비밀스럽게 한다.
③ 성적 욕구를 충동적으로 해결한다.
④ 건전한 집단 활동을 통해 교제한다.
⑤ 깊은 교제로 많은 시간을 함께 보낸다.

16 다음 청소년의 성 생리 현상에 대한 설명 중 옳지 않은 것은?

① 수정: 정자와 난자가 만나 결합하는 것
② 사정: 정낭에 보관되어 있던 정액이 몸 밖으로 배출되는 현상
③ 성장 급등: 청소년기에 남성과 여성의 신체적 특성이 뚜렷해지는 현상
④ 발기: 남자의 음경이 커지는 것으로, 혈액이 한꺼번에 모여 나타나는 현상
⑤ 배란: 성숙된 난자가 양쪽 난소에서 약 1개월에 1개씩 번갈아 배출되는 현상

17 다음의 설명 중 옳은 것은?

① 응급 피임약은 의사의 처방이 없어도 된다.
② 정자와 난자가 만나서 결합하는 것이 임신이다.
③ 생식기는 자주 씻지 않는 것이 좋다.
④ 사회가 개방적인 분위기가 되면서 성 문제는 점점 줄어들고 있다.
⑤ 성폭력은 상대가 원하지 않는데도 일방적으로 가하는 모든 성 행동이다.

18 다음 〈보기〉와 같은 특징이 있는 여성의 생식 기관은 무엇인가?

〈 보기 〉
> 태아가 자라는 곳으로 평소에는 자신의 주먹만한 크기이나 임신을 하면 30~40배로 커진다.

① 질   ② 난소
③ 자궁   ④ 나팔관
⑤ 수란관

19 다음 중 여성의 난자와 남성의 정자가 만들어지는 곳을 바르게 짝지은 것은?

① 자궁-고환   ② 난소-음경
③ 난소-고환   ④ 자궁-전립선
⑤ 수란관-수정관

20 월경 주기를 바르게 계산하는 방법으로 옳은 것은?

① 월경이 시작된 날부터 월경이 끝난 날까지
② 월경이 끝난 날부터 다음 월경이 끝난 날까지
③ 월경이 시작된 날부터 다음 월경 예정일 전날까지
④ 월경이 끝난 날부터 다음 월경 예정일 첫째 날까지
⑤ 월경이 시작된 날부터 다음 월경 예정일 첫째 날까지

21 다음은 청소년기의 성 의식을 설명한 것이다. 바르지 않은 것은?

① 성 정보는 친구나 선배, 인터넷을 통해 얻는 것이 좋다.
② 청소년기에는 성과 관련한 올바른 지식을 습득하고 가치관을 세워야 한다.
③ 청소년기 성에 대한 호기심은 당연한 것이니 잘 조절하려는 자세가 중요하다.
④ 청소년기에 성에 대한 태도가 올바르게 형성되어야만 어른이 되어서도 원만하다.
⑤ 청소년기의 성적 욕구는 신체 활동이나 취미 활동을 하면서 해소시키는 것이 좋다.

22 다음 방법 중 남성이 하는 피임법에 해당하는 것은 무엇인가?

① 콘돔
② 월경 주기법
③ 기초 체온법
④ 먹는 피임약
⑤ 자궁 내 기구 장치

23 다음은 청소년기 남녀 생리 현상에 대한 설명이다. 옳은 것은?

① 난자는 남성의 생식 세포이다.
② 정자는 여성의 생식 세포이다.
③ 여성은 성장하면서 난자를 만든다.
④ 월경은 배란 후 1개월 후에 나타난다.
⑤ 한 번 사정할 때 그 안에는 약 3억~5억 개의 정자가 있다.

24 배란과 착상이 이루어지는 생식 기관의 연결이 바르게 된 것은?

배란 착상   배란 착상
① 나팔관 질   ② 자궁 난소
③ 난소 자궁   ④ 수란관 자궁
⑤ 자궁 수란관

25 다음 중 생리통을 줄일 수 있는 방법에 대한 설명으로 옳지 않은 것은?

① 편안하게 누워서 쉰다.
② 따뜻한 차나 우유를 마셔도 좋다.
③ 물을 많이 마시고, 비타민 C를 먹는다.
④ 통증을 잊기 위해 격렬한 운동을 한다.
⑤ 찜질팩을 이용해서 배를 따뜻하게 한다.

26 다음 중 청소년기 성의 특징과 태도를 설명한 것으로 옳지 않은 것은?

① 청소년기는 성호르몬이 급증한다.
② 성적인 생각이 자연스럽게 떠오른다.
③ 성 욕구는 대뇌의 작용으로 조절할 수 없는 본능이다.
④ 성에 대한 개방적인 분위기가 확산되면서 성 문제도 늘고 있다.
⑤ 성 행동을 할 때는 나의 욕구만큼 상대방의 의사도 중요함을 잊지 않는다.

27 다음 중 여성의 성 생리인 월경에 대한 설명으로 가장 옳은 것은?

① 월경 주기는 40~45일이다.
② 초경 연령이 높아지고 있다.
③ 월경 시작 24일 전후에 배란된다.
④ 월경 지속 일수는 2~3일을 넘지 않는다.
⑤ 초경과 폐경 사이 여성은 임신이 가능한 여성이다.

28 다음 중 10대 임신의 위험성을 설명한 것으로 옳지 않은 것은?

① 성인 여성보다 기형아 출산의 비율이 높다.
② 경제적, 정신적으로 아직 미성숙하므로 충격이 크다.
③ 낙태의 비율이 높아져 어린 산모의 신체에 해가 될 우려가 크다.
④ 산모의 건강에는 영향이 없으나 태아가 미숙아가 될 우려가 크다.
⑤ 학교를 다녀야 할 시기이므로 학교나 사회에서 받는 시선 등으로 인한 스트레스가 크다.

29 다음 그림은 여성의 생식 기관을 나타낸 것이다. 그림을 보고 해당하는 곳의 기호를 찾아 답하시오.

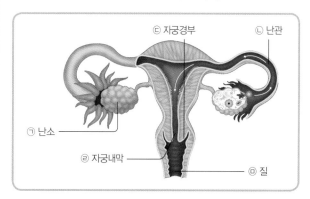

① 미성숙한 난자가 저장되어 있는 기관은 (　　　)
② 수정이 되는 곳은? (　　　)

30 다음 설명의 (　　　) 안에 들어갈 알맞은 말은 무엇인가?

> 수정란이 자궁벽에 자리 잡는 과정을 (　　　)이라고 하며, (　　　)이 되면 임신된 것으로 본다.

① 배란   ② 월경
③ 수정   ④ 착상
⑤ 몽정

31 다음 설명 중 옳지 <u>않은</u> 것은?

① 착상은 수정 후 7~14일쯤 걸린다.
② 배란일은 다음 월경 예정일부터 14일 전쯤이다.
③ 낮에 성적 자극을 받아 사정하는 것을 유정이라고 한다.
④ 남녀 모두 하의를 끼게 입는 것이 생식기를 잘 관리하는 방법이다.
⑤ 발기는 평소에는 작은 남성의 음경이 혈액이 한꺼번에 모여 커지는 것이다.

32 다음 중 성에 대한 설명으로 옳지 <u>않은</u> 것은?

① 아름답고 건강해야 한다.
② 생명과 사랑이 바탕이 되어야 한다.
③ 누구도 다른 이에게 성행위를 강요할 수 없다.
④ 성 행동은 나와 상대방의 의사가 모두 중요하다.
⑤ 성행위는 종족 보존의 본능으로 생각하면 문제가 없다.

33 다음 중 여성 호르몬의 작용으로 나타나는 현상은?

① 사정을 한다.
② 턱수염이 난다.
③ 골반이 커진다.
④ 다리에 털이 난다.
⑤ 가슴과 어깨가 넓어진다.

34 다음 중 여자의 생식 기관에 해당하는 것은?

① 자궁
② 고환
③ 정낭
④ 정관
⑤ 음경

35 다음 중 수정과 임신에 대한 내용으로 바르지 <u>않은</u> 것은?

① 태아가 자라는 곳은 자궁이다.
② 여성의 월경은 임신 중에는 중지된다.
③ 난자와 정자가 수정이 되는 곳은 자궁이다.
④ 난자와 정자가 만난 수정 세포를 수정란이라고 한다.
⑤ 임신 기간은 마지막 월경이 시작된 날부터 280일 정도이다.

36 다음 중 성 행동을 할 때 생각해야 할 점으로 옳지 <u>않</u>은 것은?

① 상대방이 어떤 사람인지 잘 생각해 본다.
② 정말 자신이 원하는 행동인지 생각해 본다.
③ 상대가 원하지 않는 행동을 강요하지 않는다.
④ 상대방의 기분을 생각해서 싫다는 말은 하지 않는다.
⑤ 상대방도 자신과 같은 생각일 것이라고 짐작하지 않는다.

37 4월 5일부터 9일까지 월경을 한 사람이 5월 5일 다시 월경을 시작했다. 다음 중 이 사람의 월경 주기는?

① 5일　　　　　　　② 26일
③ 29일　　　　　　④ 30일
⑤ 33일

38 다음 중 성폭력을 바르게 인식하고 있는 태도는 어느 것인가?

① 피해 사실은 숨기는 것이 좋다.
② 남자는 성폭력 피해자가 될 수 없다.
③ 성폭력 가해자는 아는 사람인 경우가 많다.
④ 성폭력은 주로 문제가 있는 청소년에게만 일어난다.
⑤ 성폭력 피해를 당했을 때는 병원에 가기 전에 몸을 깨끗이 씻는다.

39 인간의 발달 단계마다 수행해야 할 역할이나 해결해야 할 중요한 과제를 무엇이라고 하는가?

_____

40 자궁벽에 착상한 수정란이 태아로 성장하여 출생하기까지의 모든 과정을 무엇이라고 하는가?

_____

41 자신이 알고 있는 피임법을 두 가지만 쓰시오.

_____

_____

42 다음은 무엇을 말하는 것인지 쓰시오.

> 이성과의 성적인 행동에 대해 스스로 선택하고, 그 선택에 책임을 지는 것이다.

_____

43 청소년기에 형성되는 자아 정체감에 대해 간단하게 서술하시오.

_____

_____

44 청소년기에 또래 친구와의 관계가 중요한 이유를 두 가지만 쓰시오.

_____

_____

_____

수 행 활 동

수행 **활동지 ❶** 청소년기의 특성 알아보기

단원	**I. 청소년기 발달의 이해** 01. 청소년기 발달과 긍정적 자아 정체감 형성
활동 목표	청소년기 남녀 신체 발달의 특징과 차이점을 파악할 수 있다.

● 청소년기는 2차 성징과 함께 성장 급등 현상을 보이게 된다. 이때 남자와 여자에게서 나타나는 발달의 공통점과 차이점을 더블 버블 맵에 글과 그림을 이용하여 정리하고, 청소년기란 무엇인지 정의해 보자.

> | 더블 버블 맵(double bubble map) |
> 더블 버블 맵은 서로 다른 사물이나 개념을 비교하여 공통점과 차이점을 알아보거나, 두 가지를 놓고 서로 대조해 보는 사고 기법이다. 활동지에서는 '남자'와 '여자'의 같거나 비슷한 점을 가운데에 작성하고 다른 점을 바깥 방향으로 정리한다.

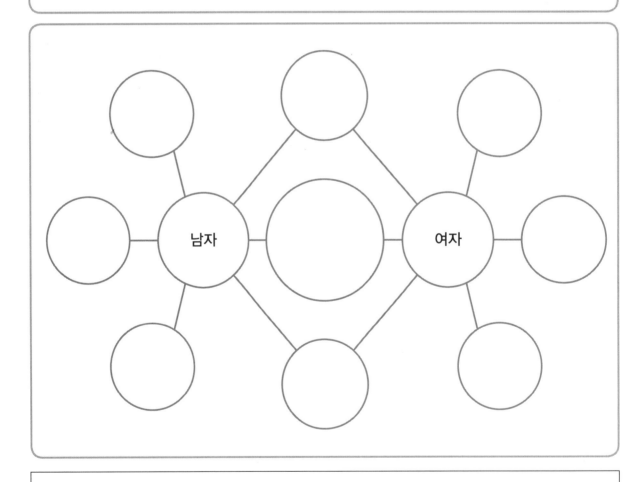

청소년기는 (   )

수행 **활동지 ❶** 청소년기의 특성 알아보기

<table>
<tr><td>수행
활동지 ❷</td><td colspan="2">청소년기 성적 발달의 특성 알아보기</td></tr>
<tr><td>단원</td><td colspan="2">I. 청소년기 발달의 이해
01. 청소년기 발달과 긍정적 자아 정체감 형성</td></tr>
<tr><td>활동 목표</td><td colspan="2">청소년기 남녀 신체 발달에 따른 2차 성징과 생리 현상을 설명할 수 있다.</td></tr>
</table>

● 동영상을 시청한 후 청소년기의 신체 발달에 따른 2차 성징과 생리 현상에 대해 정리해 보자.

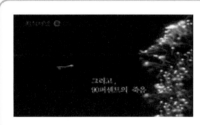

- 동영상 제목: 18cm의 긴 여행
- 출처: EBS(지식채널e)
- 영상 주소:
  http://www.ebs.co.kr/tv/show?prodId=352&lectId=1177649
  https://www.youtube.com/watch?v=6A9g8lPw-BE

❶ 남성과 여성의 생리 현상에 대해 설명해 보자.

① 남성의 생리 현상

사정	
몽정	

② 여성의 생리 현상

배란	
월경	
월경 주기	
월경 시 몸 관리	

❷ 다음 그림을 보고 수정과 착상에 대하여 설명해 보자.

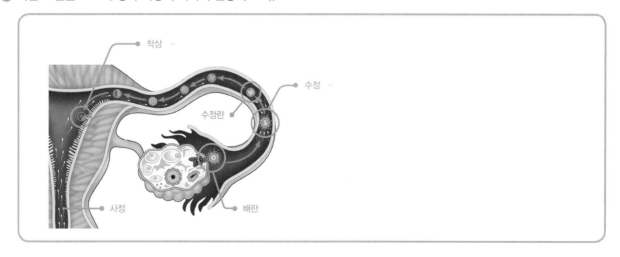

나의 사춘기 선언문 만들기

단원	I. 청소년기 발달의 이해 01. 청소년기 발달과 긍정적 자아 정체감 형성
활동 목표	자신의 사춘기 검사를 해보고, 청소년기를 잘 보내기 위한 자신의 다짐을 선언문으로 작성해 본다.

● 청소년기를 사춘기라고도 하는데, 이 시기를 잘 보내야 성숙한 어른으로 성장할 수 있다. 나의 사춘기 검사를 해 보고, 사춘기 선언문을 만들어 보자.

항목	예	아니오	결과 해석
1. 부모님은 나를 잘 이해하지 못한다.			0~2개
2. 예전보다 자주 거울을 본다.			사춘기가 멀었음
3. 엄마가 잔소리를 하면 신경질이 난다.			
4. 혼자 있고 싶을 때가 많다.			3~4개
5. 부모님보다 친구들과 있는 것이 더 좋다.			이제 곧 사춘기가 시작됨
6. 옷차림에 신경을 많이 쓴다.			
7. 연예인이나 운동선수의 팬클럽에 가입했다.			5~8개
8. 친구들과 휴대 전화 연락을 많이 한다.			현재 사춘기
9. 형제와 다투는 일이 많아졌다.			
10. 좋아하는 이성 친구가 있다.			9~10개
합 계	개	개	사춘기의 절정

- _____ 의 사춘기 선언문

단원	**I. 청소년기 발달의 이해** 02. 건강한 친구 관계 만들기
활동 목표	청소년기 이성 교제에 대한 찬반 입장을 참고하여 자신의 생각을 정리해 본다.

⭕ 다음은 '청소년기의 이성 교제가 바람직한가?'라는 주제에 대하여 찬성과 반대 입장을 정리한 것이다. 글을 읽고 질문에 답하시오. [논술형 문제]

찬성	반대
가. 자신과 다른 특성을 갖고 있는 이성 친구들을 이해하는 데 도움이 된다. 이성 친구와의 만남을 통해 남녀의 다른 점을 이해할 수 있고, 이성을 호기심의 대상이 아니라 동료나 협력자로 여기게 되며, 서로 존중하고 신뢰를 쌓을 수 있다. 나. 우리가 내면적으로 성장하는 데 도움이 된다. 이성 친구와 좋은 인간관계를 유지하는 방법을 알게 되고, 이성에 대한 예의를 배우게 된다. 또한 이성과의 만남과 그에 따른 반응을 통해 자신의 본래 모습에 대한 이해를 높일 수 있다. 다. 서로 다른 특성을 가진 이성들과 사귀는 경험을 통해 자신에게 어울리는 미래의 배우자를 선택하는 안목을 키워 나갈 수 있다.	가. 이성 교제에 지나치게 집착할 경우 일상생활에 지장을 줄 수 있고, 학업 등 자신이 해야 하는 일들을 소홀히 하게 된다. 또한 청소년기에 우정을 쌓는 것은 매우 중요한 일이다. 그런데 이성 친구에게 과도한 집착을 보이는 경우 동성 친구들에게는 소홀해지는 경우가 많다. 나. 남녀의 신체적, 심리적 차이를 인정하고 존중하지 않은 채 사귀다보면 서로 정신적인 스트레스와 갈등만 쌓이게 된다. 또한 이성 교제 중 충동적인 성적 행동으로 인한 임신 가능성도 무시할 수 없다. 다. 이성 교제를 하면서 과도한 용돈을 지출하게 된다. 데이트 비용이나 각종 기념일을 챙기게 되면서 용돈이 턱없이 부족해지고 경제적으로 큰 부담이 된다.

❶ 찬성과 반대 입장의 의견을 요점 정리하시오.

찬성 의견의 요점	반대 의견의 요점

❷ 주제에 대한 자신의 최종 입장을 이유와 함께 쓰시오.

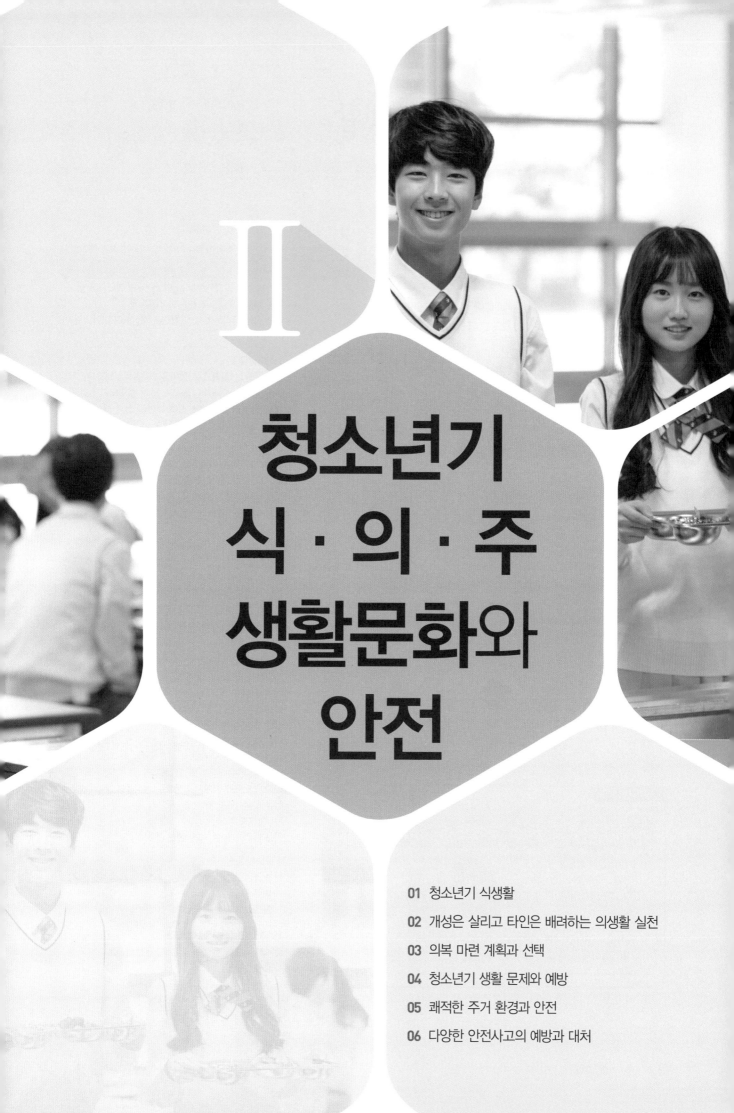

II

청소년기 식·의·주 생활문화와 안전

01 청소년기 식생활

02 개성은 살리고 타인은 배려하는 의생활 실천

03 의복 마련 계획과 선택

04 청소년기 생활 문제와 예방

05 쾌적한 주거 환경과 안전

06 다양한 안전사고의 예방과 대처

01 청소년기 식생활

① 청소년기의 충분한 영양 섭취가 중요한 이유는 뭘까

1 청소년기 영양

❶ 청소년기는 신체적으로 급속한 성장 변화를 보이고 활동량과 학습량이 증가하는 시기로, 다양한 식품을 통한 충분한 영양 섭취가 중요하다.

❷ 청소년기에 영양 섭취가 부족하게 되면 성장과 발달에 지장을 주고, 빈혈이나 식욕 저하 등을 초래할 수 있으므로 다양한 식품을 골고루 섭취하는 습관을 길러야 한다.

2 영양소의 종류와 기능

① 영양소의 종류

탄수화물, 단백질, 지방, 무기질, 비타민, 물 등이 있다.

▲ 영양소의 기능

하나 더 알기

청소년기 영양소

청소년기에 필요량이 증가하는 영양소	청소년의 적정 에너지 섭취 비율
• 단백질: 신체 성장과 발달 • 무기질: 칼슘(뼈 성장, 치아 건강), 철(성장으로 인해 혈액량이 증가) • 비타민: 비타민 B1과 B2(에너지 대사), 비타민 C(결합 조직 형성 및 철의 흡수를 도움)	단백질(7~20%) 지방(15~30%) 탄수화물(55~65%) 〈출처〉 보건복지부(2015)

② 주요 영양소별 기능

영양소의 종류	기능
탄수화물	• 에너지 주요 공급원으로 1g당 4kcal의 에너지를 냄 • 체내에서 포도당으로 분해되어 흡수됨 • 필요 이상 섭취하면 지방 형태로 저장되어 비만의 원인이 됨 | 식이섬유 | 탄수화물의 일종으로 잡곡류 · 과일류 · 해조류 · 채소류 등에 함유되어 있으며, 몸에 흡수되지 않지만 대장 운동을 활발하게 하여 배변을 쉽게 해 주고 지방과 포도당 흡수를 지연시켜 성인병 예방에 도움을 줌 • 함유 식품: 녹말식품(식빵, 쌀, 국수, 고구마, 감자, 옥수수), 당(잼, 꿀, 설탕, 초콜릿 등)
단백질	• 근육, 혈액, 내장, 머리카락 등 신체 조직을 구성함 • 생리 작용을 조절하는 호르몬이나 효소의 구성 성분이 됨 • 체내에서 아미노산 형태로 소화 · 흡수됨 • 탄수화물과 지방으로부터 공급되는 에너지가 부족할 경우 에너지원으로 이용됨(1g당 4kcal의 에너지를 냄) • 필수 아미노산은 몸에 꼭 필요하지만 체내에서 거의 합성되지 않으므로 반드시 식품으로 섭취해야 함 • 함유 식품: 육류(돼지고기, 닭고기, 소고기), 생선, 달걀, 우유, 콩, 두부
지방	• 농축된 에너지원으로 1g당 9kcal의 에너지를 냄 • 체내에서 지방산과 글리세롤로 분해되어 흡수됨 • 체온 손실을 막고, 외부의 충격으로부터 내장 기관을 보호하며, 지용성 비타민의 흡수와 운반을 도움 • 필요 이상 섭취하면 비만이 됨 • 지방산은 포화 지방산(동물성 기름), 불포화 지방산(식물성 기름)으로 구분됨 • 필수 지방산은 몸에 꼭 필요하지만 체내에서 거의 합성되지 않으므로 반드시 식품으로 섭취해야 함 • 함유 식품: 포화 지방산(돼지고기, 우유, 버터, 달걀노른자), 불포화 지방산(옥수수기름, 올리브기름, 참기름, 들기름 등의 식물성 기름, 생선 기름) | 불포화 지방산의 기능 | • 심혈관 관련 질병을 예방, 콜레스테롤 축적을 방지, 피부 건강을 유지 • 불포화 지방산의 종류: 오메가3, 오메가6 등
물	• 체중의 2/3 정도를 차지함 • 혈액의 주요 성분으로 영양소를 운반함 • 체온 조절을 함 • 소변이나 땀으로 체내 노폐물을 배출시킴 • 수분이 20% 이상 부족하면 사망에 이르기도 함(수분 1~2% 부족 시 갈증을 느낌)

무기질	칼슘	• 우리 몸의 뼈와 치아, 혈액 등을 구성 • 결핍증: 구루병, 골연화증, 골다공증 • 함유 식품: 우유 및 유제품, 뼈째 먹는 생선(뱅어포, 멸치), 해조류, 녹색 채소 | 청소년기의 칼슘 섭취 | • 청소년기는 뼈와 근육 등이 급속히 성장하는 시기이므로 칼슘이 부족하면 성장이 지연되고, 나아가 골연화증이나 골다공증 등에 걸릴 수도 있음 • 칼슘 섭취를 높이기 위한 방법: 칼슘 급원 식품 섭취, 체내 칼슘 흡수를 돕는 비타민 D 섭취(비타민 D는 햇볕을 쬐면 체내에 합성됨)
	철	• 혈액 내 적혈구를 생성하는 헤모글로빈의 성분 • 결핍증: 빈혈 • 함유 식품: 간, 살코기, 달걀노른자, 진한 녹색 채소
	나트륨	• 체액과 혈액량을 일정하게 조절하여 몸의 수분 균형을 유지 • 결핍증: 두통, 탈수, 현기증 • 과잉증: 고혈압, 심장병, 신장병, 위염 • 함유 식품: 간, 살코기, 달걀노른자, 진한 녹색 채소
비타민	지용성 비타민	• 지용성 비타민은 기름에 녹으며, 결핍증이 쉽게 생기지 않음(비타민 A, D, E, K) **비타민 A** • 시력 보호, 피부 건강, 성장 촉진 • 결핍증: 야맹증(밝은 곳에서 어두운 곳으로 들어갈 때 적응하지 못하거나 희미한 어두운 곳에서 사물을 분간하기 어려움), 성장 부진 등 • 함유 식품: 간, 달걀노른자, 녹황색 채소(당근, 호박 등) **비타민 D** • 칼슘 흡수를 도와 뼈와 이를 튼튼하게 함 • 결핍증: 구루병(골격의 변화를 초래하는 병으로 다리가 굽어 O자형이 됨) • 함유 식품: 간, 달걀노른자, 생선, 버섯
	수용성 비타민	• 수용성 비타민은 물에 녹고, 체내에서 이용 후 남으면 소변으로 배출됨(비타민 B$_1$, B$_2$, B$_6$, B$_{12}$, 비타민 C 등) **비타민 B$_1$ (티아민)** • 에너지 발생을 도움 • 결핍증: 각기병(다리 힘이 약해지고 저리거나 감각 이상이 생겨서 제대로 걷지 못하는 병), 피로, 식욕 부진 • 함유 식품: 돼지고기, 현미, 콩 **비타민 B$_2$ (리보플라빈)** • 에너지 발생을 도움 • 결핍증: 구순구각염(입의 양쪽 끝이 헐고 염증이 나고 갈라져서 아픈 증상), 설염 • 함유 식품: 우유, 치즈, 달걀, 생선 **비타민 C (아스코르브산)** • 콜라겐 합성, 상처 회복 촉진 • 결핍증: 괴혈병(잇몸, 피부 등에서 피가 나며 빈혈, 심장 쇠약 등을 일으킴), 상처 회복 지연 • 함유 식품: 귤, 딸기, 시금치, 토마토, 고추

② 청소년기 식생활, 무엇이 문제일까

1 아침 결식

❶ 아침 식사는 뇌의 활동에 필요한 포도당을 공급하여 집중력과 학습 능률을 높여준다.

❷ 아침 식사를 거르면 간식으로 인스턴트 식품을 섭취하거나 점심 폭식으로 이어질 수 있는데, 이는 소화 기관에 나쁜 영향을 주며 당의 흡수량이 급격히 증가하여 살이 찌기 쉽고 당뇨나 심혈관 질환 등이 유발될 수 있다.

TIP 아침을 거를 경우 생길 수 있는 부작용
• 지독한 아침 입냄새
• 기억력, 집중력 등의 두뇌 활동 저하
• 비만 가능성이 4.5배 이상 높음
• 성인병, 당뇨병, 심장병의 위험 증가
• 나쁜 콜레스테롤(LDL) 수치 증가
• 무기력증 유발, 행복감 감소

2 식사 장애

❶ **원인**: 청소년기의 외모에 대한 관심 증가와 각종 대중 매체의 영향으로 잘못된 신체상이 형성되면 거식증이나 폭식증과 같은 심각한 식사 장애를 유발하거나 잘못된 다이어트 방법으로 인한 건강 문제를 유발한다.

❷ **대책**: 자신을 소중하게 생각하는 태도를 가지고 건강에 대한 올바른 정보를 바탕으로 건강하고 긍정적인 신체상을 형성하는 것이 중요하다.

❸ **식사 장애의 유형**

거식증	체중이 적게 나가지만 정상 체중이 되는 것을 두려워하며 극단적으로 음식을 거부하는 증상
폭식증	식사량을 조절하지 못하고 한꺼번에 지나치게 많이 먹고, 폭식 후 구토나 설사를 하기 위해 약을 사용하는 증상
마구먹기 장애 (폭식 장애)	폭식 후 토하거나 약을 이용하지는 않지만 일단 먹기 시작하면 먹는 행동을 멈출 수 없고 폭식 후 심한 자책감과 우울감에 빠짐

3 비만

❶ **비만**: 단순히 체중이 많이 나가는 것이 아니라 체내에 과다하게 많은 양의 체지방이 쌓여 있는 상태를 말한다.

❷ **청소년기 비만의 문제점**
• 성인 비만으로 이어지기 쉽다.
• 각종 성인병(고혈압, 당뇨병, 심장병 등)을 유발할 수 있다.
• 자신감이 떨어지고 우울감이 생긴다.

❸ **비만을 극복하는 방법**
• 식사 조절: 규칙적인 식사 시간에(식사를 거르면 다음 식사 때에 과식을 하기 쉬움), 알맞게(무조건 적게 먹기보다는 성장과 활동에 알맞게), 골고루(다양한 음식 섭취로 영양소 결핍이 생기지 않도록) 먹기
• 운동: 하루 30분 이상의 유산소 운동, 근력을 키우는 운동, 유연성을 길러주는 운동 등을 하기

• 생활 습관 바꾸기: 먹기 전에 배가 고픈지 한번 더 생각하기, 언제 얼마나 먹을지 계획하기, 10번 이상 꼭꼭 씹어 천천히 먹기, 갈증이 날 때 단 음료 대신 물 섭취하기 등

TIP 체질량 지수(BMI)= 체중(kg)/키의 제곱(m²)

분류	BMI(kg/m²)
저체중	<18.5
정상 체중	18.5~22.9
과체중(위험 체중)	23.0~24.9
비만(1단계)	25.0~29.9
비만(2단계)	≥30

4 간편 가공식품과 패스트푸드 위주의 식사

영양 불균형
패스트푸드는 열량이 높고, 열량 이외의 영양소가 부족함(이러한 음식을 정크 푸드라고도 함)

비만, 당뇨병, 고혈압 등의 위험
지방, 당, 나트륨이 많이 들어 있어 각종 성인병을 일으킬 위험이 높음

청소년 성장 저해
비타민, 무기질 등 청소년기에 필요한 영양소의 섭취 부족으로 성장에 문제가 될 수 있음

식품첨가물 과다 사용
보존료, 감미료, 착색료 등의 지나친 섭취는 건강에 문제를 일으킬 수 있음

체내 칼슘량 감소
칼슘의 소변 배출을 촉진하는 인산 성분이 많이 들어 있어 체내 칼슘의 양을 줄임

▲ 간편 가공식품과 패스트푸드 위주 식사의 문제점

5 중독성이 높은 음식의 섭취

1) 카페인 중독

❶ 카페인이 많이 든 음식: 청소년들이 흔히 먹는 초콜릿이나 커피맛 아이스크림, 고카페인 음료(카페인 함량이 ㎖당 0.15㎎ 이상 함유된 액체 식품) 등이 있다.

❷ 카페인을 과잉 섭취할 경우 나타나는 증상
• 심장 박동수를 증가시켜 가슴 두근거림, 혈압 상승 유발
• 철분 흡수를 방해하여 빈혈 유발
• 칼슘 흡수를 방해하여 성장 저해 유발

TIP 청소년 카페인 일일 섭취 권장량
자신의 체중 1kg당 2.5mg(예 50kg 청소년의 경우 125mg 이하로 섭취)

2) 탄수화물 중독

• 탄수화물 중독은 체내의 혈당을 빠르게 상승시켜 당뇨를 유발하거나, 높아진 혈당을 내리기 위해 체지방으로 축적되어 비만이 되기 쉬운 체질로 만든다.
• 단 음식을 먹고 싶은 심리나 과자 등으로 간식을 섭취하는 습관을 개선하도록 노력해야 한다.

하나 더 알기 과잉 섭취하고 있는 '나트륨'과 건강의 적 '트랜스 지방'

나트륨
• 나트륨 과잉 섭취가 우리 몸에 미치는 영향: 고혈압, 뇌졸중, 관상동맥 질환, 심혈관계 질환, 신장 질환/신부전, 위암, 골다공증/골감소증/골절 등을 일으킬 수 있음
• 칼륨, 마그네슘, 칼슘이 함유된 식품은 나트륨 배출을 촉진시킴

트랜스 지방
• 트랜스 지방: 액체 상태의 식물성 기름에 수소를 첨가하여 고체 상태로 만든 지방
• 트랜스 지방이 우리 몸에 미치는 영향
　– 나쁜 콜레스테롤을 증가시키고, 좋은 콜레스테롤을 낮춤
　– 트랜스 지방은 불포화 지방이 있어야 할 자리를 대신 차지해 불포화 지방의 역할을 하지 못하게 함
　– 심혈관계 질환, 당뇨병, 암, 알레르기 등이 생길 위험이 있음
• 트랜스 지방이 많은 음식: 마가린, 쇼트닝, 마가린과 쇼트닝을 이용한 가공식품(팝콘, 감자튀김, 과자, 케이크, 빵 등)
＊쇼트닝: 쇠기름, 콩기름, 옥수수기름 등을 섞어 굳힌 것으로, 쿠키나 파이를 만들 때 사용됨

01 다음 중 청소년기의 영양 섭취에 대한 설명으로 옳은 것을 〈보기〉에서 고른 것은?

〈 보기 〉

㉠ 다이어트를 위해 위해서 식사 시 체중 조절을 위한 보조 제를 섭취한다.
㉡ 신체 성장이 빠르고 활동량과 학습량이 많으므로 충분한 영양 섭취를 한다.
㉢ 청소년기에 영양 섭취가 부족하게 되면 빈혈이나 식욕 저하 등을 초래할 수 있다.
㉣ 청소년기는 입맛에 대한 기호가 발달하는 시기이므로 자신의 입에 맞는 음식 위주로 섭취한다.

① ㉠, ㉡　　　　　　② ㉠, ㉢
③ ㉡, ㉢　　　　　　④ ㉡, ㉣
⑤ ㉢, ㉣

※ [02~03] 영양소의 종류와 기능을 나타낸 다음 〈보기〉를 보고 질문에 답하시오.

02 다음 중 ㉠과 ㉡에 들어갈 내용으로 옳은 것은?

	㉠	㉡
①	에너지 공급	신체 조직 구성
②	신체 조직 구성	체온 유지
③	영양소의 운반	내장 기관의 보호
④	체온 유지	영양소의 운반
⑤	내장 기관의 보호	에너지 공급

03 다음 중 우리 몸의 생리 기능을 조절하는 영양소만으로 이루어진 것은?

① 지방, 단백질, 물
② 무기질, 비타민, 물
③ 지방, 단백질, 무기질
④ 탄수화물, 무기질, 물
⑤ 탄수화물, 지방, 비타민

04 다음 청소년의 적정 에너지 섭취 비율을 나타낸 도표에서 ㉮ 영양소에 대한 설명으로 옳은 것을 〈보기〉에서 고른 것은?

〈 보기 〉

㉠ 1g당 4kcal의 에너지를 낸다.
㉡ 해조류와 과일류에 많이 함유되어 있다.
㉢ 지용성 비타민의 흡수와 운반을 도와준다.
㉣ 혈액, 근육 등 우리 몸의 조직을 구성한다.

① ㉠, ㉡
② ㉠, ㉢
③ ㉡, ㉢
④ ㉡, ㉣
⑤ ㉢, ㉣

05 다음 중 청소년기에 필요량이 증가하는 영양소만으로 짝지어진 것은?

① 지방, 탄수화물, 물
② 단백질, 무기질, 물
③ 지방, 무기질, 비타민
④ 단백질, 무기질, 비타민
⑤ 지방, 탄수화물, 비타민

06 다음 식품에 주로 함유된 영양소에 대한 설명으로 옳은 것은?

> 식빵, 쌀, 고구마, 딸기, 포도, 설탕, 꿀

① 체내에서 포도당으로 분해되어 흡수된다.
② 혈액의 주요 성분으로 영양소를 운반한다.
③ 에너지 주요 공급원으로 1g당 9kcal의 에너지를 낸다.
④ 체온 손실을 막고, 외부의 충격으로부터 내장 기관을 보호해준다.
⑤ 필요 이상 섭취하면 단백질 형태로 저장되어 비만의 원인이 된다.

07 다음 중 불포화 지방산을 많이 포함한 식품만으로 묶인 것은?

① 돼지고기, 버터
② 들기름, 생선 기름
③ 올리브유, 소고기
④ 돼지고기, 참기름
⑤ 우유, 달걀노른자

08 다음 중 지방에 대해 옳지 <u>않은</u> 설명을 한 사람은 누구인가?

① 현수: 지방을 많이 먹으면 비만이 될 수 있어.
② 종환: 우리 몸의 지방층은 체온 손실을 막아주는 역할을 해.
③ 채은: 지방은 농축된 에너지원이라 1g 당 9kcal의 높은 열량을 낼 수 있어.
④ 초빈: 불포화 지방산을 많이 먹으면 우리 몸에 콜레스테롤로 축적되니까 소량만 섭취해야 해.
⑤ 민수: 필수 지방산은 몸에 꼭 필요한 성분인데 우리 몸에서 거의 합성되지 않아서 반드시 음식으로 섭취해야 해.

09 다음이 설명하는 무기질은 무엇인가?

> • 역할: 체액과 혈액량을 일정하게 조절하여 몸의 수분 균형을 유지
> • 결핍증: 두통, 탈수, 현기증
> • 과잉증: 고혈압, 심장병, 신장병, 위염
> • 함유 식품: 간, 살코기, 달걀노른자, 진한 녹색 채소

① 철
② 칼슘
③ 칼륨
④ 나트륨
⑤ 마그네슘

10 다음 일기의 밑줄 친 증상을 보고 은서가 더 섭취해야 할 식품으로 가장 옳은 것은?

> 2018년 ○월 △△일
> 체중을 줄이기 위해 고기만 먹는 황제 다이어트를 시작한지 1주일이 지났다. 몸무게는 조금 빠졌지만 몸이 안 좋아지는 것이 느껴진다. 특히 <u>요즘 자꾸 잇몸이 붓고 아프다. 가끔은 잇몸과 치아 사이에서 흰 고름이 나오기도 한다.</u> …(중략)…

① 우유
② 계란
③ 오렌지
④ 현미밥
⑤ 고구마

11 다음이 설명하는 비타민은 무엇인가?

> • 칼슘 흡수를 도와 뼈와 이를 튼튼하게 하며 간, 달걀노른자, 생선, 버섯 등에 많이 함유되어 있다.
> • 부족할 경우 골격의 변화를 초래하는 병으로 다리가 굽어 O자형이 되는 구루병이 나타날 수 있다.

① 비타민 A
② 비타민 B₁
③ 비타민 C
④ 비타민 D
⑤ 비타민 E

12 다음 〈보기〉 중 비만을 예방하는 올바른 방법을 제시한 사람은 누구인가?

〈 보기 〉

- 태현: 규칙적인 시간에 적당한 양을 먹어야 해요.
- 은효: 하루 30분 이상의 유산소 운동과 근력 운동을 하면 도움이 돼요.
- 민서: 열량을 제한하기 위해서 지방이 들어간 식품은 제한해야 해요.
- 지윤: 활동을 많이 할수록 배가 고파지니까 최대한 에너지 소비를 줄여야 해요.

① 태현, 은효　　　　② 태현, 민서
③ 은효, 민서　　　　④ 은효, 지윤
⑤ 민서, 지윤

13 다음 중 간편 가공식품과 패스트푸드 위주의 식사로 인한 문제점으로 볼 수 <u>없는</u> 것은?

① 성장 저해
② 영양 불균형
③ 체내 칼슘량 증가
④ 비만, 당뇨병 등의 위험
⑤ 식품첨가물의 과다 섭취

주관식 문제

14 다음 (　　　) 안에 들어갈 말은 무엇인가?

　단백질은 근육, 혈액, 내장, 머리카락 등의 성분이 되며, 체내에서 (　　　)의 형태로 소화·흡수된다. 필수 (　　　)은/는 우리 몸에 꼭 필요하지만 체내에서 만들어지지 않으므로 반드시 식품으로 섭취해야 한다. 탄수화물과 지방으로부터 공급되는 에너지가 부족할 경우 에너지원으로 이용되기도 한다.

15 시력 보호, 피부 건강, 성장 촉진을 도와주는 비타민으로, 결핍되면 밝은 곳에서 어두운 곳으로 들어갈 때 적응하지 못하거나 희미한 어두운 곳에서 사물을 분간하기 어려워지는 야맹증이 생기는 것은?

16 다음 중 물에 녹고 체내에서 이용 후 남으면 소변으로 배출되는 수용성 비타민을 모두 고르시오.

- 비타민 A　　　· 비타민 B_1　　　· 비타민 B_2
- 비타민 C　　　· 비타민 D　　　· 비타민 E

17 다음이 설명하는 증상을 무엇이라고 하는가?

　체중이 적게 나가지만 정상 체중이 되는 것을 두려워하며 극단적으로 음식을 거부하는 증상이다.

18 청소년기에 지켜야 할 올바른 식생활 습관을 3가지만 적어 보시오.

02 개성은 살리고 타인은 배려하는 의생활 실천

① 개성을 긍정적으로 표현하는 옷차림, 어떻게 할까

1 의복의 의의

❶ **의복의 개념**: 옷뿐만 아니라 모자, 장신구, 신발 등 몸에 걸치는 것을 모두 지칭한다.

❷ **의복의 기능**

신체 보호의 기능	• 체온 조절(방한복, 방서복 등) • 신체 보호(작업복, 소방복, 실험복, 전투복, 방탄복, 우주복, 잠수복 등) • 능률 향상(잠옷, 운동복, 작업복, 임부복 등) • 피부 청결(속옷, 겉옷 등)
표현의 기능	• 소속의 표현(제복, 유니폼 등) • 예의의 표현(상복, 혼례복) • 개성의 표현(평상복 등)

2 자아 존중감과 옷차림

❶ **자아 존중감**: 자신이 가치 있는 존재이며 자신에게 주어진 일을 잘해낼 수 있다고 믿는 마음이다.

❷ **자아 존중감과 옷차림의 관계**

• 청소년들은 옷차림을 통해 친구들과 친밀감을 느끼고, 개성을 표현하고자 하는 욕구가 높다.

• 자아 존중감이 높은 사람일수록 자신을 있는 그대로 표현할 줄 알며, 비싼 옷이나 유행에 연연하지 않고도 자신의 개성을 잘 살리는 옷차림을 할 수 있다.

• 옷차림 외에도 밝은 표정, 바른 자세, 자신감 있는 태도 등의 모습은 타인에게 호감과 신뢰감을 줄 수 있다.

3 의복 디자인의 요소

❶ **의복 디자인 요소의 중요성**: 선, 색, 재질, 무늬 등의 디자인의 요소를 적절히 활용하면 착시 효과를 통해 체형의 단점을 보완하고 자신의 장점을 부각시킬 수 있다.

❷ **디자인 요소의 시각적 효과**

선	• 옷의 외곽선과 이미지를 나타냄 • 가로선: 안정감이 있고 넓어 보임 • 세로선: 위엄이 있고 길고 가늘어 보임 • 사선: 활동적인 느낌을 줌 • 곡선: 귀엽고 부드러워 보이며 율동감을 줌

색	• 전체적인 느낌이나 분위기에 영향을 줌 • 밝은 색: 체형을 확대되어 보이게 함 • 어두운 색: 체형을 축소되어 보이게 함 • 유사색의 조화: 차분하고 세련되어 보임 • 대비색의 조화: 강렬하고 역동적으로 보임
재질	• 얇거나 달라붙는 재질: 몸매를 잘 드러내며 우아한 느낌을 줌 • 뻣뻣한 재질: 부피가 커 보이고 몸매가 덜 드러남 • 광택 재질: 실제 체형보다 확대되어 보임
무늬	• 크기와 종류에 따라 옷의 분위기를 변화시킴 • 큰 무늬: 개성 있고 대담한 느낌을 줌 • 작은 무늬: 차분한 느낌을 줌 • 체크무늬: 활동적인 느낌을 줌

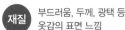 **선** 옷의 외곽선과 이미지를 나타냄   **색** 전체적인 느낌이나 분위기에 영향을 줌

 **재질** 부드러움, 두께, 광택 등 옷감의 표면 느낌     **무늬** 크기와 종류에 따라 옷의 분위기를 변화시킴

4 체형을 보완하는 옷차림 방법

❶ **체형을 보완하는 옷차림**

키가 큰 체형	• 위아래 옷을 다른 색으로 배색하거나 허리에 벨트 등의 장식을 함 • 장식물과 장신구 등은 큰 것을 활용하고 윗옷은 허리선이 낮은 것을 선택
키가 작은 체형	• 위아래 옷은 같은 계열의 색으로 배색하고 장식물과 장신구는 작은 것이 좋음 • 윗옷은 허리선의 위치를 높게 하고, 목둘레선 주위에 악센트를 주어 시선을 위로 향하게 함
뚱뚱한 체형	• 광택이 없는 중간 두께이면서 부드러운 재질의 옷감을 선택 • 세로선과 짙은 계열 색상을 활용
마른 체형	• 너무 얇은 재질보다는 힘 있는 재질의 옷감을 선택 • 부피감이 있어 보이도록 밝고 따뜻한 색상을 선택

❷ 얼굴형에 어울리는 목둘레선: 둥근 목둘레선은 얼굴을 둥글게, 뾰족하고 깊은 목둘레선은 얼굴을 갸름하게 보이게 하므로 얼굴형과 같은 형태의 목둘레선은 피하는 것이 좋다. 각진 얼굴형의 경우 둥근 목둘레선을 선택하면 분위기를 부드럽게 해준다.

② 타인을 배려하는 옷차림, 어떻게 해야 할까

1 타인을 배려하는 옷차림의 중요성

❶ 옷차림을 통해 개성이나 가치관뿐만 아니라 사회적 규범을 따르고 예의를 지키겠다는 심리도 표현할 수 있다.

❷ 옷을 입는 방식은 사회와 문화의 영향을 받으며 보는 이에게 긍정적 혹은 부정적 영향을 미친다.

2 T. P. O에 맞는 옷차림

❶ T. P. O란 Time(때), Place(장소), Occasion(상황)의 약자로 때와 장소, 상황을 고려한 옷차림은 기본적인 예의이다.

❷ 드레스 코드는 옷차림에 대한 사회적 규범을 통칭하는 용어로, 특정 장소나 상황에 어울린다고 사회적으로 인정된 옷차림을 의미한다.

❸ T. P. O를 고려한 옷차림의 예

T. P. O	옷차림 예시	설명
집에 있을 때		관리가 편한 옷감을 선택하고 가족 구성원을 고려하여 노출이 심한 차림은 삼간다.
일할 때		작업 환경에 적합하고 신체를 보호할 수 있는 안전한 옷을 입는다. 제복은 소속감과 책임감을 갖게 해준다.
등교할 때		교복이나 자율복을 입는다. 자율복은 학교생활을 하기에 편안하고 학생 신분에 어울리는 디자인을 선택한다.
다른 사람 집을 방문할 때		자신의 개성을 살리되, 깨끗하고 단정하며 학생 신분에 맞는 차림을 한다.
어른을 뵐 때		노출이 심한 옷이나 지나치게 화려한 장신구는 피한다. 머리 모양이나 신발 등의 용모를 단정히 하고, 인사할 때는 모자를 벗고 예의를 갖춘다.
행사나 의례에 참여할 때		단정한 정장 차림이 좋으며 학생의 경우 교복이 적합하다. 장례식장에 갈 때는 검은색의 단정한 옷을 입는다.

01 다음 중 의복의 개념에 포함되는 것을 〈보기〉에서 모두 고른 것은?

〈 보기 〉
ㄱ 교복   ㄴ 운동화
ㄷ 털장갑   ㄹ 모직 재킷

① ㄱ, ㄴ
② ㄷ, ㄹ
③ ㄱ, ㄴ, ㄹ
④ ㄴ, ㄷ, ㄹ
⑤ ㄱ, ㄴ, ㄷ, ㄹ

02 다음 중 의복의 종류와 그 기능이 가장 옳게 짝지어진 것은?

① 운동복 – 능률 향상
② 소방복 – 체온 조절
③ 속옷 – 소속 표현
④ 방서복 – 피부 청결
⑤ 상복 –개성 표현

03 다음 그림에서 알 수 있는 의복의 기능은?

① 체온 조절
② 피부 청결
③ 예의의 표현
④ 개성의 표현
⑤ 소속의 표현

04 다음 의복의 기능 중 그 성격이 다른 하나는?

① 상복   ② 속옷
③ 방한복   ④ 임부복
⑤ 소방복

05 다음 청소년기의 옷차림에 대한 설명으로 옳지 않은 것은?

① 청소년기는 옷차림에 대한 관심이 높아지는 시기이다.
② 청소년기는 남과 다른 자신만의 개성 표현에 대한 욕구가 높은 시기이다.
③ 청소년기에는 연예인이나 운동선수 등 우상의 옷차림을 따라하려는 욕구가 높아진다.
④ 청소년기에는 친구들과 비슷한 옷차림을 통해 친밀감을 느끼려는 욕구가 높아진다.
⑤ 청소년기에는 예의를 표현하는 옷차림보다 자신의 개성을 표현하는 옷차림을 해야 한다.

06 다음 중 의복의 표현 기능을 목적으로 하는 옷을 〈보기〉에서 고른 것은?

〈 보기 〉
ㄱ 제복   ㄴ 소방복
ㄷ 혼례복   ㄹ 방탄복

① ㄱ, ㄴ   ② ㄱ, ㄷ
③ ㄴ, ㄷ   ④ ㄴ, ㄹ
⑤ ㄷ, ㄹ

07 다음 ㄱ~ㄹ의 학생 옷에서 쓰인 선의 효과를 옳게 설명한 것은?

① ㄱ, ㄴ – 직선은 귀여운 느낌을 준다.
② ㄴ – 위엄이 있고 넓어 보인다.
③ ㄷ – 활동적인 느낌을 준다.
④ ㄹ – 정적이고 위엄과 힘이 느껴진다.
⑤ ㄱ – 움직임이 느껴지고 길어 보인다.

08 다음 중 디자인의 원리를 가장 적절하게 활용한 사람은?

① 종현: 나는 마른 몸을 커버하기 위해 뻣뻣한 청재킷을 입었어.
② 은정: 나는 통통한 상체를 보완하기 위해 노란색 블라우스를 입었어.
③ 하은: 나는 통통한 하체를 가리기 위해 광택 재질의 검은 코팅진을 입었어.
④ 재희: 나는 활동적인 느낌을 주기 위해 작은 물방울 무늬 원피스를 입었어.
⑤ 이한: 나는 차분하게 보이기 위해서 위아래 옷을 대비색으로 맞춰 입었어.

09 다음 중 키를 커 보이게 하고 싶을 때 입어야 할 옷으로 적합한 것은?

① 길이가 긴 흰 남방
② 큰 별무늬가 있는 티셔츠
③ 밑단에 프릴이 달린 스커트
④ 허리에 넓은 벨트가 있는 코트
⑤ 허리선이 높게 올라간 라인의 단색 원피스

10 다음 중 타인을 배려하는 옷차림에 대한 설명으로 옳은 것만을 〈보기〉에서 고른 것은?

〈 보기 〉
㉠ 장례식장에 갈 때는 검은색의 단정한 옷을 입는다.
㉡ 옷차림을 통해 개성이나 가치관, 예의를 표현할 수 있다.
㉢ 학생의 경우 행사에 참석할 때는 교복을 입는 것이 적절하다.
㉣ 현대 사회에서는 의복을 통한 표현의 기능이 점차 강조되고 있으므로 옷을 입을 때는 상대방을 고려해야 한다.

① ㉠, ㉡
② ㉢, ㉣
③ ㉠, ㉡, ㉣
④ ㉡, ㉢, ㉣
⑤ ㉠, ㉡, ㉢, ㉣

11 의복의 다양한 기능 중 제복이나 교복, 유니폼 등은 어떤 기능을 하고 있는가?

_____

12 다음의 (   ) 안에 들어갈 말은 무엇인가?

(   )은/는 자신이 가치 있는 존재이며 자신에게 주어진 일을 잘해낼 수 있다고 믿는 마음으로 (   )이/가 높은 사람일수록 자신을 있는 그대로 표현할 줄 알기 때문에 값비싼 옷이나 유행에 연연하지 않고도 자신의 개성을 잘 살리는 옷차림을 할 수 있다.

_____

13 의복 디자인의 요소 중 부드러움, 두께, 광택 등 옷감의 표면 느낌을 결정하는 것은 무엇인가?

_____

14 옷차림에 대한 사회적 규범을 통칭하는 용어로, 특정 장소나 상황에 어울린다고 사회적으로 인정된 옷차림을 의미하는 용어는 무엇인가?

_____

15 T. P. O를 고려하여 어른을 뵐 때 적합한 옷차림의 조건을 두 가지만 서술하시오.

_____
_____
_____

○3 의복 마련 계획과 선택

① 의복을 마련할 때 무엇을 알아야 할까

1 의복을 마련할 때 고려할 점

❶ 의복을 마련하는 다양한 방법

물려 입거나 교환해 입기	빌려 입기	고쳐 입거나 만들어 입기

경제적이고, 자원 재활용에 도움이 된다.	비용이 들지만 보관과 관리를 하지 않아도 된다.	자신에게 잘 맞는 옷을 입을 수 있다.

알뜰장터나 중고매장 이용하기	기성복 구매하기

적은 예산으로 필요한 의복을 마련할 수 있다.	필요한 의복을 손쉽게 구비할 수 있다.

❷ 청소년 의복을 마련할 때 고려할 점

- 청소년기는 급격한 신체 성장이 일어나는 시기로 키와 몸무게의 증가뿐만 아니라 체형의 변화도 크므로 신체 변화와 건강을 고려하여 적절한 의복을 갖춰야 한다.
- 옷을 마련해야 할 때는 가지고 있는 옷을 새롭게 활용하거나 물려 입을 수 있는 옷이 있는지 확인하여 꼭 필요한 옷만 구매한다.

2 기성복을 구매할 때 고려할 점

1) 기성복의 개념과 특징

❶ 기성복이란 불특정 다수의 소비자를 대상으로 표준화된 형태와 치수에 따라 만들어지는 의복으로 우리가 구매하는 옷의 대부분은 기성복이다.
❷ 기성복은 디자인과 치수가 다양하고 언제든지 손쉽게 구매할 수 있으며 맞춤복에 비해 저렴하다.
❸ 체형에 따라 몸에 맞지 않는 부분이 생길 수도 있으므

로 구매 전에 직접 입어보고 착용감과 마름질 및 바느질 사항을 꼼꼼히 점검하는 것이 좋다.

2) 기성복을 구매할 때 고려할 점

착용감

- 목이 따갑거나 끼지 않는가?
- 팔의 여유 분량이 적절하여 활동이 편안한가?
- 밑위 길이나 바지통이 지나치게 좁거나 넓지 않은가?
- 배와 허리는 편안한가?

- 어깨 너비는 적당한가?
- 진동 둘레에 주름이 생기지 않는가?
- 소매통이 적당한가?
- 스커트 앞뒤로 주름이 생기지 않는가?
- 스커트의 길이와 폭이 활동에 적당한가?

마름질

- 옷깃의 모양이 좌우 대칭인가?
- 시접 분량이 적당하며 늘려 입을 수 있도록 단의 분량이 충분한가?
- 앞과 뒤, 옆선 등의 무늬가 잘 맞는가?

    (○)   (×)
솔기선의 무늬 방향이 잘 맞는가?

단 너비나 시접분이 충분한가?

바느질

- 올이 나간 부분은 없는가?
- 바느질이 고르고 튼튼한가?
- 단추는 튼튼하게 달렸고 단춧구멍이 잘 만들어졌는가?
- 지퍼가 잘 달려 있고, 작동이 잘되는가?

3) 기성복의 치수 표시

기성복은 우리나라 국민의 체위를 기준으로 제작된 의류 치수 규격에 따라 키, 가슴둘레, 허리둘레, 엉덩이 둘레 등을 표시한다.

일반적으로 쓰는 치수 표시

한국식	미국식
44(85)	2(XS)
55(90)	4(S)
66(95)	6(M)
77(100)	8(L)
88(105)	10(XL)
110	12(XXL)

의복 종류		신체 치수	표시의 예
남성복	상의	가슴둘레-허리둘레-키	95–76–170
	하의	허리둘레-엉덩이 둘레	72–88
	드레스 셔츠	목둘레-소매 길이	40–84
여성복	상의	가슴둘레-엉덩이 둘레-키	88–90–165
	하의	허리둘레-엉덩이 둘레	64–90

4) 의복의 품질 표시

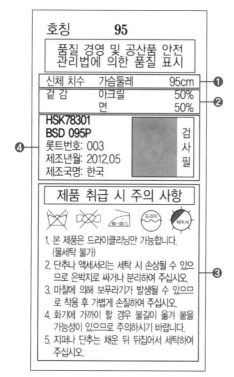

❶ 신체 치수: 해당 옷에 적합한 신체 치수를 표시한다.

❷ 섬유 조성: 옷감이 어떤 섬유로 만들어졌는지 표시한다. 겉감과 안감의 섬유가 다르거나 두 가지 이상의 섬유가 섞인 경우 혼방(두 가지 이상의 섬유를 섞어서 옷감을 만드는 것) 비율이 높은 섬유부터 표시한다.

❸ 취급 방법: 의복의 세탁 방법과 표백제 사용 가능 여부, 탈수와 건조 방법, 다림질 방법 등을 표시한다.

❹ 공인 기호: 일정한 기준에 합격한 제품에는 공공 기관에서 인정하는 기호를 표시한다.

| 순모 | 모혼방 | 순면 | 실크 | 위생 가공 · 항균 · 방취 |

▲ 의복의 공인 기호

---

② 의복 마련 계획을 세워볼까

1 의복 마련 계획의 장점

❶ 때와 장소, 상황에 적합한 기본적인 의복을 갖출 수 있고 충동 소비를 줄여 합리적인 소비를 할 수 있다.

❷ 가지고 있는 옷을 최대한 활용하고 꼭 필요한 의복만 구매함으로써 합리적인 의생활을 할 수 있게 된다.

❸ 자원을 절약하고 환경을 보호할 수 있다.

2 의복 마련 계획의 단계 및 방법

❶ 1단계: 가지고 있는 옷을 종류, 계절, 디자인별로 구분 → 의복 상태에 따라 계속 입을 수 있는 옷과 수선할 것, 처분할 옷으로 나누어 의복 목록표를 작성한다.

종류	계절	가지고 있는 개수	가지고 있는 옷의 형태	상태			필요 수량	마련 시기 및 방법
				양호	수선	처분		
티셔츠	봄·가을	3	흰색 후드 티	○			0	
			남색 로고 티	○				
			초록색 맨투맨		○			
	여름	4	흰색 민소매 티	○			1	동네 옷 가게
			노란색 반소매 티	○				
			파란색 줄무늬 티	○				
			검은색 반소매 티			○		
	겨울	2	남색 후드 티	○			1	빈티지 시장
			회색 줄무늬 티		○			

▲ 의복 목록표 작성 예

❷ 2단계: 세탁, 수선, 리폼이나 교환, 물려 입기, 기부하기 등 옷의 상태에 따라 적절히 관리 및 처분을 한다.

❸ 3단계: 의복 목록표를 보고 필요한 의복의 종류와 수량, 마련 시기, 방법 등을 결정한다.

01 다음 중 청소년기의 의복을 마련할 때 고려할 점을 〈보기〉에서 모두 고른 것은?

〈 보기 〉

㉠ 청소년기에는 신체 성장이 빠르므로 너무 고가의 옷은 피한다.
㉡ 청소년기 체형 변화를 고려하여 거들 등의 보정 속옷을 착용한다.
㉢ 가지고 있는 옷을 새롭게 활용하거나 물려 입을 수 있는 옷이 있는지 확인하여 꼭 필요한 옷만 구매한다.

① ㉠
② ㉡
③ ㉠, ㉢
④ ㉡, ㉢
⑤ ㉠, ㉡, ㉢

02 다음 중 자신의 신체 특성과 개성에 잘 어울리는 옷을 입기 위한 의복 마련 방법은?

① 물려 입기
② 빌려 입기
③ 만들어 입기
④ 기성복 구입하기
⑤ 중고매장 이용하기

03 다음 중 기성복에 대한 설명으로 옳은 것을 〈보기〉에서 모두 고른 것은?

〈 보기 〉

㉠ 불특정 다수의 소비자를 대상으로 만든다.
㉡ 맞춤복에 비해 손쉽고 저렴하게 구매할 수 있다.
㉢ 표준화된 형태와 치수에 따라 제작되므로 체형에 따라 몸에 딱 맞지 않을 수도 있다.

① ㉠
② ㉡
③ ㉠, ㉢
④ ㉡, ㉢
⑤ ㉠, ㉡, ㉢

04 여성용 상의를 구입할 때 확인할 수 있는 치수 표시의 내용은 무엇인가?

① 허리둘레-키
② 목둘레-소매 길이
③ 허리둘레-엉덩이 둘레
④ 가슴둘레-허리둘레-키
⑤ 가슴둘레-엉덩이 둘레-키

05 다음과 같은 치수 표시가 붙는 기성복의 종류는 무엇인가?

64-90

① 여성용 자켓
② 남성용 점퍼
③ 여성용 스커트
④ 남성용 드레스 셔츠
⑤ 여성용 트렌치 코트

06 다음 중 의복의 품질 표시에 해당되지 않는 내용은?

① 의복 가격
② 섬유 조성
③ 취급 방법
④ 공인 기호
⑤ 신체 치수

07 모 섬유 100%인 제품에 표시할 수 있는 의복의 공인 기호는 무엇인가?

①
②
③
④
⑤

08 다음 품질 표시에 대한 대화 내용 중 옳은 것은?

품질 경영 및 공산품 안전 관리법에 의한 품질 표시	
호칭 100	
항목	신체지수
가슴둘레	100cm
엉덩이둘레	98cm
신장	165cm
섬유의 혼용율(%)	
겉감 면	100%
제품 취급 시 주의 사항	

① 경화: 손빨래만 가능해.
② 다혜: 혼방 섬유를 사용했어.
③ 지민: 얇은 천을 깔고 다림질해야 해.
④ 준영: 하의에 대한 품질 표시 내용이야.
⑤ 세원: 오염이 있을 경우 염소 표백을 해야 해.

09 다음 중 의복 마련 계획을 세웠을 때의 장점으로 옳지 않은 것은?

① 자원을 절약하고 환경을 보호할 수 있다.
② 가지고 있는 옷을 최대한 활용할 수 있다.
③ 저렴한 옷을 구입해서 유행에 앞서갈 수 있다.
④ 충동 소비를 줄여 합리적인 소비를 할 수 있다.
⑤ 때와 장소, 상황에 적합한 기본적인 의복을 갖출 수 있다.

10 의복을 마련하는 다양한 방법과 그 특징을 옳게 연결해 보자.

① 빌려 입기 •   • ㉠ 경제적이고 자원 재활용에 도움이 된다.

② 기성복 구매하기 •   • ㉡ 비용이 들지만 보관과 관리를 하지 않아도 된다.

③ 물려 입거나 교환해 입기 •   • ㉢ 적은 예산으로 필요한 의복을 마련할 수 있다.

④ 알뜰 장터나 중고 매장 이용하기 •   • ㉣ 필요한 의복을 손쉽게 마련할 수 있다.

11 다음 그림에 해당하는 기성복 구입 시 고려사항을 2가지만 적어보자.

㉠ 솔기선   ㉡ 단 너비나 시접분

㉠ _____

㉡ _____

12 의복 마련 계획의 3단계를 간단히 설명하시오.

_____

_____

_____

04 청소년기 생활 문제와 예방

① 스트레스와 분노, 어떻게 조절해야 할까

1 스트레스

❶ 라틴어인 'stringer(팽팽히 죄다, 긴장)'에서 유래된 말로, 적응하기 어려운 상황에서 느끼는 신체적·심리적 긴장 상태를 말한다.

❷ 스트레스는 늘 존재하는 것으로 원인을 파악해서 긍정적인 해소 방법을 마련하는 것이 바람직하다.

❸ 스트레스 해소 방법

• 삶에 주인 의식을 가지고 즐겁게 생활하도록 노력한다.

• 가족이나 친구 등 주위 사람들과 대화를 많이 하여 원만한 관계를 유지한다.

• 적절한 휴식과 명상으로 긴장을 푼다.

• 규칙적인 생활과 여가 활동을 한다.

2 분노 조절 장애

❶ 분노 조절 능력은 청소년들의 바람직한 사회적, 정서적 발달과 대인관계 적응을 위한 기본 요소이다.

❷ 분노의 적절한 표현 방법을 배운 적이 없는 청소년들은 사회적으로 바람직하지 않은 방식으로 분노를 표출하기도 한다.

❸ 청소년들의 분노로 인해 당사자들 뿐만 아니라 주변 사람들의 피해 사례가 늘고 있다.

❹ 최근 청소년들을 위한 다양한 분노 조절 프로그램이 개발되어 활용되고 있다.

② 우울과 자살 충동, 어떻게 대처할까

1 우울

❶ 급격한 사회, 문화적 변화로 청소년의 정신 건강이 심각하게 위협받고 있다.

❷ 과중한 학업 부담, 집단 따돌림, 학교 폭력, 약물 중독, 인터넷 중독 등의 유해 환경으로 인해 정신 건강상의 문제를 보이는 청소년이 증가하고 있다.

❸ 외형적 행동 문제보다는 심리적인 내면적 문제가 더 심각하며, 대표적인 정서 장애로 불안과 우울이 있다.

2 자살 충동

❶ 자살은 고의적으로 자신에게 죽음을 부과하는 치명적인 자해 행위다.

❷ 우리나라 자살률이 OECD 국가 중 1위이며 2009년 이후 청소년 사망 원인 1위가 자살(통계청, 2013)이다.

❸ 청소년 자살은 가족과 사회에 더 큰 충격을 줄 수 있기에 주의가 요구된다.

③ 건강을 위협하는 중독성 약물 어떻게 대처할까

1 중독성 약물

❶ 청소년들은 공부나 친구 등의 문제로 스트레스를 느끼면 약물에 의존하게 된다.

❷ 약물을 한 번 복용하면 그 특성상 지속적으로 더 자주 찾게 되는 경향이 있다.

❸ 약물에 중독되지 않으려면 운동이나 취미 등 자신만의 건전한 스트레스 해소법을 찾는 것이 필요하다.

❹ 혹시 주변 친구나 선배들의 권유가 있을 경우 적절한 거절 방법을 익혀 둔다.

2 흡연과 음주

❶ 청소년기의 흡연·음주는 감소되고 예방되어야 하는 주요 문제로, 신체적·정신적·사회적인 모든 측면에서 청소년의 건강한 성장 발달을 저해한다.

❷ 청소년기의 흡연·음주의 결과 생겨나는 제반 문제 해결에 사회적 비용 손실이 초래된다.

❸ 청소년 흡연의 원인은 유전, 니코틴의 약리·생리 작용, 부모형제 및 교우 관계, 대중매체, 스트레스, 자아 개념, 문제 대처 능력 등이 있다.

❹ 흡연 청소년은 자기 중심적이고 내면의 불만이나 불안감, 심리적 갈등, 자아 정체감 등의 혼란이 타 집단보다 심하다.

❺ 그 외 다른 사람들에 대한 반응이 거부적이며, 예민한 경향이 높아서 감정이 불안정하다.

❻ 청소년의 음주는 판단력을 흐리게 하고, 자기 조절을 어렵게 한다.

❼ 특히 오랜 음주 시 초조하고 폭력적인 인격으로 변화하면서 친구, 가족 등 주변 사람과의 관계가 악화된다.

01 다음 중 우리나라 청소년의 고민 순위로 가장 높은 것은 어느 것인가?

① 가정환경
② 이성 친구
③ 공부(성적 및 적성 포함)
④ 직업
⑤ 흡연이나 음주

02 다음 중 스트레스를 조절하는 방법으로 올바르지 않은 것은 어느 것인가?

① 시간 관리에 철저를 기한다.
② 가능한 규칙적인 생활을 하도록 노력한다.
③ 시간을 내어 취미 생활을 하고 휴식을 취한다.
④ 경제적으로 부담이 되더라도 여가 활동을 반드시 하도록 한다.
⑤ 자신이 인생의 주인공이라는 생각을 가지고 긍정적으로 생활한다.

03 다음 중 분노에 대한 설명으로 적절한 것은?

① 분노란 대개 가벼운 불쾌감을 이르는 말이다.
② 분노가 일어날 때는 가능한 참는 것이 바람직하다.
③ 청소년기는 미분화된 뇌 구조로 인해 분노의 감정을 자주 느끼게 된다.
④ 분노의 감정을 느낄 때는 일단 표출하는 것이 첫 번째 해결 단계가 된다.
⑤ 상대방을 공격하거나 폭력적인 행동을 하게 되면 인격적으로 성숙하게 된다.

04 다음 중 우리나라 청소년의 자살의 원인으로 가장 높은 비율을 차지하는 것은?

① 경제적 어려움
② 이성 문제
③ 외로움과 고독
④ 성적이나 진학 문제
⑤ 가정불화

05 다음 중 우리나라 청소년의 건강을 위협하는 중독성 약물이 포함된 식품에 속하지 않는 것은?

① 담배
② 커피·홍차
③ 콜라
④ 마약류
⑤ 우유

06 청소년의 건강을 위협하는 흡연에 대한 설명으로 올바르지 않은 것은?

① 청소년기 흡연은 대인관계에서도 좋지 않은 인상을 줄 수 있다.
② 흡연자의 연기로 인한 간접흡연의 경우 직접흡연보다 2~3배 더 치명적인 피해를 끼친다.
③ 19세 미만의 청소년에게는 담배를 판매할 수 없게 한 법률이 제정되어 있다.
④ 담배에는 타르, 니코틴, 일산화탄소 등 4,000여 가지의 유해 물질이 포함되어 있다.
⑤ 자존감이 높은 사람일수록 최초 흡연을 하게 되는 시기가 빨라지는 경향이 있다.

07 청소년기 정서 문제를 예방하기 위한 방법으로 적절하지 <u>않은</u> 것은?

① 자신이 이 세상에서 가장 소중한 존재임을 자각한다.
② 지금의 위치에서 충분히 잘 하고 있다고 스스로 격려한다.
③ 적당한 식사를 하고 학업을 위해 잠은 가능한 줄이도록 노력한다.
④ 우울증에 시달린다고 생각이 들 때는 전문 기관의 도움을 받는다.
⑤ 분노 조절이 어려울 때는 밖으로 나가 심호흡을 하거나 맑은 공기를 마신다.

08 다음 중 자살 위험에 빠져 있는 친구의 징후로 보기에 어려운 것은?

① 소중한 물건을 친구나 부모에게 준다.
② 자살 관련 사이트나 책 이야기를 자주 한다.
③ 세상에 대하여 분노가 가득 찬 느낌을 준다.
④ 평소 보이지 않던 과격한 행동을 자주 보인다.
⑤ 현재 가장 인기 있는 연예인에 대해 자주 이야기한다.

09 분노란 모욕감을 느끼거나 거부당할 때, 믿었던 사람에게서 배신을 당할 때 느끼는 감정으로 (　　　), (　　　) 등과 같은 의미이다. (　　　) 안에 들어갈 말을 쓰시오.

_____

10 친구로부터 흡연이나 음주를 권유 받을 때 거절할 수 있는 방법을 나열해 보시오.

_____

_____

_____

05 쾌적한 주거 환경과 안전

① 쾌적한 열과 빛 환경을 알아볼까

1 열 환경

① 쾌적한 실내 온도와 습도
- 온도: 겨울철 20~25℃, 여름철 24~26℃
- 습도: 겨울철 25~70%, 여름철 20~60%
- 온·습도는 계절에 따라 다르고 연령이나 옷을 입은 상태, 작업 강도, 건강 상태에 따라 다를 수 있다.

② 쾌적한 실내 환경을 위해 옥상 정원, 잔디 지붕 등의 자연환경을 이용하거나 냉·난방 시설을 적절히 사용하는 것이 중요하다.

③ 결로 현상
- 겨울철에 실내외의 온도차가 심할 때 단열이 잘 되지 않은 벽이나 천장, 바닥 등에 습기가 차고 이슬이 맺히는 현상이다.
- 결로 예방 방법에는 단열재 사용, 외부와 내부의 기밀성을 유지, 난방을 서서히 하여 실내 온도와 벽체 표면 온도 차이를 줄이기, 환기를 수시로 하거나 환기 장치 이용 등이 있다.

④ 냉·난방비를 줄이기 위한 방법

난방비를 줄이기 위한 방법	냉방비를 줄이기 위한 방법
• 단열재 사용: 벽, 바닥, 천장	• 단열재 사용: 벽, 바닥, 천장
• 창 기밀성 유지: 이중 창, 이중 유리 사용	• 창 기밀성 유지: 이중창, 이중유리 사용
• 외풍 막기: 문풍지 테이프나 커튼 사용	• 에어컨과 선풍기를 같이 사용함
• 창이나 문에 단열 필름 부착	• 창에 블라인드나 발을 이용
• 일조권 확보: 남향 배치	• 불필요한 조명을 꺼줌
• 내복 입기(내복만 입어도 20% 절감)	• 적정한 냉방 온도를 유지
• 난방 밸브를 잘 관리하기	• 노타이, 반팔 셔츠 등 시원한 차림
• 보조 난방 기구 사용	

2 빛 환경

1) 채광

창이나 문을 통해 들어오는 태양 광선으로 능률적인 활동을 할 수 있고, 난방 효과뿐 아니라 정신 건강과도 관련이 깊다.

① 채광에 영향을 주는 요소: 시각, 창의 크기 및 위치, 모양, 재료, 주택의 위치 등이 있다.

② 창에 따른 채광 효과: 같은 크기의 창이라도 좌우로 긴 창보다 상하로 긴 창이, 측창보다 천창이, 투명 유리로 된 창이 효과가 보다 크다.

③ 채광 양 조절 방법: 차양, 커튼, 블라인드, 발, 창 밖에 나무 심기 등이 있다.

2) 조명

① 밤이나 실내 밝기가 채광으로 충분하지 않을 때 사용하는 방법으로, 실내의 밝기뿐 아니라 분위기 조성을 위해 사용한다.

② 조명 방법
- 직접 조명: 에너지 소모가 적으나 눈부심이 있고 피로가 쉽게 오고 그림자가 생김
- 간접 조명: 눈부심이 없고 밝기가 균일하며 전체적으로 부드러우나 비경제적임
- 전반 확산 조명: 반투명 재질의 글로브를 통해 빛을 확산하는 방법으로 눈부심이 적고 은은하나 직접 조명보다 밝지 않음

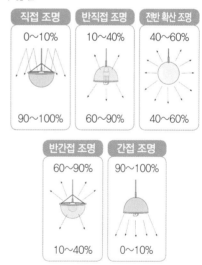

② 쾌적한 공기와 소리 환경을 알아볼까

1 공기 환경

① 실내 공기의 오염 물질: 호흡 시 나오는 이산화탄소, 음식 냄새, 건축 자재나 가정용 집기 및 가구에서 나오는 화학 물질, 옷이나 화장품에서 나오는 냄새 등

❷ 통풍

- 창이나 문을 통해 바람이 들어오도록 하는 것이다.
- 창의 위치, 크기, 바람의 방향에 따라 달라진다.
- 창과 문은 마주 보게 하고 바람이 들어오는 쪽을 낮게 하는 것이 효과가 좋다.

❸ 환기

- 실내외의 공기를 바꿔주는 것이다.
- 온도와 습도 조절의 효과가 있다.
- 자연 환기에는 창, 문, 환기구 등으로 위치와 크기를 고려해야 한다.
- 기계 환기는 환기팬, 배기 후드, 공기 청정기 등의 기계를 이용한다.

❹ 밀폐된 공간에서 오랫동안 생활할 경우에는 자주 통풍이나 환기를 시키는 것이 좋다.

> **TIP** 새집 증후군
> - 집을 지을 때 사용하는 건축재나 가구, 벽지, 침구류, 카펫, 등에서 유해 물질이 나와 두통, 기침, 가려움에서부터 현기증, 피로감, 집중력 저하 등이 나타나는 현상
> - 친환경 소재를 사용하거나 새 집에 입주할 때는 베이크 아웃을 충분히 한 후 거주할 수 있도록 함
> - ※ 베이크 아웃(bake out): 건축 자재나 벽지 등에서 나오는 유해 물질을 미리 배출하는 것이 목적으로, 마치 빵을 굽는 것처럼 높은 온도로 집을 구워낸다는 비유적인 표현

> **하나 더 알기**   황사와 미세먼지
> 1. 미세먼지의 유해성
>   - 기침과 호흡 곤란 증상 발생
>   - 기관지염이나 천식을 악화시킴
>   - 안구 질환, 피부 질환, 심혈관 질환을 유발
>   - 노인과 영유아, 호흡기 환자에게 치명적
> 2. 황사와 미세먼지 대처 방법
>   - 창문을 닫아 미세먼지나 황사 성분이 들어오는 것을 막음
>   - 미세먼지나 황사 성분을 제거하기 위해 공기 청정기를 사용함
>   - 실내에 가습기, 젖은 수건 등을 이용하여 적정 습도를 유지함
>   - 분무기로 물을 뿌려 물방울 입자에 붙은 미세먼지를 가라앉힌 뒤 물걸레로 닦음
>   - 의류 세탁 시 섬유 유연제를 사용하면 유연제의 정전기 방지 기능이 옷에 먼지가 달라붙는 것을 막아 줌
>   - 수분이 부족하면 호흡기 점막이 건조해 미세먼지나 황사 성분의 침투가 쉽기 때문에 하루 1.5L 이상의 충분한 물을 마심
>   - 황사 속 먼지와 중금속으로 인한 스트레스와 염증 예방을 위해 깨끗이 세척한 과일과 채소를 많이 섭취하는 것이 좋음

② 소리 환경

❶ 소음이나 진동은 공기나 물체를 통하여 전달되며, 불쾌감, 대화나 수면의 방해, 두통, 소화불량, 난청을 유발한다.

❷ 생활 소음의 종류: 급배수 소음, 개구부의 여닫는 소리, 집안에서 뛰는 소리, 악기 연주 소리, 가전 기기의 작동 소리, 애완견 짖는 소리 등

❸ 소음이나 진동 방지법

- 주택 건축 시 벽이나 천장 등에 흡음재를 넣는다.
- 문과 창을 이중으로 설치하고 문에 도어체크를 설치한다.
- 가전기구나 가구 아래 러그(부직포 등)를 깔거나 고무 바닥재(완충재)를 사용하여 흡음하도록 한다.
- 벽에 중량이 큰 재료나 이중벽을 설치한다.
- 커튼이나 카펫을 사용하고 벽지나 바닥재 사용으로 흡음성을 높인다.

> **하나 더 알기**   층간 소음
> - 다세대 주택이나 아파트 등 공동주택에서 발생하는 소음 공해로 화장실 물소리, 바닥 충격음, 피아노 소리, 대화 소리 등이 있음
> - 층간 소음 중 바닥 충격음은 콘크리트 면에 직접 충격이 가해짐으로써 발생하여 인접 세대에 쉽게 전달됨
> - 층간 소음으로 인한 피해를 줄이기 위해서는 늦은 시간에 세탁기를 사용하거나 악기를 연주하는 일을 자제하고 이웃을 배려하는 태도를 기르도록 함

01 쾌적한 실내 환경을 위한 여름철과 겨울철에 적당한 온도와 습도로 가장 알맞은 것은?

	계절	온도	습도
①	여름	20~25℃	25~70%
②	겨울	24~26℃	25~70%
③	여름	20~25℃	20~65%
④	겨울	24~26℃	20~65%
⑤	여름	24~26℃	20~65%

02 실내의 열이 밖으로 나가는 열 손실을 줄이는 방법으로 설명이 옳지 않은 것은?

① 벽체나 천장 등에 단열재를 사용한다.
② 창을 이중창, 이중 유리 등으로 마감한다.
③ 커튼을 이용하거나 창과 문에 문풍지를 이용한다.
④ 창문에 단열 필름이나 비닐 등을 부착하여 단열한다.
⑤ 창을 세로로 길게 만들고 유리창은 투명 유리로 하는 것이 좋다.

03 결로를 예방하기 위한 방법으로 올바른 것끼리 묶인 것은?

┌─────────────────────────────────┐
│ ㉠ 환기를 자주 한다.
│ ㉡ 벽 등을 단열재로 시공한다.
│ ㉢ 가습기를 이용하여 습기를 조절한다.
│ ㉣ 외부와의 연결 부위를 기밀하게 시공한다.
│ ㉤ 실내 온도를 높게 하여 밖에 온도와 차이를 많이 나도록 한다.
└─────────────────────────────────┘

① ㉠, ㉡, ㉣
② ㉠, ㉢, ㉣
③ ㉡, ㉢, ㉣
④ ㉡, ㉣, ㉤
⑤ ㉢, ㉣, ㉤

04 채광이 우리 생활에 미치는 영향이라고 보기에 가장 거리가 먼 것은?

① 난방의 효과가 좋다.
② 능률적인 활동을 할 수 있다.
③ 실내 공간에 분위기를 연출할 수 있다.
④ 자외선을 통해서 살균 효과도 얻을 수 있다.
⑤ 태양광선으로 인해 신체적, 정신적인 건강에 도움이 된다.

05 채광의 효과를 높일 수 있는 창에 대한 설명이 바른 것은?

① 측창이 천창보다 채광 효과가 좋다
② 창의 크기가 작을수록 채광에 유리하다.
③ 남향보다는 북향으로 난 창이 채광에 유리하다.
④ 투명 유리보다는 불투명한 유리가 효과가 더 좋다.
⑤ 같은 크기라면 가로로 긴 창보다는 세로로 긴 창이 효과가 좋다.

06 다음 중 채광의 양을 조절하기 위해 사용하는 것이 아닌 것은?

① 발　　　　　　　② 커튼
③ 차양　　　　　　④ 블라인드
⑤ 태양광 집열판

07 다음 그림과 같이 반투명 재질의 글로브를 통해 빛을 확산하여 눈부심이 적고 은은하나 직접 조명보다 밝지 않은 조명 방법은?

① 직접 조명
② 간접 조명
③ 반직접 조명
④ 반간접 조명
⑤ 전반 확산 조명

08 다음 중 실내 공기 환경에 대한 설명으로 바른 것끼리 묶인 것은?

> ㉠ 자연적으로 바람이 통하도록 창을 마주보게 하는 것이 효과가 크다.
> ㉡ 통풍을 위해서는 바람이 들어오는 쪽을 낮게 하는 것이 통풍의 효과가 좋다.
> ㉢ 자연 환기로 실내에 쾌적한 공기를 바꿀 수 있으나 온도와 습도의 조절은 안 된다.
> ㉣ 인위적인 환기를 위해서는 실내에 환기팬, 환기구, 공기 청정기를 설치하는 것이 좋다.
> ㉤ 실내 공기를 오염시키는 것은 건축 자재나 가구에서 나오는 화학 물질, 음식의 냄새, 사람들의 호흡 시 나오는 이산화탄소 등이 있다.

① ㉠, ㉡, ㉤   ② ㉠, ㉢, ㉣
③ ㉡, ㉢, ㉤   ④ ㉡, ㉣, ㉤
⑤ ㉢, ㉣, ㉤

09 황사나 미세먼지를 대처하기 위한 방법으로 옳지 않은 것은?

① 황사나 미세먼지가 들어오지 않도록 창문을 밀폐한다.
② 황사나 미세먼지를 제거하기 위해 공기 청정기를 사용한다.
③ 황사나 미세먼지 침투가 어렵도록 실내를 건조한 상태로 유지한다.
④ 황사나 미세먼지가 가라앉도록 분무기를 뿌리고 물걸레를 이용하여 청소한다.
⑤ 황사나 미세먼지 침투가 어렵도록 수분을 충분히 섭취하고, 과일과 채소를 섭취한다.

10 소음이나 진동을 방지하는 방법을 모두 고른 것은?

> ㉠ 벽이나 천장 등에 흡음재를 넣고 시공한다.
> ㉡ 벽에 중량이 큰 재료나 이중벽을 설치한다.
> ㉢ 문과 창을 이중으로 설치하고 투명 유리를 설치한다.
> ㉣ 가전 기구는 소음을 줄이는 에너지효율등급이 낮은 제품을 고른다.
> ㉤ 커튼이나 카펫을 사용하고 흡음성이 높은 재료를 벽지나 바닥재에 사용한다.

① ㉠, ㉡, ㉢   ② ㉠, ㉡, ㉣
③ ㉠, ㉡, ㉤   ④ ㉡, ㉢, ㉤
⑤ ㉡, ㉢, ㉤

11 열 손실을 줄이기 위해 여름철 에어컨과 선풍기는 어떻게 사용하는 것이 좋을까?

_____
_____
_____

12 겨울철에 실내외의 온도차가 심할 때 단열이 잘 되지 않은 벽이나 천장, 바닥 등에 습기가 차고 이슬이 맺히는 현상을 무엇이라고 하는가? 또한 이를 예방하기 위한 방법을 3가지만 제시하시오.

_____
_____
_____

13 새집 증후군에 대해서 설명해 보자.

_____
_____
_____

14 공동 주택에서 거주할 때 층간 소음을 줄이기 위해서 우리가 실천할 수 있는 방법을 2가지만 적어보자.

_____
_____
_____

15 냉·난방비를 줄이기 위해서 우리의 의생활 태도를 변화시킬 수 있는 방법을 알아보자.

_____
_____
_____

06 다양한 안전사고의 예방과 대책

① 주생활 안전사고의 예방과 대처, 어떻게 할까

1 가정 내 안전사고

❶ 안전사고는 가정에서 가장 많이 발생하며 어린이나 노약자가 있는 경우 더욱 유의해야 한다.

❷ 가정 내 안전사고의 예: 욕실에서 미끄러짐, 식탁이나 가구 모서리에 부딪침, 전선에 걸려 넘어짐, 칼에 베임, 높은 곳의 물건이 떨어져 다침, 침대에서 굴러 떨어짐 등

❸ 가정 내 안전사고 예방을 위한 주의사항
- 유아가 있는 집은 책상이나 수납장 주변에 딛고 올라설 수 있는 가구나 물건을 놓지 않는다.
- 선반이나 탁자 위에 움직이거나 떨어질 수 있는 물건을 올려놓지 않는다.
- 콘센트에는 반드시 안전덮개를 덮어두고, 모서리가 뾰족한 가구는 안전보호대를 씌워 사고를 미연에 방지한다.
- 침대는 높이가 너무 높지 않은 것을 선택하고 침대 옆 바닥에는 매트를 깔아 떨어졌을 때 충격을 완화시킬 수 있게 한다.
- 고령자의 침대에는 안전 손잡이를 설치한다.
- 어린이방 가구를 구매할 때 유리 제품은 피한다.
- 날카로운 칼이나 가위는 아이의 손이 닿지 않는 곳에 보관하고 위험성을 평소에 알려준다.
- 복도, 계단, 현관에는 밝은 조명을 설치하여 보행에 불편을 주지 않게 한다.
- 출입문에는 문이 서서히 닫히는 안전 장치인 도어체크를 설치한다.
- 욕실 바닥은 물기가 없게 하고 욕조에 물을 받아두지 않는다.
- 욕실의 깔판, 매트는 미끄럼 방지 처리가 된 제품을 사용하고, 욕조가 설치된 벽면에는 손잡이를 부착해 둔다.
- 세제, 화학약품 등은 아이의 손이 닿지 않는 곳에 둔다.

2 학교 안전사고

❶ 학생들은 하루 시간을 대부분 보내는 학교에서의 안전사고 비율이 높다.

❷ 학교 안전사고의 예: 계단에서 넘어짐, 운동 중 넘어지거나 다침, 화장실에서 미끄러짐, 유리창 파손으로 다침, 청소시간에 청소용구에 다침, 교실에서 넘어짐 등

❸ 학교 안전사고 예방법
- 칼이나 가위 등 학용품을 갖고 장난치지 않는다.
- 청소용구를 다른 용도로 사용하거나 장난치지 않는다.
- 계단에 난간을 타고 내려오거나 급하게 뛰어 오르내리지 않는다.
- 교실 내에서 창틀로 넘어 다니지 않는다.
- 실내에서 공이나 실내화를 던지지 않는다.
- 급식소 등 물청소를 하는 곳의 바닥 청소 시 물기를 잘 닦는다.
- 복도 통행 시 뛰거나 장난하지 않는다.
- 체육시간에 운동기구를 안전하게 사용한다.

② 자연재해, 어떻게 대처할까

1 재해

❶ 재해: 태풍·홍수·호우·해일·폭설·한파·지진이나 기아에 준하는 자연현상으로 인하여 발생하는 피해를 의미하며, 인간의 생존과 재산의 보존이 불가능할 정도로 생활의 질서를 위협 받게 된다.

❷ 자연재해는 자연 현상에 기인한 것으로 기상재해(풍해, 수해, 해일, 설해, 한해, 냉해 등)와 지반 운동으로 발생하는 지질재해(지진, 화산활동)가 있다.

❸ 산업화와 이상 기후로 인한 자연재해가 점차 늘어나고 있다.

2 태풍

❶ 태풍이 발생하면 기상예보를 주의 깊게 듣고, 침수나 산사태가 발생할 수 있는 곳에 거주하는 사람들은 대피장소로 안전하게 대피하며 비상연락망을 숙지해야 한다.

❷ 태풍에 대피하는 방법

• 유리창 파손을 방지하기 위해 유리창 잠금 장치를 잠근다.
• 어린이나 노약자는 외출을 자제한다.
• 베란다나 난간에 낙하물을 놓지 않도록 한다.
• 정전에 대비하여 초나 랜턴을 준비한다.
• 라디오나 텔레비전 등 방송에 귀 기울인다.
• 침수된 차량은 절대 시동을 걸지 말고 바로 해당 서비스 센터에 연락하여 조치를 취한다.
• 응급 치료약을 준비해 둔다.
• 평소에 긴급 대피 장소를 알아두도록 한다.

3 지진

❶ 지진은 지구 내부의 에너지가 지표로 나와 땅이 갈라지며 흔들리는 현상으로, 우리나라도 여러 번의 지진이 발생하여 평소 지진에 대한 대비를 해야 한다.

❷ 지진 발생 시 대처 방안

• 밀집된 장소나 지하주차장으로 대피하지 말 것
• 준비된 구급장비나 비상약품, 라디오 등을 챙겨서 안전한 대피장소로 이동함

지진으로 흔들리는 동안은 탁자 아래로 들어가 몸을 보호하고, 탁자 다리를 꼭 잡는다.

흔들림이 멈추면 전기와 가스를 차단하고, 문을 열어 출구를 확보한다.

건물 밖에서는 가방이나 손으로 머리를 보호하며, 건물과 거리를 두고 주위를 살피며 대피한다.

떨어지는 물건에 유의하며 신속하게 운동장이나 공원 등 넓은 공간으로 대피한다(차량 이용 금지).

❸ 장소별 지진 발생 시 대피 방법

집 밖에 있을 때	떨어지는 물건에 대비하여 가방이나 손으로 머리를 보호하며, 운동장이나 공원 등 넓은 장소로 이동한다.
엘리베이터에 있을 때	모든 층의 버튼을 눌러 가장 먼저 열리는 층에서 내린 후 계단을 이용하여 밖으로 대피한다. 지진 시 엘리베이터는 절대로 타면 안 된다.
학교에 있을 때	책상 아래로 들어가 책상 다리를 꽉 잡는다. 흔들림이 멈추면 질서를 지켜 운동장으로 대피한다.
백화점이나 마트 등에 있을 때	진열장에서 떨어지는 물건에 조심하고 머리를 보호하며 계단이나 기둥 근처에 피했다가 흔들림이 멈추면 밖으로 피한다.
극장, 경기장 등에 있을 때	흔들림이 멈출 때까지 가방 등으로 머리를 보호하면서 자리에 있다가 안내 방송에 따라 이동한다.
운전을 하고 있을 때	비상등을 켜고 속도를 줄여서 오른쪽에 주차하고 라디오 정보를 들으며 키를 꽂아 두고 대피한다.
산이나 바다에 있을 때	산사태나 절벽 붕괴에 주위하고 안전한 곳으로 대피하며, 해안에서 지진 해일 특보가 발령되면 높은 곳으로 신속히 이동한다.

01 다음 중 어린이 안전사고가 가장 많이 발생하는 장소는?

① 가정　　　　② 학교
③ 공원　　　　④ 공장
⑤ 상업시설

02 가정 내 안전사고를 위해서 주의할 점을 모두 고르시오.

① 칼이나 가위는 어린이가 찾기 쉬운 장소에 보관한다.
② 어린이 방은 유리로 된 가구나 장식품 등은 피하는 것이 좋다.
③ 책상이나 수납장 위에 무겁거나 움직이면 떨어질 물건을 올려놓지 않는다.
④ 콘센트에는 안전덮개를 하여 사용하지 않을 경우 뚜껑을 덮어 두도록 한다.
⑤ 욕실 바닥은 물기가 잘 빠지는 타일로 하고 욕조에는 물을 받아 두고 사용한다.

03 다음 그림이 사용 되는 곳과 그 목적을 올바르게 설명한 것은?

① 도어체크−문을 여닫을 때 소리가 나는 것을 방지하기 위해
② 문 끼임 방지대−문을 여닫을 때 손이 끼는 것을 방지하기 위해
③ 모서리 보호대−가구나 탁자 등의 모서리에 부딪침을 방지하기 위해
④ 문 끼임 방지대−문을 여닫을 때 쾅하는 소리가 나는 것을 방지하기 위해
⑤ 모서리 보호대−가구나 탁자 등의 모서리에서 소리가 나는 것을 방지하기 위해

04 가정 내에서 발생할 수 있는 안전사고를 예방하기 위한 상품이라고 보기 어려운 것은?

① 바닥 러그
② 문 끼임 방지대
③ 모서리 보호대
④ 미끄럼 방지 매트
⑤ 콘센트 안전덮개

05 학교에서 발생하는 안전사고를 예방하는 방법이 아닌 것은?

① 청소용구를 다른 용도로 사용하거나 장난을 치지 않는다.
② 교실에서 가벼운 운동을 할 경우는 책상을 밀어 놓고 놀도록 한다.
③ 실내에서 공 던지기를 하거나 물건 또는 실내화 등을 던지면서 놀지 않는다.
④ 체육 시간에 운동기구를 사용할 경우 안전 수칙을 익히고 사용하도록 한다.
⑤ 급식소나 화장실 등의 바닥을 물청소하는 경우 물기를 잘 닦고 사용하도록 한다.

06 자연현상으로 인해 발생하는 자연재해라고 보기 가장 어려운 것은?

① 태풍
② 호우
③ 지진
④ 한파
⑤ 미세먼지

07 다음 중 태풍 발생 시 대피하는 요령으로 바른 것끼리 묶인 것은?

> ㉠ 베란다나 난간에 떨어지는 물건을 치우도록 한다.
> ㉡ 유리창이 깨지는 것을 방지하기 위해 창문을 열어 놓는다.
> ㉢ 라디오나 TV 방송에 귀를 기울이며 상황에 대처하도록 한다.
> ㉣ 정전에 대비하여 구급약이나 양초나 랜턴 등을 미리 준비해 놓는다.
> ㉤ 재난을 대비하여 가까운 곳의 주변 건물 중 가장 높은 건물로 신속히 대피한다.

① ㉠, ㉡, ㉢
② ㉠, ㉢, ㉣
③ ㉡, ㉢, ㉤
④ ㉡, ㉣, ㉤
⑤ ㉢, ㉣, ㉤

08 다음 중 태풍과 관련이 <u>없는</u> 것은?

① 타이푼
② 허리케인
③ 사이클론
④ 윌리윌리
⑤ 볼케이노

09 지진 발생 시 대피하는 요령으로 바른 것을 모두 고른 것은?

> ㉠ 밀집된 장소로 이동한다.
> ㉡ 탁자 아래로 몸을 숨기고 탁자를 꽉 잡는다.
> ㉢ 흔들림이 멈추면 전기나 가스를 차단하고 출구를 확보한다.
> ㉣ 공원이나 운동장으로 피하거나 차량을 이용하여 넓은 장소로 이동한다.
> ㉤ 준비된 구급상자나 비상약품, 라디오 등을 준비하여 가정 내 안전한 장소로 피한다.

① ㉠, ㉡, ㉢
② ㉠, ㉢, ㉤
③ ㉡, ㉢, ㉤
④ ㉡, ㉢, ㉣
⑤ ㉢, ㉣, ㉤

10 엘리베이터에 있을 때 지진이 발생한 경우 어떻게 해야 하는가?

① 꼼짝하지 말고 안에서 기다린다.
② 가장 높은 층으로 이동하여 대피한다.
③ 가장 낮은 층으로 이동하여 대피한다.
④ 가장 먼저 열리는 층에서 내려 계단을 이용하여 대피한다.
⑤ 엘리베이터의 작동을 멈추고 그 안에서 가만히 안내 방송을 기다린다.

01 필수 지방산은 식사를 통해서 섭취해야 한다. 필수 지방산 섭취를 위해서 먹어야 할 것으로 묶인 것은?

① 돼지고기, 닭고기, 쇠고기
② 우유나 유제품, 땅콩, 치즈
③ 참기름, 들기름, 등푸른 생선
④ 아이스크림, 버터, 치즈, 유제품류
⑤ 달걀노른자, 녹황색 채소 및 과일류

02 단백질이 체내에서 하는 일과 거리가 먼 것은?

① 1g당 4kcal을 낸다.
② 뼈와 근육 조직을 구성한다.
③ 효소와 호르몬을 합성한다.
④ 항체를 만들어 면역력을 키워준다.
⑤ 뇌와 신경조직의 유일한 에너지원이다.

03 다음은 무기질 중 철에 대한 설명이다. 옳은 것끼리 묶인 것은?

> ㉠ 체내에서 산소와 노폐물을 운반한다.
> ㉡ 혈액 속의 헤모글로빈 구성 성분이다.
> ㉢ 우유, 치즈, 유제품에 함유되어 있다.
> ㉣ 결핍되면 고혈압, 동맥경화의 원인이 된다.
> ㉤ 철의 흡수율이 낮으므로 동물성 식품과 함께 섭취하는 것이 좋다.

① ㉠, ㉡
② ㉠, ㉣
③ ㉡, ㉢
④ ㉡, ㉤
⑤ ㉣, ㉤

04 다음에 설명하는 비타민은 무엇인가?

> • 결합조직을 강화시켜 준다.
> • 항산화제 역할을 한다.
> • 면역 기능을 높여 준다.
> • 부족하면 괴혈병이 생기거나 상처 회복이 지연된다.
> • 녹황색 채소, 레몬, 귤, 딸기에 함유되어 있다.

① 비타민 A
② 비타민 D
③ 티아민
④ 비타민 C
⑤ 리보플래빈

05 다음 중 청소년기에 부족하기 쉬운 영양소로 뼈와 이의 성장 및 근육의 수축과 이완 작용에 관여하는 영양소와 급원 식품이 바르게 연결된 것은?

① 비타민 D: 표고버섯, 현미, 콩
② 단백질: 돼지고기, 쇠고기, 달걀
③ 칼슘: 우유 및 유제품, 멸치
④ 칼슘: 살코기, 녹색 채소, 과일
⑤ 비타민 D: 우유 및 유제품, 콩류

06 다음 보기는 비만을 예방하기 위한 의견을 발표한 내용이다. 비만에 대해 바르게 알고 있는 사람은 누구인가?

> • 신애: 표준 체중을 유지하도록 해야 해요.
> • 준혁: 규칙적인 식습관이나 적당한 활동이 꼭 필요해요.
> • 정음: 단백질과 식이섬유를 많이 섭취하는 것이 좋아요.
> • 세경: 단백질과 무기질이나 비타민을 제한한 식사를 하는 것이 좋아요.
> • 지훈: 튀긴 음식과 패스트푸드, 스낵류 등으로 간단하게 먹는 것이 좋아요

① 신애, 준혁, 정음
② 준혁, 정음, 세경
③ 정음, 세경, 지훈
④ 세경, 지훈, 신애
⑤ 지훈, 세경, 준혁

07 다음 중 의복의 기능이 <u>다른</u> 것은 ?

① 예의를 나타냄
② 개성의 표현
③ 지위의 표시
④ 신체 청결 유지
⑤ 소속감을 갖게 함

08 다음 중 평상복을 선택하는 조건으로 가장 좋은 것은?

① 광고를 많이 하는 제품을 선택한다.
② 유명한 연예인이 입었던 것을 선택한다.
③ 우아하고 부드러운 광택이 나는 견직물을 선택한다.
④ 입고 벗기 편하고 세탁과 손질이 쉬운 것을 선택한다.
⑤ 내 체형을 잘 살릴 수 있도록 몸에 꼭 맞는 것을 선택한다.

09 다음 중 올바른 옷차림이라고 볼 수 있는 것은?

① 장례식을 갈 때 노란색 정장을 입고 갔다.
② 학생이 음악회에 갈 때 운동복을 입고 갔다.
③ 속옷으로 정전기 발생을 막기 위해 올인원을 입었다.
④ 의사들이 세탁하기 쉽고 편안한 주머니가 큰 가운을 입고 진료하였다.
⑤ 운동을 할 때 촉감과 색상이 좋고, 부드러우며 광택이 있는 견직물을 선택하였다.

10 다음 옷차림에 대한 설명이 옳은 것은?

① 잠옷: 신체의 결점을 보완할 수 있는 디자인을 선택한다.
② 교복: 개성을 나타낼 수 있도록 자신의 체형에 맞게 변형해서 입는 것이 좋다.
③ 평상복: 집안에서 편안하게 입을 수 있는 옷으로 잠옷으로도 같이 입을 수 있다.
④ 작업복: 일의 능률을 올릴 수 있도록 디자인하며 용구를 넣을 주머니가 있으면 좋다.
⑤ 운동복: 신축성과 흡수성이 좋으면서 신체를 보호할 수 있도록 두껍고 질긴 옷감이 좋다.

11 다음은 의복이 갖추어야 할 조건을 설명한 것이다. 설명이 바른 것끼리 묶인 것은?

- 속옷: 코르셋은 자신의 체형이나 치수에 맞는 것을 선택해야 한다.
- 잠옷: 단순한 디자인으로 몸에 꼭 맞는 것을 선택해야 분비물이 잘 흡수된다.
- 평상복: 세탁과 손질이 쉽고 자신의 체형을 강조할 수 있는 디자인을 선택한다.
- 작업복: 흡수성이 좋고 세탁에 질기며 유행에 민감한 디자인을 선택한다.
- 예복: 사회적 규범이나 예의를 고려하여 상황에 맞는 것을 선택한다.

① 속옷과 예복　　　　② 잠옷과 평상복
③ 평상복과 작업복　　④ 속옷과 잠옷
⑤ 잠옷과 작업복

12 다음 디자인의 요소에 대한 설명으로 옳은 것은?

① 곡선은 단순하고 명쾌하며 남성적인 느낌을 준다.
② 사선은 활동적이며 각도가 클수록 세로선의 느낌을 준다.
③ 동일색과 유사색으로 배색하면 무난하나, 자칫 강렬한 느낌을 주고 산만해질 수 있다.
④ 광택이 있고 뻣뻣한 재질의 옷감은 체형을 작아 보이게 하므로 뚱뚱한 사람에게 잘 어울린다.
⑤ 무늬에 따라 옷의 분위기가 달라지는데 작은 무늬는 강하고 활기차며 대담한 느낌을 주므로 큰 사람에게 어울린다.

13 다음은 색채에 대한 설명이다. 바르지 <u>않은</u> 것은?

① 색의 3속성은 색상, 명도, 채도이다.
② 따뜻하고 밝은 색 계열은 팽창된 느낌이다.
③ 보색이나 대비색의 배색은 활기차고 강렬한 느낌을 준다.
④ 동일색이나 유사색의 배색은 상하의가 분단되어 짧아 보인다.
⑤ 디자인 요소 중 가장 먼저 눈에 띄며 전체적인 느낌을 많이 좌우한다.

14 다음 중 체형에 따른 디자인을 선택할 때 바른 옷차림을 선택한 사람은 누구인가?

> • 지훈: 저는 키가 커서 큰 옷깃과 큰 무늬의 옷을 선택했어요.
> • 윤서: 전 마른 체형이라 짙은 색의 명도나 채도가 낮은 옷을 선택했어요.
> • 민지: 저는 뚱뚱해서 뻣뻣한 옷감이나 너무 얇게 비치는 감은 피했어요.
> • 은혁: 저는 키가 커서 작아 보이려고 상의를 짧게 입고 바지를 길게 입었어요.
> • 정음: 저는 마른 체형이라 수평선을 이용하고 윗옷이 풍성한 옷을 골랐어요.

① 지훈, 윤서, 민지   ② 윤서, 민지, 은혁
③ 지훈, 민지, 정음   ④ 민지, 은혁, 정음
⑤ 은혁, 정음, 지훈

15 중학교 1학년인 세라는 키가 매우 큰 편이다. 옷차림을 할 때 고려할 사항으로 바른 것은?

① 상의와 하의는 같은 색으로 배색한다.
② 허리선을 가슴 쪽으로 높게 하여 하체를 길어 보이도록 한다.
③ 상의는 볼레로 스타일로 짧게 입어 시선을 위로 가게 한다.
④ 상하의와 반대되는 색이나 강조되는 색의 넓은 벨트를 착용하여 작아 보이게 한다.
⑤ 얼굴이나 목 부분을 강조하는 옷깃이나 액세서리를 이용하여 시선을 위쪽으로 오도록 강조한다.

16 다음 보기의 옷차림을 선택하였다면 언제 입는 것이 좋을까?

> ─〈 보기 〉─
> • 예복으로 입을 수 있다.
> • 활동복으로도 입을 수 있다.
> • 세탁과 손질이 쉬운 옷감이 좋다.
> • 여유분을 두고 선택하는 것이 좋다.
> • 개성을 표현하기 위해 지나친 변형을 하는 것은 바람직하지 못하다.

① 운동할 때   ② 작업할 때
③ 잠을 잘 때   ④ 학교에 등하교할 때
⑤ 평상복으로 집에서 쉴 때

17 다음 중 청소년 스트레스의 원인이라고 보기 가장 <u>어려운</u> 것은?

① 진로 문제
② 외모와 성격
③ 학업과 성적
④ 집안의 경제적 문제
⑤ 부모와 가족 간의 갈등

18 다음 설명 중 자살 충동 행동으로 볼 수 있는 것끼리 묶인 것은?

> ㉠ 내가 아끼던 물건을 잘 보관하고 애지중지한다.
> ㉡ 자살과 관련된 말이나 행동, 농담, 낙서 등을 한다.
> ㉢ 무력감과 절망감을 호소하거나 잠을 잘 못 이루는 경우가 많다.
> ㉣ 다른 사람이 알지 못하도록 오히려 명랑한 척 하는 경우가 많다.
> ㉤ 자살과 관련하여 구체적인 계획을 세우거나 인터넷에 '자살'에 대한 검색을 한다.

① ㉠, ㉡, ㉢
② ㉠, ㉢, ㉣
③ ㉡, ㉢, ㉤
④ ㉡, ㉣, ㉤
⑤ ㉢, ㉣, ㉤

19 다음 중 청소년 약물 중독을 일으키는 물질끼리 묶인 것은?

> ㉠ 담배(니코틴)   ㉡ 수면제
> ㉢ 코코아(카페인)   ㉣ 현미 녹차
> ㉤ 우유 및 유제품

① ㉠, ㉡, ㉢
② ㉠, ㉢, ㉣
③ ㉡, ㉢, ㉤
④ ㉡, ㉣, ㉤
⑤ ㉢, ㉣, ㉤

20 가족이 건강하게 생활하기 위하여 쾌적한 실내 환경을 위해 고려해야 할 사항으로 옳은 것은?

① 소음을 위한 창의 크기 및 방향
② 실내 밝기를 위한 가구의 크기 및 설치 방법
③ 온도를 조절하기 위한 벽과 지붕에 단열재 사용
④ 채광이나 조명을 조절하기 위하여 바닥이나 천장에 흡음재 설치
⑤ 환기나 통풍을 위해 창문 크기와 이에 사용하는 커튼, 발, 블라인드 설치

21 쾌적한 실내 환경을 유지하기 위한 방법으로 옳은 것끼리 묶인 것은?

> ㉠ 창의 크기가 같다면 좌우로 긴 창이 채광 효과가 크다.
> ㉡ 창과 문이 마주 보는 위치에 있다면 환기가 더 잘 된다.
> ㉢ 여름철의 냉방은 실내외 온도차가 5℃ 이상이 되지 않도록 한다.
> ㉣ 겨울철 난방은 평균 기온이 20℃ 이하가 되어야만 난방을 한다.
> ㉤ 생활 소음을 줄이기 위해서는 도어체크를 설치하고, 밤 늦게 세탁기 사용을 금한다.

① ㉠, ㉡, ㉢
② ㉠, ㉢, ㉣
③ ㉡, ㉢, ㉤
④ ㉡, ㉣, ㉤
⑤ ㉢, ㉣, ㉤

22 다양한 안전사고가 가장 많이 일어나는 곳이 가정이다. 이 중 미끄러지거나 넘어지는 일 등이 가장 많이 일어나는 장소는 어디인가?

① 거실
② 침실
③ 공부방
④ 마당
⑤ 욕실이나 화장실

23 다음 중 자연 재해의 성질이 다른 하나는?

① 풍해
② 수해
③ 해일
④ 냉해
⑤ 지진

24 다음은 지진이 발생하였을 때 대피하는 상황이다. 설명이 올바른 것끼리 묶인 것은?

> ㉠ 학교 있을 때는 바로 화장실로 대피한다.
> ㉡ 집 밖에 있을 때는 운동장이나 넓은 공원으로 대피한다.
> ㉢ 승강기에 타고 있을 때는 내리지 말고 계속 타고 올라간다.
> ㉣ 운전을 하고 있을 때는 차를 서서히 오른쪽으로 주차하고 대피한다.
> ㉤ 산에서는 산사태에 주의하고, 바다에서는 높은 곳으로 안전하게 대피한다.

① ㉠, ㉡, ㉢
② ㉠, ㉢, ㉣
③ ㉡, ㉢, ㉤
④ ㉡, ㉣, ㉤
⑤ ㉢, ㉣, ㉤

주관식 문제

25 다음이 설명하는 내용은 무엇인가?

> • 소화 분해 효소가 없다.
> • 배변을 도와 변비를 예방해 준다.
> • 콜레스테롤의 농도를 낮추어 성인병을 예방한다.
> • 도정하지 않은 곡류, 채소, 과일, 해조류에 많이 들어 있다.

26 다음은 식품과 영양에 관련된 가로, 세로 퍼즐이다. 올바른 내용을 적어 넣으시오.

		㉠		㉡		
	①					㉣
					④	㉢
	②					
③					⑤	
			⑥			

〈가로〉
① 반드시 음식으로 섭취해야 하는 지방산
② 식이섬유가 풍부한 도정이 덜 된 쌀
③ 단백질, 비타민 B와 비타민 D가 많은 난황
④ 필수아미노산이 많은 동물성 단백질 식품
⑤ 철분이 부족하여 생기는 병
⑥ 칼슘 결핍증으로 뼈가 얇고 구멍이 생기는 병

〈세로〉
㉠ 생명 유지와 성장에 꼭 필요한 아미노산
㉡ 비타민 C의 기능으로 산화 방지 역할
㉢ 지방 과잉 섭취 시 발생할 수 있는 질병
㉣ 티아민의 결핍증

27 다음은 디자인의 요소 중 무엇을 설명하는 것인가?

• 재료가 갖는 성질을 나타낸다.
• 시각과 촉각으로 느끼는 느낌이다.
• 뻣뻣하고 부드러운 성질을 갖는다.
• 거칠고 매끄러운 느낌을 갖는다.
• 옷감의 종류, 가공 방법, 옷감 짜는 방법에 따라 달라진다.

_____

28 다음 보기와 같은 점을 고려하여 옷을 선택하였다면 어떤 얼굴형이나 체형에 어울리는 옷차림일까?

〈 보기 〉
• V 목둘레선이나 사각형 목둘레선
• 세로선을 강조한 디자인이 좋음
• 지나치게 얇거나 비치는 옷감은 피함
• 명도나 채도가 낮은 색을 선택함
• 너무 뻣뻣한 재질의 옷감은 피함

_____

29 다음 내용의 ㉠, ㉡에 들어갈 내용으로 적당한 것은?

의복을 구매할 때 자주 입지 않는 옷으로 (㉠) 해서 입으면 비용이 들지만 보관과 관리를 하지 않아도 된다. 또한 (㉡)해서 옷을 입으면 경제적이고 자원의 재활용에 도움이 된다.

㉠ _____

㉡ _____

30 다음 (   ) 안에 적당한 단어를 넣으시오

(㉠)은 본인이 직접 흡연하는 것이 아니라 남이 피우는 담배 연기에 노출되는 것으로, 담배 끝이 타면서 나오는 연기는 흡연자가 마시고 내뿜는 담배 연기보다 독성물질이나 발암물질이 2~3배 많아 더 치명적이다.
그리고 (㉡)은 흡연자의 옷이나 신체에 묻은 독성물질이 제3자의 피부나 호흡기를 통해 흡수되는 것으로 영유아에게 더 위험하다.

㉠ _____   ㉡ _____

31 ( ) 안에 알맞은 단어를 넣으시오.

> 다세대 주택이나 아파트 등 공동 주택에서 발생하는 소음 공해를 (㉠)이라고 하고 이 중 (㉡)은 콘크리트 면에 직접 충격이 가해짐으로써 발생하는 것으로 인접 세대에 쉽게 전달된다.

㉠ _____ ㉡ _____

32 ( ) 안에 알맞은 단어를 넣으시오.

> 북대서양 서부에서 열대성 저기압에 의하여 발생하는 것을 태풍이라고 하고, (㉠)은 북대서양과 카리브 해, 멕시코 만, 북태평양 동부에서 발생하는 것을 말하며, 인도양과 아라비아 해, 벵골만에서 발생하는 것은 (㉡) 이라고 한다.

㉠ _____ ㉡ _____

33 ( ) 안에 알맞은 단어를 넣으시오.

> 학교나 가정에서 에서 일어나는 안전사고를 예방하기 위하여 책상 모서리에 끼우는 것을 (㉠)이라고 하고, 콘센트를 사용하지 않을 경우 끼워 넣는 것을 (㉡)라고 한다.

㉠ _____

㉡ _____

34 청소년기의 학생들이 지속적으로 아침 결식을 하면 건강과 생활에 어떠한 영향을 미치게 될지 두 가지 이상 써 보자.

_____
_____
_____

35 비만은 청소년에 외모에 대한 자신감 결여와 우울감을 초래할 수 있다. 그 밖에 청소년기 비만이 위험한 이유를 2가지 이상 써 보시오.

_____
_____
_____

36 적당량의 카페인은 졸음을 가시게 하고 피로를 덜 느끼게 하며, 이뇨 작용을 촉진하는 효과가 있다. 그러나 청소년이 카페인을 지나치게 섭취하여 중독되면 어떤 현상이 일어날 수 있는지 2가지 이상 써 보시오.

_____
_____
_____

37 적정 체중임에도 불구하고 자신이 뚱뚱하다고 생각하여 음식을 거부하거나 음식을 무절제하게 섭취한 후 의도적으로 토해 내는 등의 식행동 장애를 예방하기 위한 방법을 3가지 설명해 보시오.

_____
_____
_____
_____

38 얼굴형이 길고 키크고 마른 체형이라면 어떤 디자인의 옷을 입는 것이 좋을까? 적합한 목둘레선과 디자인을 할 때 고려할 점을 3가지만 쓰시오.

_____
_____
_____

39 친구의 음주 권유와 압력에 현명하게 대처하려면 어떻게 하는 것이 좋을지 써 보시오.

_____

_____

_____

40 벽에 단열 상태가 좋지 않을 때 밖의 낮은 기온이 벽을 통해 전달되어 벽의 실내 표면 온도가 낮아져 공기 중의 수증기가 이슬로 나타나 벽에 물방울이 맺히는 현상을 무엇이라고 하는가? 또 이러한 현상을 방지하기 위해서 해야 할 일은 무엇일까?

_____

_____

_____

41 새집 증후군이란 무엇일까? 또한 이를 해결하기 위한 방법을 설명하시오.

_____

_____

_____

42 다음은 쾌적한 실내 환경을 만드는 방법을 설명한 것이다. 밑줄 친 ㉠~㉣에서 잘못된 부분을 바르게 고쳐 완성해 보자.

내 방은 ㉠ 난방을 위해 창의 기밀성을 위해 이중창으로 하고 유리창은 반투명 유리로 하였다. ㉡ 채광을 위해 남쪽으로 가로로 긴 창을 만들었으며, 채광량을 조절하기 위해 창에 블라인드를 설치하였다. ㉢ 환기를 위해 부엌에는 환기구를 설치하였으며, 실내에 쾌적함을 위해 공기 청정기를 따로 준비하였다. ㉣ 층간 소음을 줄이기 위해 탁자나 의자 밑을 손 끼임 방지재로 감쌌다.

㉠
_____

㉡
_____

㉢
_____

㉣
_____

수행 활동지 ❶ 중학생의 식생활 점검하기

단원	II. 청소년기 식 · 의 · 주 생활문화와 안전 01. 청소년기 식생활
활동 목표	청소년의 식생활 실태 점검과 영양소 분류 등을 통해 식생활의 문제점을 분석하고 해결 방안을 생각해볼 수 있다.

○ 다음은 중학교 학생이 1일 섭취한 음식의 예를 적어 놓은 것이다.

식사 시간	섭취한 음식	비고
아침 7시	물 한 잔	
10시(쉬는 시간)	비스킷	
12: 30	잡곡밥, 쇠고기 미역국, 고등어 무 조림, 멸치 볶음, 김치, 사과 주스(가당 주스)	학교 급식
17: 30	햄버거, 콜라	편의점
22: 00	라면	집

❶ 위 학생이 이러한 식사를 지속적으로 하여 식습관이 형성된다면 이 중학생의 식생활에서 어떤 문제점이 생길 수 있는지 나열해 보고, 이런 문제점을 해결하기 위한 방법을 제시해 보자.

	식생활의 문제점	해결 방법
1	아침 결식	
2	간식 섭취	
3	저녁에 인스턴트 식품 섭취	
4	늦은 저녁의 야식	

❷ 위 학생이 먹은 음식에 들어 있는 대표적인 영양소를 분류해 보자.

식품이나 음식	영양소	식품이나 음식	영양소
비스킷		김치	
콩밥		사과 주스	
쇠고기 미역국		햄버거	
고등어 무 조림		콜라	
멸치 볶음		라면	

❸ 위 식단에서 가장 부족한 영양소는 무엇인지 생각해 보고, 이를 보충하기 위해 섭취해야 할 식품을 적어보자.

| 수행 | 활동지 ❷ | 개성을 살리는 옷차림과 의복 구매하기 |

단원	II. 청소년기 식 · 의 · 주 생활문화와 안전 02. 개성은 살리고 타인은 배려하는 의생활 실천 / 03. 의복 마련 계획과 선택
활동 목표	나의 체형과 상황에 맞는 옷차림을 디자인의 원리를 이용하여 디자인해보고, 의복 구매 계획을 세워볼 수 있다.

○ 봄에 체험학습을 가려고 할 때 나의 체형과 상황에 맞는 옷차림을 디자인의 원리를 이용하여 디자인해 보고, 의복 구매 계획에 따른 구매 계획을 세워 보자.

❶ 나에게 어울리는 옷을 디자인해 보자.

나의 체형 알아보기	의복 디자인(그림으로 표현)	디자인의 원리 설명 (나의 체형에 맞는 디자인의 원리를 설명)
1. 키 • 키가 큰가? • 키가 작은가? 2. 체형 • 뚱뚱한 체형인가? • 마른 체형인가? 3. 얼굴형 • 둥근 얼굴 • 역삼각형 얼굴 • 긴 얼굴 • 각진 얼굴	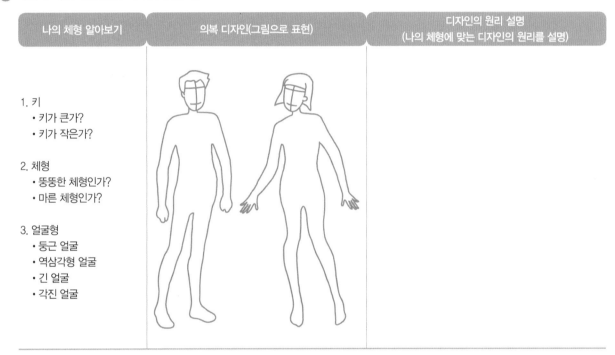	

❷ 의복 구매 계획을 세워 보자.

나에게 어울리는 디자인을 고려하여 체험학습 시 입고 갈 기성복을 구매한다.

기성복 구매의 장점	① 장점	
	② 단점	
구매 장소		① 장점
		② 단점
제품 선택 시 고려할 사항		

청소년기의 스트레스 원인과 대처 방법 알아보기

단원	**II. 청소년기 식 · 의 · 주 생활문화와 안전** 04. 청소년기 생활 문제와 예방
활동 목표	청소년기 스트레스 요인을 알아보고, 대처 방법을 작성해 본다.

⬤ 청소년기에 왜 스트레스를 받는지 모둠별로 토의해 보고, 그 결과를 각자 4Why기법을 활용하여 정리한다. 그리고 대처 방법을 정리해 보자(모둠 활동).

| 4Why 기법이란? |

짝 토론이나 조별 토의를 통해 왜? 라는 질문을 계속해 나감으로써 생각을 정리하고 자연스럽게 결론에 이르게 하는 비경쟁토론 기법의 하나이다.

1 Why	왜 스트레스를 많이 받을까? → 휴식 시간이나 잠잘 시간이 부족하고 하고 싶은 것을 못하므로
2 Why	왜 휴식시간이나 잠잘 시간이 부족할까? → 학교 외 학원, 과외 등으로 방과 후에도 자유시간이 거의 없으므로
3 Why	왜 방과 후에도 학원이나 과외 받기 등으로 시간을 소모할까? → 학교 수업만으로는 왠지 불안하고 남보다 뒤떨어질까 봐서
4 Why	왜 학교 수업만으로는 불안할까? → 인성교육을 병행하는 학교보다는 선수학습을 하는 학원을 신뢰하니까
결론	학원을 왜 다녀야 하는지 스스로 질문해서 부족한 경우 외에는 학교를 믿고 과감하게 학원을 끊고 방과 후 시간을 자율적으로 보내는 것도 스트레스 상황을 벗어나는 하나의 방법이 될 것이다.

1 Why	청소년기는 왜 스트레스를 많이 받을까? →
2 Why	→
3 Why	→
4 Why	→
결론	

교실의 쾌적한 실내 환경 유지하기

단원	**II. 청소년기 식 · 의 · 주 생활문화와 안전** 05. 쾌적한 주거 환경과 안전
활동 목표	쾌적한 실내 환경 요소를 파악하고 이를 위해 할 수 있는 일을 설명할 수 있다.

● 학교 교실의 쾌적한 실내 환경을 위해 우리가 할 수 있는 일을 찾아보자.

❶ 우리 학교의 교실 실내 환경의 현재 상태에 대한 설명이다. 쾌적한 실내 환경을 위해 개선하기 위한 방법을 찾아보자.

교실 내 환경	현재 실태	개선해야 할 점
실내 열 환경	• 난방을 축열기로 하여 반대쪽은 춥다.	
	• 에어컨으로 냉방을 한다.	
실내 빛 환경	• 남향은 투명 유리라 햇빛이 강하게 들어오면 칠판의 글씨가 잘 보이지 않는다.	
실내 공기 환경	• 남쪽으로 유리창이 있고 반대편에 유리창은 적다.	
	• 창과 문으로만 환기를 한다.	
실내 소리 환경	• 학교 앞이 큰 도로가 있어 자동차 소리가 들린다.	
	• 수업 중 교실 출입문을 여닫을 시 큰 소리가 난다.	

❷ 학교에서 우리 교실의 쾌적한 환경을 유지하기 위해서 할 수 있는 일을 적어보자.

교실 내 환경	우리가 실천할 수 있는 일
실내 열 환경	
실내 빛 환경	
실내 공기 환경	
실내 소리 환경	

MEMO

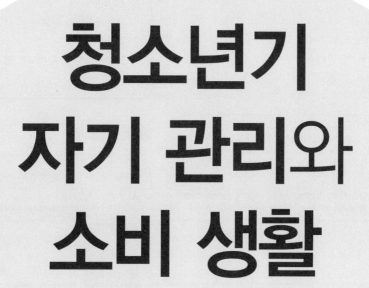

Ⅲ

청소년기 자기 관리와 소비 생활

01 청소년기 균형 잡힌 자기 관리

02 의복 재료에 따른 세탁과 관리

03 창의적이고 친환경적인 의생활

04 청소년기 합리적인 소비 생활

05 청소년기 책임 있는 소비 생활 실천

01 청소년기 균형 잡힌 자기 관리

① 청소년기 자기 관리 어떻게 해야 할까

1 자기 관리

❶ 자기 관리: 건전한 몸과 마음의 유지와 성장을 목표로 자신이 가진 생활 자원을 관리하고 책임지는 것을 의미한다.

❷ 특히 청소년의 생활 자원 관리는 생활 습관의 기틀을 마련하고, 인생의 주인공으로 살아갈 수 있는 역량을 기른다는 측면에서 매우 중요하다.

2 생활 자원의 종류

생활 자원이란 사람이 생활하는 데 필요한 자원을 통틀어 이르는 말로 물적 자원과 인적 자원으로 구분할 수 있다.

물적 자원	• 주로 인간이 소유하고 관리하며 사용할 수 있는 자원 • 돈, 옷, 책과 같이 일반적으로 그 양이 한정됨
인적 자원	• 주로 사람이 가지고 있는 특성이나 능력을 포함하는 개념 • 개인의 능력, 체력, 기술 등과 같은 개인적 자원과 협동심, 친밀감 등의 대인적 자원이 포함됨

3 시간 자원

❶ 시간 자원의 특성

• 누구에게나 똑같이 하루 24시간씩 주어진다.
• 저축할 수 없고 사용하지 않아도 저절로 사라진다.
• 어떻게 사용하느냐에 따라 가치가 달라지는 인적 자원이다.
• 다른 자원과 함께 사용되며, 다른 자원의 사용에 결정적인 영향을 미친다.

❷ 생활 시간의 분류

생리적(필수) 생활 시간	생명과 건강을 유지하고, 에너지를 재생산하기 위한 시간(수면, 식사, 목욕 등)
노동(의무) 생활 시간	의무와 생산을 위한 시간(일, 학습, 가사 노동, 통학 · 통근시간, 숙제 등)
여가(사회 · 문화 적) 생활 시간	개인이 자유롭게 사용하는 시간(봉사 활동, 여가 활동 등)

❸ 시간 관리

시간 관리란 제한된 시간 자원을 계획, 배분, 조정, 수행, 평가하는 과정을 통해 자신에게 주어진 시간을 최대한 의미 있게 사용하는 것을 말한다.

| 시간 관리 순서 |

① **목표 정하기**
  자신이 해야 할 행동의 방향을 세우는 과정
② **계획 세우기**
  목표에 따라 할 일의 목록을 만들고, 우선순위를 정하는 과정
③ **실행하기**
  실천에 옮기고, 문제 발생 시 계획을 수정하는 과정
④ **평가하기**
  결과에 대한 만족 여부를 평가하고, 다음 계획에 반영하는 과정

하나 더 알기   시간 관리를 위한 ABCD 법칙

ABCD 법칙은 중요도와 긴급도의 두 축을 이용하여 4가지 영역으로 나누고, ABCD 순서로 일을 처리하도록 유도하는 시간 관리 방법이다.

	긴급함	긴급하지 않음
중요함	A. 중요하고 긴급함	B. 긴급하지는 않지만 중요함
중요하지 않음	C. 긴급하지만 중요하지는 않음	D. 중요하지도 않고 긴급하지도 않음

중단원 핵심 문제

01 다음 중 생활 자원을 인적 자원과 물적 자원으로 구분했을 때, 종류가 같은 것끼리 연결된 것은?

① 돈, 체력
② 아파트, 협동심
③ 기술, 자동차
④ 체력, 개인의 능력
⑤ 시간, 아파트

02 다음 중 시간 자원에 대한 설명으로 옳은 것을 〈보기〉에서 모두 고른 것은?

〈 보기 〉
㉠ 누구에게나 똑같이 하루 24시간씩 주어진다.
㉡ 저축할 수 없고 사용하지 않아도 저절로 사라진다.
㉢ 어떻게 사용하느냐에 따라 가치가 달라지는 물적 자원이다.
㉣ 다른 자원과 함께 사용되며, 다른 자원의 사용에 결정적인 영향을 미친다.

① ㉠, ㉡
② ㉢, ㉣
③ ㉠, ㉡, ㉣
④ ㉡, ㉢, ㉣
⑤ ㉠, ㉡, ㉢, ㉣

03 다음 중 생리적 생활 시간에 해당하는 것은?

① 학습 시간
② 통학 시간
③ 식사 시간
④ 봉사 활동 시간
⑤ 취미 활동 시간

04 다음 〈보기〉와 관련 있는 생활 시간에 대한 설명으로 옳은 것은?

〈 보기 〉
교제, 여행, 여가 생활

① 생산을 위한 시간이다.
② 수입을 얻기 위한 노동 시간이다.
③ 에너지를 재생산하기 위한 시간이다.
④ 비교적 자유롭게 사용할 수 있는 시간이다.
⑤ 가사 노동이나 육아 활동과 같은 종류의 생활 시간이다.

05 다음 〈보기〉의 시간 관리 순서를 바르게 나열한 것은?

〈 보기 〉
㉠ 자신이 해야 할 행동의 방향을 세운다.
㉡ 실천에 옮기고 문제 발생 시 계획을 수정한다.
㉢ 목표에 따라 할 일의 목록을 만들고 우선순위를 정한다.
㉣ 결과에 대한 만족 여부를 평가하고 다음 계획에 반영한다.

① ㉠ → ㉡ → ㉢ → ㉣
② ㉠ → ㉢ → ㉡ → ㉣
③ ㉢ → ㉠ → ㉣ → ㉡
④ ㉢ → ㉣ → ㉠ → ㉡
⑤ ㉡ → ㉢ → ㉣ → ㉠

06 다음 중 시간 관리를 가장 효과적으로 한 사람은 누구인가?

① 정은: 나는 해야 할 일보다는 하고 싶은 일을 먼저 해.
② 근석: 나는 방학에는 하루 종일 봉사활동만 하면서 보내.
③ 태영: 나는 해야 할 일은 결과의 질이 낮더라도 1주일 전에 끝내.
④ 민혁: 나는 시험이 있는 주에는 잠자는 시간을 5시간 이하로 줄여.
⑤ 지현: 나는 미리 주말 시간 계획을 세워서 과제를 하고 친구를 만나.

07 다음 일기를 보고 시간 관리를 위한 ABCD 법칙을 적용했을 때 가장 먼저 해야 할 일은?

> 요즘 날씨가 좋아서 친구들과 자주 공을 차고 논다. 지난 학기부터 봉사를 시작한 보육원 아이들에게도 언제 한번 공차는 방법을 알려줘야겠다. 그리고 체육시간에 탁구를 배웠는데 너무 재미있어서 친구들과 탁구장도 가보기로 했다.
> 오늘은 할머니 생신이다. 할머니 댁은 거리가 멀어서 우리 가족은 주말에 할머니 댁에 다녀오기로 했다. 생신 전에 전화부터 드려야겠다. 내일은 내가 가족 저녁 식사 당번이다. 가족들이 벌써 기대하고 있는 만큼 가정 실습 시간에 배운 대로 실력 발휘를 좀 해봐야겠다. 그리고 다음 주 월요일은 기술·가정 수행평가 과제를 제출하는 날인데 아직 완성을 못해서 같은 모둠인 준혁이와 만나 마무리를 해야 할 것 같다. 준혁이는 …(중략)…

① 탁구장 가기
② 봉사활동 가기
③ 할머니께 전화 드리기
④ 저녁식사 재료 구입하기
⑤ 기술·가정 수행평가 완성하기

주관식 문제

08 다음 (   ) 안에 들어갈 두 용어를 쓰시오.

> 시간 관리를 위한 ABCD 법칙은 해야 할 일을 (㉠)와 (㉡)에 따라 4가지 영역으로 나누고 ABCD 순서로 일을 처리하도록 하는 시간 관리 방법이다.

㉠ _____   ㉡ _____

09 다음 (   ) 안에 들어갈 말을 순서대로 적어보자.

> 자기 관리는 건전한 몸과 마음의 유지와 성장을 목표로 자신이 가진 (㉠)을 관리하고 책임지는 것을 의미한다. 특히 시간을 잘 관리하면 그 가치를 높일 수 있다. 시간 관리란 제한된 시간 자원을 계획, 배분, (㉡), 수행, 평가하는 과정을 통해 자신에게 주어진 시간을 최대한 의미 있게 사용하는 것을 말한다.

㉠ _____   ㉡ _____

10 다음 생활 시간의 분류를 나타낸 도표를 보고 ㉠과 ㉡에 해당하는 생활 시간의 명칭과 그 예를 1가지씩 적어보자.

생활 시간 분류

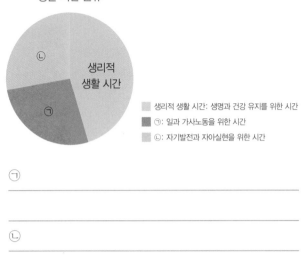

■ 생리적 생활 시간: 생명과 건강 유지를 위한 시간
■ ㉠: 일과 가사노동을 위한 시간
■ ㉡: 자기발전과 자아실현을 위한 시간

㉠
_____
_____

㉡
_____
_____

02 03 의복 재료에 따른 세탁과 관리 창의적이고 친환경적인 의생활

① 내가 입고 있는 옷, 어떤 섬유로 만들어졌을까

1 의복의 종류별 섬유 특성

교복	• 니트 조끼: 주로 모 섬유와 폴리에스테르를 혼방하여 따뜻하고 신축성이 좋다. • 블라우스: 주로 면 섬유와 폴리에스테르를 혼방하여 땀을 잘 흡수하고 잦은 세탁에도 잘 견딘다.
운동복	• 티셔츠: 주로 폴리에스테르(쿨맥스*)로 만들어져서 가볍고 신축성이 좋으며, 땀을 몸 밖으로 신속하게 배출시켜 쾌적함을 느끼게 한다. *쿨맥스: 땀이 잘 흡수되도록 폴리에스테르 섬유에 4개의 움푹한 홈을 만든 소재로 주로 스포츠 의류에 많이 사용됨 • 바지: 주로 면 섬유와 폴리우레탄을 혼방하여 신축성이 좋고 땀을 잘 흡수한다. • 양말: 주로 면 섬유와 나일론, 폴리우레탄을 혼방하여 신축성이 좋고 땀을 잘 흡수한다.
평상복	• 청바지: 주로 면 섬유나 면 섬유와 폴리우레탄 혼방 섬유를 사용하여 강하고 튼튼하며, 폴리우레탄이 들어간 경우 신축성이 좋아 활동이 편하다. • 코트: 주로 모 섬유로 만들어져 가볍고 포근하며 보온성이 우수하다.
속옷, 잠옷	• 브래지어, 팬티: 주로 면 섬유와 폴리우레탄을 혼방하여 신축성이 좋고 땀을 잘 흡수한다. • 잠옷: 주로 면 섬유를 사용하여 땀을 잘 흡수하고 세탁에 강하다.

2 섬유의 종류와 특성

1) 섬유의 분류

① 천연 섬유

• 자연에서 직접 얻는 섬유로, 식물성 섬유와 동물성 섬유로 구분한다.
• 흡습성(섬유가 공기 중의 수분을 흡수하는 성질)이 좋아 입었을 때 쾌적한 느낌을 주기 때문에 의복용으로 널리 사용된다.
• 마찰이나 힘 등에 약하고 특히 식물성 섬유의 경우에는 구김이 잘 가는 단점이 있다.

② 인조 섬유

• 석유 등의 원료에서 뽑아낸 섬유로, 식물에서 얻는 목재 펄프 등을 원료로 하는 재생 섬유와 석유계 원료를 이용하는 합성 섬유가 있다.
• 합성 섬유는 흡습성이 낮은 대신 튼튼하고 신축성이 좋으며 구김이 잘 생기지 않는다.

2) 섬유의 종류별 특성

천연 섬유는 크게 식물성 섬유(면, 마)와 동물성 섬유(견, 모)로 나뉘고, 인조 섬유는 재생 섬유(레이온, 아세테이트)와 합성 섬유(나일론, 폴리에스테르, 아크릴, 폴리우레탄)로 구분된다.

섬유의 종류			특성	공통 특성
천연 섬유	식물성 섬유	면	• 목화의 씨에 붙은 솜에서 얻는다. • 흡습성이 크고, 물에 젖으면 더 강해진다. • 열에 강하여 삶아 빨 수 있다. • 구김이 잘 생긴다. • 용도: 속옷, 평상복, 유아복, 기저귀, 운동복, 작업복, 행주, 타월, 커튼, 침구류 등	• 흡습성이 좋다. • 알칼리 세제에 강하다. • 구김이 잘 간다.
		마	• 마 식물 줄기의 껍질에서 얻는다. • 면 섬유보다 뻣뻣하고 시원한 느낌을 준다. • 열전도성이 좋아 시원하며 흡습성이 크다. • 물에 젖으면 더 강해진다. • 구김이 많이 생긴다. • 용도: 여름철 한복, 상복, 손수건 등	
	동물성 섬유	견	• 누에고치에서 뽑아 낸 실로 만든다. • 광택이 아름답고 촉감이 좋다. • 흡습성이 좋아 염색이 잘 된다. • 물에 젖으면 강도가 줄어든다. • 햇빛에 누렇게 변한다. • 용도: 고급 의복지, 블라우스, 넥타이, 스카프 등	• 흡습성이 좋다. • 알칼리 세제에 약하다(드라이클리닝 필요). • 식물성 섬유에 비해 구김이 덜 간다.
		모	• 동물의 털에서 얻는다. • 보온성이 좋고, 흡습성이 크고 가볍다. • 탄성이 좋아서 구김이 잘 가지 않는다. • 축융성*이 있어 줄어들기 쉽다. • 용도: 겨울용 옷감, 신사용 양복지, 모자 등 *축융성: 모 섬유가 습기, 열, 압력에 의하여 서로 엉기고 줄어드는 성질	

인조섬유				
인조 섬유	재생 섬유	레이온	• 외관이 매끄럽고, 정전기가 잘 생기지 않는다. • 견 섬유 대용으로 많이 사용한다. • 용도: 안감, 레이스 등	• 흡습성은 비교적 좋다. • 강도가 약하다. • 알칼리 세제에 약하다(드라이클리닝 권장).
		아세테이트	• 강도가 약하다. • 광택이나 촉감이 견 섬유와 비슷하다. • 용도: 여성복, 넥타이, 스카프, 안감 등	
	합성 섬유	나일론	• 탄성이 좋고 마찰에 강하며 질기다. • 흡습성이 좋지 않고, 햇빛에 누렇게 변한다. • 용도: 우산, 수영복, 양말, 스타킹, 방수복, 스키복 등	• 흡습성이 낮아 정전기가 잘 생긴다. • 강도가 강하다. • 탄성이 좋아 구김이 잘 생기지 않는다.
		폴리에스테르	• 면, 모와 혼방하여 가장 널리 사용된다. • 질기고 잘 구겨지지 않는다. • 촉감이 차고 흡습성이 낮다. • 용도: 셔츠, 란제리, 정장, 캐주얼복, 커튼 등	
		아크릴	• 가볍고 부드러우며, 보온성과 탄성이 좋다. • 양모 대용으로 사용된다. • 용도: 담요, 인조 모피, 겨울용 내의나 스웨터, 편성물, 카펫 등	
		폴리우레탄	• 신축성이 좋아 고무 대용으로 쓰인다. • 스판덱스라고도 부른다. • 용도: 수영복, 운동복, 압박 붕대, 스타킹 등	

② 의복의 세탁과 손질 방법을 알아볼까

1 세탁과 손질의 중요성

1) 세탁과 손질

❶ 섬유와 옷감의 특성에 적합한 방법으로 세탁을 해야 옷감의 손상을 줄이고 깨끗한 옷차림을 할 수 있다.

❷ 잦은 세탁은 섬유를 손상시키므로 오염의 정도에 따라 적절한 관리가 필요하다.

❸ 옷을 입고 난 후에는 먼지를 털어 주고 수선이 필요한 옷은 바로 수선하고 얼룩이 생기거나 오염이 심한 옷은 먼저 오염 물질을 제거하고 세탁한다.

❹ 세탁 전에 옷에 붙어 있는 의류 취급 표시를 확인하여 취급 방법에 맞게 세탁과 손질을 한다.

2) 의류 취급 표시 기호

의복에는 제품에 대한 여러 가지 정보를 제공하는 품질 표시가 되어 있으므로 이를 잘 이해하여 옷을 관리해야 한다.

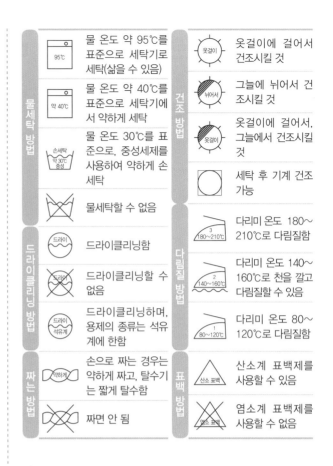

3) 다림질

❶ 의복에 생긴 주름을 없애거나 필요한 곳에 주름을 만들어 의복 형태를 바로 잡기 위해 필요하다.

❷ 모직물은 면직물을 덮어 수분을 주면서 다리고, 두 가지 이상의 섬유가 혼방된 경우에는 다림질 가능 온도가 낮은 섬유를 기준으로 다린다.

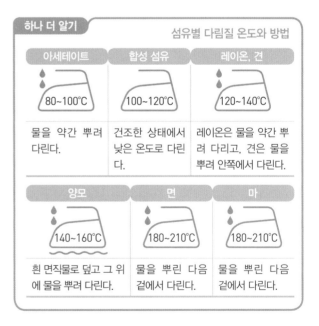

하나 더 알기 — 섬유별 다림질 온도와 방법

아세테이트	합성 섬유	레이온, 견
80~100℃	100~120℃	120~140℃
물을 약간 뿌려 다린다.	건조한 상태에서 낮은 온도로 다린다.	레이온은 물을 약간 뿌려 다리고, 견은 물을 뿌려 안쪽에서 다린다.

양모	면	마
140~160℃	180~210℃	180~210℃
흰 면직물로 덮고 그 위에 물을 뿌려 다린다.	물을 뿌린 다음 겉에서 다린다.	물을 뿌린 다음 겉에서 다린다.

2 세탁 방법

1) 물세탁

① 물과 세제, 물리적인 힘이 필요하다.

② 가정에서 손쉽게 할 수 있어 경제적이고 세탁 효과가 좋은 반면, 옷의 색상이나 모양이 변하고 손상될 수 있으므로 주의가 필요하다.

③ 면·마·합성 섬유 등의 옷을 세탁할 때 적합하며, 옷감의 조직이 섬세한 경우에는 손세탁을 하여 섬유 손상을 줄일 수 있다.

④ 물세탁용 세제의 종류와 특징

종류	형태	화학적 성질	적합한 섬유	특성
세탁 비누	고체형 가루형	약알칼리성	면, 마, 합성 섬유	• 센물이나 찬물에는 잘 녹지 않는다. • 생분해성이 좋다.
합성 세제	액체형	중성	모, 견, 아세테이트	• 센물이나 찬물에서도 잘 녹는다.
	가루형	약알칼리성	면, 마, 합성 섬유	

2) 드라이클리닝

① 물 대신 유기용제(지용성 오염을 녹일 수 있는 액체 상태의 화학 물질)를 사용하여 옷을 세탁한다.

② 기름 등의 지용성 오염 제거에 효과적이며, 의복의 형태가 변형되거나 수축·탈색되는 일이 적어 모·견 등의 고급 섬유 제품에 많이 쓰인다.

③ 물세탁에 비해 세탁 비용이 비싸고 수용성 오염의 제거가 어려우며, 유기용제가 환경에 안 좋은 영향을 미친다는 단점이 있다.

3 의복은 어떻게 보관할까

1 의복 보관

1) 올바른 의복 보관

① 섬유는 빛, 열, 습기 등에 약하므로 세탁한 옷은 완전히 말려 습기 없는 밀폐된 공간에 직사일광을 피해 보관하며 장마철이 지나면 거풍을 해준다.

② 드라이클리닝한 옷은 비닐 커버를 벗겨서 보관하고, 모 섬유나 견 섬유로 만들어진 의복은 방충제를 넣어 보관한다.

2) 의복 보관과 수납 방법

① 옷의 형태와 종류, 용도에 알맞은 수납 방법에 따라 분류한다.

② 블라우스, 정장, 코트 등 형태를 유지해야 하는 옷은 옷걸이에 건다.

③ 무거운 옷은 아래쪽에, 가벼운 옷은 위쪽에 넣어야 구김이 적게 생긴다.

④ 구김이 잘 가지 않는 옷과 니트류는 개서 보관한다.

⑤ 양말이나 속옷 등은 칸막이에 말아서 보관한다.

⑥ 청바지는 개거나 돌돌 말아 세워서 보관하면 찾기 쉽다.

4 의복 재활용, 어떤 의미가 있을까

1 의복 재활용의 장점

① 경제적이다.

② 자원을 절약하고 환경을 보호할 수 있다(한 벌의 옷을 만들기 위해 많은 원료가 사용되며, 많은 화학 물질이 배출됨).

2 의복을 다시 쓰는 방법

① 재사용(reuse): 더 이상 입지 않는 옷을 다른 사람에게 물려주거나 필요한 사람에게 기증하여 다시 사용하게 하는 것이다.

② 재활용(recycling): 낡거나 오래된 옷을 수선이나 리폼을 통해 새롭게 고쳐 쓰는 것이다.

하향 재활용 (down-cycling)	다 쓴 제품을 원래 제품보다 가치가 떨어지는 상품으로 재활용하는 방식(예) 버려진 면 제품으로 기계를 닦는 공업용 걸레를 만드는 것)
상향 재활용 (up-cycling)	다 쓴 제품에 창의적인 아이디어를 더해 오히려 더 높은 가치를 지닌 제품으로 만드는 방식(예) 버려진 페트병 조각으로 축구 유니폼을 만드는 것)

▲ 재활용의 두 가지 방향

⑤ 의복을 재활용하는 방법에는 무엇이 있을까

1 의복 수선하기

❶ 의복 수선에 주로 사용되는 기초 손바느질법

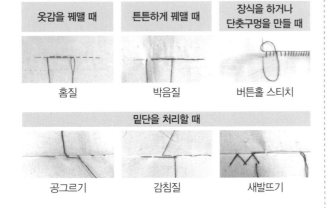

옷감을 꿰맬 때	튼튼하게 꿰맬 때	장식을 하거나 단춧구멍을 만들 때
홈질	박음질	버튼홀 스티치

밑단을 처리할 때		
공그르기	감침질	새발뜨기

❷ 짧아진 밑단 처리하기

• 시접의 여유가 있는 경우: 밑단을 뜯어 시접 부분을 내어 공그르기, 감침질, 새발뜨기 등의 바느질법이나 의류용 양면 테이프를 활용하여 기장을 수선한다.

• 시접의 여유가 없는 경우: 다른 천이나 레이스 등을 덧단으로 대서 새롭게 디자인한다.

❸ 뜯어진 솔기 꿰매기

• 얇은 천은 홈질로, 두꺼운 천은 박음질로 튼튼히 수선한다.

• 옷의 안쪽에서 바느질을 해야 옷의 겉쪽이 깔끔하다.

❹ 단추 달기

• 옷이 약간 작거나 클 때에는 단추의 위치를 옮겨 달아서 크기를 조절한다.

• 단추를 달 때는 단춧구멍이 있는 겉자락의 두께만큼 실기둥을 만들어준다.

| 단추 달기 |

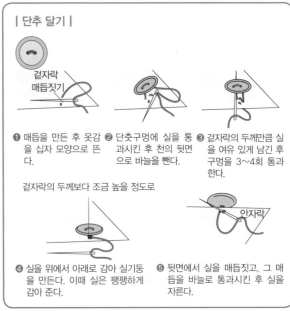

❶ 매듭을 만든 후 옷감을 십자 모양으로 뜬다.
❷ 단춧구멍에 실을 통과시킨 후 천의 뒷면으로 바늘을 뺀다.
❸ 겉자락의 두께만큼 실을 여유 있게 남긴 후 구멍을 3~4회 통과한다.

겉자락의 두께보다 조금 높을 정도로

❹ 실을 위에서 아래로 감아 실기둥을 만든다. 이때 실은 팽팽하게 감아 준다.
❺ 뒷면에서 실을 매듭짓고, 그 매듭을 바늘로 통과시킨 후 실을 자른다.

| 똑딱단추 달기 |

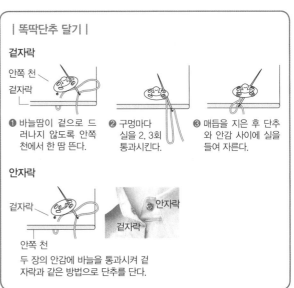

겉자락

❶ 바늘땀이 겉으로 드러나지 않도록 안쪽 천에서 한 땀 뜬다.
❷ 구멍마다 실을 2, 3회 통과시킨다.
❸ 매듭을 지은 후 단추와 안감 사이에 실을 들여 자른다.

안자락

두 장의 안감에 바늘을 통과시켜 겉자락과 같은 방법으로 단추를 단다.

2 의복 리폼하기

❶ 패션 장신구를 활용하거나 의복의 일부를 적절히 변형하여 리폼하면 나만의 개성을 살릴 수 있다.

❷ 얼룩이 있거나 찢어진 부분을 와펜이나 자수 등으로 장식하면 낡은 부분이 보완되면서 옷에 포인트가 된다.

❸ 전사지나 핫픽스 등을 다림질로 의복 표면에 부착하거나 스터드, 스팽글 등을 붙여서 화려한 장식 효과를 줄 수 있다.

3 의복 기부하기와 판매하기

입지 않는 옷을 그냥 버리면 자원 낭비와 환경 오염이 되지만, 필요한 사람에게 기부하거나 벼룩시장 등을 통해 판매하면 재사용 및 재활용이 가능하다.

01 다음 중 의복의 특성에 따라 적합한 섬유로 짝지어진 것은?

① 잠옷: 신축성을 위해 폴리우레탄 섬유를 사용한다.
② 속옷: 땀을 잘 흡수하도록 쿨맥스 소재를 사용한다.
③ 교복 블라우스: 하늘하늘한 감촉을 위해 견 섬유를 사용한다.
④ 운동복: 흡습성을 위해 면섬유와 모 섬유의 혼방 섬유를 사용한다.
⑤ 교복 니트 조끼: 따뜻하고 신축성이 있도록 모 섬유와 폴리에스테르의 혼방 섬유를 사용한다.

02 다음 중 섬유의 원료별 분류가 다른 하나는?

① 면 섬유
② 마 섬유
③ 견 섬유
④ 모 섬유
⑤ 레이온 섬유

03 다음 중 섬유의 종류와 원료가 옳게 짝지어진 것은?

① 모 섬유: 목화씨
② 견 섬유: 누에고치
③ 면 섬유: 동물의 털
④ 마 섬유: 식물성 펄프
⑤ 아세테이트 섬유: 식물의 줄기

04 다음 중 마 섬유에 대한 설명으로 옳은 것은?

① 흡습성이 좋지 않다.
② 구김이 잘 생기지 않는다.
③ 물에 젖으면 쉽게 약해진다.
④ 겨울철 의복으로 많이 사용된다.
⑤ 면 섬유보다 뻣뻣한 느낌이 난다.

05 다음 중 모 섬유의 특징으로 옳지 않은 것은?

① 탄성이 좋다.
② 흡습성이 크다.
③ 구김이 잘 안 생긴다.
④ 알칼리 세제에 강하다.
⑤ 보온성이 좋아 겨울용 의복에 많이 사용된다.

06 섬유를 구분한 아래 표를 보고 ㉠과 ㉡의 특징을 옳게 설명한 것은?

㉠		㉡	
면 섬유	마 섬유	견 섬유	모 섬유

① ㉠은 드라이클리닝을 해야 한다.
② ㉡은 물에 젖으면 더 강해진다.
③ ㉠과 ㉡은 모두 재생 섬유이다.
④ ㉠과 ㉡은 모두 흡습성이 좋다.
⑤ ㉠은 ㉡에 비해 광택이 우수하다.

07 다음 중 인조 섬유의 특징으로 옳은 것을 〈보기〉에서 고른 것은?

〈 보기 〉

㉠ 자연에서 직접 얻어지는 섬유이다.
㉡ 천연 섬유에 비해 마찰이나 힘에 강하다.
㉢ 재생 섬유와 합성 섬유로 분류할 수 있다.
㉣ 천연 섬유에 비해 흡습성이 좋아 공기 중의 수분을 잘 흡수한다.

① ㉠, ㉡
② ㉠, ㉢
③ ㉡, ㉢
④ ㉡, ㉣
⑤ ㉢, ㉣

08 다음 ( ) 안에 해당하는 섬유는 무엇인가?

> ### 실수가 가져다 준 위대한 발명과 발견들
>
> 역사적으로 사소한 실수가 뜻밖의 대단한 업적으로 이어진 경우가 적지 않다. 미국인 캐러더스(Wallace Hume Carothers, 1896-1937)는 고분자에 관한 연구 중 실험에 실패한 찌꺼기를 씻어 내려다가 잘 되지 않자 불을 쬐어 보았는데, 뜻밖에도 이 찌꺼기가 계속 늘어나서 실과 같은 물질이 된 것을 보고 본격적으로 연구를 하여 결국 최초의 화학 섬유인 ( )을/를 발명하게 되었다.
> ( )은/는 '석탄과 공기와 물로 만든 섬유', '거미줄보다 가늘고 강철보다 질긴 기적의 실'로 불리며 의복, 로프, 양말, 낙하산 등에 널리 사용되어 왔다.

① 레이온 섬유
② 나일론 섬유
③ 아세테이트 섬유
④ 폴리우레탄 섬유
⑤ 폴리에스테르 섬유

09 다음 중 외관이 매끄럽고 정전기가 잘 생기지 않아 안감용으로 많이 이용되는 인조 섬유는 무엇인가?

① 레이온
② 아크릴
③ 나일론
④ 폴리우레탄
⑤ 폴리에스테르

10 다음 중 드라이클리닝의 특징으로 옳은 것을 〈보기〉에서 모두 고른 것은?

> 〈 보기 〉
> ㉠ 물세탁에 비해 세탁 비용이 비싸다.
> ㉡ 유기용제를 사용하여 옷을 세탁한다.
> ㉢ 물세탁에 비해 수용성 오염이 잘 제거된다.
> ㉣ 의복의 형태가 변형되거나 수축, 탈색되는 일이 적다.
> ㉤ 모 섬유나 견 섬유 등의 고급 섬유 제품에 많이 쓰인다.

① ㉠, ㉡, ㉢
② ㉢, ㉣, ㉤
③ ㉠, ㉡, ㉢, ㉣
④ ㉠, ㉡, ㉣, ㉤
⑤ ㉠, ㉡, ㉢, ㉣, ㉤

11 다음 중 의복 재활용의 장점으로 보기 <u>어려운</u> 것은?

① 경제성
② 자원 절약
③ 환경 보호
④ 쓰레기 감소
⑤ 이산화탄소 배출 증가

12 다음 글과 관련된 의복 재활용에 대한 설명으로 가장 옳은 것은?

> ### 페트병으로 운동복을 만든다고?
> **페트병 소재 유니폼으로 더욱 빛났던 남아공월드컵의 추억**
>
> 지난 남아공월드컵에서는 각 나라의 국기의 색이나 패턴을 활용한 각국의 화려한 유니폼이 유명 축구선수만큼이나 눈길을 끌었는데, 여기서 주목해야 할 점은 그들이 입었던 유니폼의 소재다. 당시 월드컵 출전국 30% 이상의 국가가 선택한 기능성 섬유 소재는 놀랍게도 페트병 재활용 소재의 원단이었다.

① 재사용에 해당된다.
② 하향 재활용의 예이다.
③ 일반적인 재활용을 의미한다.
④ 면 제품으로 기계를 닦는 공업용 걸레를 만드는 것과 같은 유형이다.
⑤ 창의적인 아이디어를 더해 재활용을 거치면서 오히려 가치가 상승하는 유형이다.

13 다음과 같은 기초 손바느질법의 명칭은?

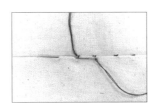

① 홈질
② 박음질
③ 감칠질
④ 공그르기
⑤ 버튼홀 스티치

14 다음 중 밑단 처리 방법으로 적합하지 <u>않은</u> 것은?

① 박음질하기
② 감침질하기
③ 공그르기하기
④ 버튼홀 스티치하기
⑤ 의류용 양면 테이프 사용하기

15 다음 중 의복 수선에 대해 옳게 설명한 학생을 〈보기〉에서 고른 것은?

〈 보기 〉
- 명희: 단추가 떨어져서 박음질로 단춧구멍을 만들어 줬어.
- 수지: 옷이 약간 커서 단추의 위치를 옮겨 달아서 크기를 조절했어.
- 서진: 장난을 치다 블라우스 솔기가 뜯어져서 새발뜨기로 간단히 수선했어.
- 지우: 교복 치마가 짧아져서 밑단 부분의 단을 뜯어 시접 부분을 내어 기장을 수선했어.

① 명희, 수지
② 명희, 서진
③ 수지, 서진
④ 수지, 지우
⑤ 서진, 지우

16 패스트 패션의 특징으로 옳은 것은?

① 가격이 고가이다.
② 소품종 대량 생산한다.
③ 디자인보다 소재를 우선시 한다.
④ 빠른 회전으로 재고 부담을 줄일 수 있다.
⑤ 유해 물질의 발생을 줄여 지구 온난화를 늦출 수 있다.

17 환경과 미래를 생각하는 의생활을 하기 위한 구체적인 실천 방안이 아닌 것은?

① 입지 않는 옷은 버린다.
② 단추가 떨어진 옷은 수선한다.
③ 필요한 사람에게 기증하여 다시 사용하게 한다.
④ 중고물품들을 저렴한 가격에 판매하는 벼룩시장을 이용한다.
⑤ 유행이 지난 옷이라도 패션 장신구 등을 추가해서 새롭게 입어본다.

18 다음 중 의복 리폼 재료와 이를 활용하는 방법으로 옳은 것은?

① 전사지는 다림질로 의복 표면을 염색할 수 있다.
② 자수는 한쪽 면에 접착 처리가 되어 있는 비즈이다.
③ 펠트나 두꺼운 천에 자수로 무늬를 낸 것을 스터드라 한다.
④ 와펜은 장식용 금속 단추로 뾰족한 발이 있어서 천에 꽂아서 고정한다.
⑤ 핫픽스는 옷감이나 헝겊 등에 여러 가지 색실로 그림, 글자, 무늬를 수놓는 것이다.

19 다음과 같은 의복 리폼 재료는?

① 자수
② 와펜
③ 스터드
④ 핫픽스
⑤ 스팽글

20 다음 중 의복 리폼이나 수선에 자주 사용되는 도구와 재료에 대한 설명으로 옳은 것을 〈보기〉에서 모두 고른 것은?

〈 보기 〉
㉠ 실밥을 정리할 때 글루건을 사용한다.
㉡ 제도나 천에 직선을 표시할 때 방안자를 사용한다.
㉢ 전사지나 핫픽스 등을 붙일 때 다리미를 사용한다.
㉣ 밑단이나 솔기 등을 바느질 없이 붙일 때 직물용 접착 테이프를 사용한다.

① ㉠, ㉢
② ㉡, ㉢
③ ㉠, ㉡, ㉣
④ ㉡, ㉢, ㉣
⑤ ㉠, ㉡, ㉢, ㉣

주관식 문제

21 땀이 잘 흡수되도록 폴리에스테르 섬유에 4개의 움푹한 홈을 만든 신소재로, 주로 스포츠 의류에 많이 사용되는 소재는 무엇인가?

_____

22 아래 제품 취급 시 주의 사항을 보고 각각을 설명하시오.

㉠   ㉡   ㉢   ㉣   ㉤

㉠ _____

㉡ _____

㉢ _____

㉣ _____

㉤ _____

04 청소년기 합리적인 소비 생활

① 현대 소비 환경과 청소년의 소비 성향을 알아볼까

1 소비와 소비자의 역할

❶ 소비: 상품이나 서비스를 구입하고 사용하는 것만이 아니라 계획, 구매, 사용, 처분 등 일련의 연속된 과정 속에서 빚어지는 보다 넓은 세상과의 관계로 볼 수 있다.

❷ 소비 행위란 계획·구매·사용·처리 등의 일련의 과정뿐만 아니라 구매한 제품에 문제가 발생할 경우 소비자가 현명하게 대처하여 피해를 구제하는 것과 사용 후 친환경적인 폐기까지 포함되어야 한다.

2 현대 소비 사회의 특성

❶ 양적으로 많이 소비한다.

❷ 소비 품목이 다양하다.

❸ 전 세계의 소비 행태가 선진국의 소비 행태와 비슷하게 닮아 가고 있다.

❹ 많은 에너지를 소비하고 있다.

3 현대 소비 사회의 문제

❶ 소비주의

• 제품 구입을 통해 만족을 추구하고 소비 욕구의 만족을 목적이나 의무처럼 생각하는 태도를 말한다.

• 현대 소비 사회의 소비 문화는 '소비를 위한 소비'라고 표현할 수 있다.

• 물질주의에 바탕을 두고 있으며 상징성이 강조된다는 측면에서 더 강화된 물질주의라고 할 수 있다.

❷ 상징 소비

• 재화나 상품의 소비 과정에서 소비 행위의 의미는 개인적으로 소비되는 것이지만 동시에 사회적 연관 속에서 그 의미가 부여되는데 이를 상징 소비라 한다.

• 소비를 통해 자신을 표현하고 드러내는 것의 의미가 갈수록 커지고 있다.

• 소비 상품의 적절한 배치와 사용을 통해 자아 이미지의 의식적인 조작이 가능해진다.

❸ 과시 소비

• 짐멜(Simmel, 1978)은 소비가 사회적 평등을 만들어 냄과 동시에 신분적 위계를 만들어 낸다고 했다.

• 상층 계급이 경쟁적 소비를 하면 하층 계급은 모방적 소비를 한다.

• 과시 소비는 소비가 정체성 형성의 수단과 사회적 관계의 매체가 되었다는 것을 반영한다.

• 과시 소비가 나아가 모방 소비, 경쟁적 소비를 촉진하는 계기가 된다.

과시하기 위해 물건을 구매하는 소비 행동

❹ 물질주의

• 현대 소비 문화를 특징짓는 것이다.

• 물질주의는 행복과 성공을 위해 물질의 소유와 돈이 중요하다는 가치, 즉 물질적 소유가 삶의 중심이다.

• 물질이 인생의 만족과 불만족을 초래하는 가장 큰 원천이라는 믿음이다.

4 청소년 소비자의 특성

❶ 감각 지향적인 소비: 청소년 중 50% 정도가 디자인을 물건 구입의 기준으로 삼고 있으며, 의류·팬시용품·잡화류를 구매할 때 품질이나 가격보다는 디자인, 광고 이미지를 많이 고려한다.

❷ 과시 소비: 브랜드 제품 선호와 구매, 외제품 선호와 구매로 표현되는 소비 행태이다.

❸ 동조 소비: 또래 집단과 대중 스타의 영향으로 동조 소비 형태가 나타난다.

연예인이나 친구의 소비를 따라서 하는 행동(동조 소비)

② 합리적인 구매와 소비생활, 어떻게 해야 할까

▓ 소비자의 욕구 조절

❶ '필요한 것'과 '원하는 것'의 구분: 욕구 조절의 습관을 습득하기 위해서는 무엇보다 '필요한 것'과 '원하는 것'을 구분할 줄 알아야 한다.

❷ 욕구 조절의 방법을 잘 아는 사람은 소비의 진정한 주인 역할을 할 수 있다.

▓ 다양한 소비의 개념

❶ 합리적 소비

- 소비자가 소비 행위를 할 때 가격과 품질을 고려하여 소비에 따른 기회비용과 만족감 면에서 가장 편익이 많은 소비를 하는 것을 말한다.
- 주어진 소득 범위 내에서 여러 가지 상품을 적절하게 선택하고 현재뿐만 아니라 먼 장래까지 감안하여 가계의 만족을 극대화하는 소비 행위다.

❷ 윤리적 소비

- 일반적으로 윤리는 인간이 지켜야 할 도리 또는 바람직한 행동 기준을 말할 때 쓰인다.
- 소비 윤리(ethics of consumption)는 사회 구성원으로서 개개인 생활의 기준이 되는 규범 체계인 사회 윤리의 하나이다.

❸ 녹색 소비

- 환경 문제를 지각하며 소비하는 '녹색 소비(green consumption)'가 현재 세계 각국에서 많은 소비자들이 실천하는 하나의 흐름으로 형성되고 있다.
- 녹색 소비는 쾌적한 환경을 누릴 소비자의 권리를 실현하기 위해서 스스로 실천해 나가야 하는 의무이다.

❹ 프로슈머(prosumer=producer+consumer)

- 미래학자 앨빈 토플러가 1971년 '미래의 충격'에서 처음 사용한 말이다.
- 생산자를 뜻하는 producer와 소비를 뜻하는 consumer의 합성어로, 제품 기획에서 유통과 서비스에 이르는 기업의 모든 활동에 참여하여 영향력을 행사하는 참여자를 말한다.

▓ 소비자의 구매 의사 결정 과정

❶ 1단계-문제 인식: 소비자의 문제 인식은 의사 결정의 첫 단계로서, 소비자가 해결해야 할 문제 또는 충족해야 할 욕구를 인식함으로써 시작된다. 예를 들면 배가 고프다든가, 신발이 낡았다든가, 또는 컴퓨터 활용 능력을 키워야겠다 등의 어떤 요구나 불편함 등을 소비자가 느껴 이를 자신이 바라는 이상적인 상태로 만들기 위하여 구매의 필요성을 실감하는 것이다.

❷ 2단계-정보 탐색: 정보 탐색은 '구매 의사 결정을 보다 쉽게 할 수 있도록 개인이 정신적, 신체적으로 정보를 수집하고 처리하는 활동'으로 내적 탐색과 외적 탐색이 있다. 청소년 소비자는 소비 경험도 부족하고 소비자 교육 기회가 충분하지 못하므로 욕망을 잘 절제하지도 못하고 대중 매체에 과다하게 노출되어 있어 광고에 의해 많은 영향을 받는다. 소비자의 정보 처리 능력은 선천적이라기보다는 후천적으로 경험과 학습을 통하여 배워나가는 부분이 많다.

❸ 3단계-대안 평가: 소비자의 대안 평가는 구매의 목적이나 구매 동기에 따라 달라지기도 하며, 소비자의 상황에 따라서 다르며 상품이나 서비스의 종류에 따라 평가 기준의 수가 다양하다.

❹ 4단계-구매 결정: 직접적으로 상표 선택, 점포 선택과 관련된 소비자의 행동이 일어나기 때문에 판매를 담당하는 마케터에게 매우 중요하다.

❺ 5단계-구매 후 평가: 소비자의 구매 의사 결정 과정은 구매 결정을 하면서 끝나는 것이 아니라, 소비자가 구매한 상품이나 서비스를 사용하면서 만족과 불만족을 경험하고 스스로의 구매 결정에 대한 잘잘못을 평가하며, 나아가 그 제품에 대한 재구매 여부를 결정하는 일련의 과정이 모두 포함되므로 중요하다.

01 다음 중 현대의 소비 환경에 대한 설명으로 적절하지 <u>않은</u> 것은?

① 전자 화폐의 이용이 증가하고 있다.
② 광고의 범람으로 선택의 어려움을 겪기도 한다.
③ 과학 기술의 발달로 다양한 상품이 생산되고 있다.
④ 인터넷을 이용한 전자상거래가 점차 축소되고 있다.
⑤ 백화점, 대형 할인 매장 등 판매 장소가 다양해지고 있다.

02 다음 대화를 참고하였을 때 청소년 소비자의 특성이라고 보기 <u>어려운</u> 것은?

> 영희: 이 옷, 아이돌 스타가 광고하던 건데, 멋지지? 엄마 졸라서 나도 하나 장만했어.
> 철수: 요즘 친구들 사이에서 그 브랜드를 입지 않은 사람은 나밖에 없나 봐! 나도 아빠한테 졸라서 사 달라고 해야겠어.
> 민희: 참, 내 시계 이것도 명품이다. 멋지지?
> 지민: 너, 시계 많잖아. 또 샀어?

① 부모의 경제적 능력에 의존한다.
② 무계획적인 충동 소비를 하기도 한다.
③ 용돈의 부족으로 소비 욕구가 약하다.
④ 유행에 민감하여 동조 소비를 하기도 한다.
⑤ 남의 눈을 의식하는 과시 소비 경향이 있다.

03 다음 사항을 고려해야 하는 구매 의사 결정 단계는?

> • 구매 시기
> • 구매 장소
> • 대금 지불 방법

① 구매
② 문제 인식
③ 정보 탐색
④ 대안 평가
⑤ 구매 결과의 평가

04 구매 의사 결정 과정 중 (   ) 안의 단계에 해당하는 설명으로 옳은 것은?

> 구매의 필요성 인식 → 정보의 탐색 → (   ) → 구매 → 구매 결과의 평가

① 대안들을 비교, 평가하여 우선순위를 정한다.
② 사고자 하는 물건이 꼭 필요한 것인지 확인한다.
③ 자신이 원하는 기준에 가장 적합한 것을 구매한다.
④ 구매 결과를 평가하여 다음 번 구매 의사 결정에 반영한다.
⑤ 상품의 종류, 품질, 가격 등에 대한 정보를 탐색하고 수집한다.

05 구매 계획에 대한 설명으로 옳은 것을 〈보기〉에서 고른 것은?

〈 보기 〉
> ㉠ 구매 계획표를 작성하면 물건을 빠짐없이 구매할 수 있다.
> ㉡ 구매 시기, 장소, 대금 지불 방법 등을 고려하여 작성한다.
> ㉢ 필요한 것보다는 가지고 싶은 것 위주로 구매 계획표를 작성한다.
> ㉣ 최대의 비용으로 최소한의 만족스러운 구매를 하기 위해 필요한 과정이다.

① ㉠, ㉡
② ㉠, ㉢
③ ㉡, ㉢
④ ㉡, ㉣
⑤ ㉢, ㉣

06 〈보기〉에서 개인적 원천의 정보가 가진 특징만을 고른 것은?

〈 보기 〉
ㄱ 소비자의 주관적 판단에 의한 정보이다.
ㄴ 사용설명서나 판매원의 설명 등이 이에 속한다.
ㄷ 비교적 쉽게 얻을 수 있으나 전문성이 부족하다.
ㄹ 과장되거나 허위 정보가 있으며 과소비를 부추길 수 있다.

① ㄱ, ㄴ   ② ㄱ, ㄷ
③ ㄴ, ㄷ   ④ ㄴ, ㄹ
⑤ ㄷ, ㄹ

07 청소년 소비 행동의 특성으로 볼 수 없는 것은?

① 계획적이지 못한 충동 소비를 하기 쉽다.
② 상품이나 서비스를 정확하게 판단할 수 있다.
③ 유행에 민감하여 또래 집단의 영향을 많이 받는다.
④ 과시 소비를 하여 남들에게 자신을 표현하려 한다.
⑤ 경제 상황을 고려하지 않고 과소비를 하기도 한다.

08 다음 내용에서 알 수 있는 청소년 소비자의 특징은 무엇인가?

요즘 친구들과 다니려면 좀 창피하다. 나만 친구들과 다른 점퍼를 입고 있기 때문이다. 엄마한테 사달라고 다시 졸라 봐야겠다.

① 과소비   ② 충동 소비
③ 과시 소비   ④ 모방 소비
⑤ 즉흥적인 소비

09 다음의 설명에 해당되는 소비자 정보는?

주로 소비자가 직접 경험한 것에서 나오며, 전문성이 부족하고 주관적이다.

① 신문, 라디오, 인터넷
② 친구의 조언, 주변 이야기
③ 소비자 단체의 제품 품질 정보
④ 광고, 판매원 설명, 사용설명서
⑤ 표준 규격, 팸플릿, 상품안내서

10 소비자 정보의 원천이 같은 것끼리 묶인 것은?

① 친구의 조언, 전단지
② 판매원의 설명, TV 광고
③ 신문 광고, 자신의 경험
④ 소비자 단체의 보고서, 상품안내서
⑤ 라디오 광고, 정부 기관의 상품 검사 결과

11 다음 구매 의사 결정 과정 중 (   )의 단계에 해당하는 설명으로 옳은 것은?

구매의 필요성 인식 – (   ) – 대안의 평가 – 구매 – 구매 결과의 평가

① 대안을 비교, 평가하여 우선순위를 정한다.
② 사고자 하는 물건이 꼭 필요한 것인지 확인한다.
③ 자신이 원하는 기준에 가장 적합한 것을 구매한다.
④ 구매 결과를 평가하여 다음 번 구매 의사 결정에 반영한다.
⑤ 상품의 종류, 품질, 가격 등에 대한 정보를 탐색하고 수집한다.

12 구매 의사 결정 과정 중 〈보기〉의 고민 해결과 관련 있는 단계는?

〈 보기 〉
• 가격이 예산과 맞지 않을 경우
• 원하는 디자인이나 색상이 없을 경우
• 치수나 크기가 맞지 않을 경우

① 문제 인식   ② 정보 탐색
③ 구매 선택   ④ 대안 평가
⑤ 구매 결과 평가

13 다음 중 합리적인 구매를 한 경우가 아닌 것은?

① 구매 계획표를 작성한 후 구매한다.
② 구매하기 전에 꼭 필요한 것인지 검토한다.
③ 상품의 질을 고려하여 백화점에서만 구입한다.
④ 할인 판매 기간을 이용하여 신발이나 옷 등을 구매한다.
⑤ 충동 소비를 줄이기 위해 현금으로 지불하고, 현금 영수증을 꼭 받는다.

14 다음 중 소비자가 합리적인 구매를 위해 가장 먼저 해야 할 일은?

① 지불 방법 선택
② 상품 가격 고려
③ 구매 시기 결정
④ 구입 장소 결정
⑤ 구매 필요성 인식

주관식 문제

15 다음 〈보기〉와 같은 청소년 소비 행동을 무엇이라고 하는지 쓰시오.

〈 보기 〉

친구나 연예인의 옷이나 머리 모양을 따라한다.

16 ( ) 안에 들어가기에 가장 적합한 소비 유형을 쓰시오.

'나는 지른다. 고로 존재한다.'

TV와 인터넷을 타고 넘실대는 광고의 유혹이 과거 어느 때보다 사람들의 소유욕을 자극하는 요즘 '지름신'이란 말이 유행이다. 경제적 계획 없이 이 물건 저 물건 한꺼번에 사들였을 때 '지름신이 내렸다.'고들 한다. '지르다'의 사전적 의미는 '팔다리나 막대기 따위를 내뻗치어 대상물을 힘껏 건드리다.'이다. 그러나 요즘엔 ( ) 소비를 대표하는 단어가 됐다.

17 다음의 〈보기〉에서 가장 현명한 소비 생활을 하고 있는 사람은 누구인지 쓰시오.

〈 보기 〉

• 아이언맨: "난 물품을 구입할 때 반드시 구매 목록을 작성하고 있어."
• 배트맨: "당장 필요하지 않아도 가격이 싼 것이 있으면 미리 사 두는 것이 좋아."
• 스파이더맨: "중립적 원천의 정보 말고는 모두 믿을 수 없어."

18 다음에서 설명하는 구매 장소는 어디인가?

가격이 싼 편이고, 한국의 정서를 느낄 수도 있다. 최근 이곳을 활성화하려는 움직임이 많다.

05 청소년기 책임 있는 소비 생활 실천

① 소비자의 권리와 역할은 무엇일까

1 소비자의 주권

❶ 소비자 주권: 시장에서의 소비자 주도권을 의미한다.
❷ 민주주의 사회에서 국민이 정치적 주권을 가지고 있듯이, 시장에서도 소비자가 경제적 주권을 가지고 있다.
❸ 모든 경제 과정이 궁극적으로 소비자의 욕구를 충족시키는 방향으로 움직이도록 하기 위한 조건, 또는 소비자의 선호에 순응하는 생산 활동을 강조할 때 주로 사용된다.

2 소비자 권리

안전할 권리	알 권리
물품 등(물품 또는 용역)으로 인한 생명·신체 또는 재산에 대한 위해로부터 보호받을 권리	물품 등을 선택함에 있어서 필요한 지식 및 정보를 제공받을 권리
교육을 받을 권리	**안전하고 쾌적한 환경에서 소비할 권리**
합리적인 소비 생활을 위하여 필요한 교육을 받을 권리	안전하고 쾌적한 소비 생활 환경에서 소비할 권리
피해 보상을 받을 권리	**선택할 권리**
물품 등의 사용으로 입은 피해에 대하여 신속·공정한 절차에 따라 적절한 보상을 받을 권리	물품 등을 사용함에 있어서 거래 상대방과 구매 장소, 가격 및 거래 조건 등을 자유로이 선택할 권리
단체 조직 및 활동의 권리	**의견을 반영할 권리**
소비자 스스로의 권익을 증진하기 위하여 단체를 조직하고 이를 통하여 활동할 수 있는 권리	소비 생활에 영향을 주는 국가 및 지방자치단체의 정책과 사업자의 사업 활동 등에 의견을 반영시킬 권리

▲ 소비자 8대 기본 권리(소비자 기본법)

3 소비자의 책무

소비자 기본법에서 제시하는 소비자의 책무는 다음과 같다.
❶ 소비자 권리를 정당하게 행사할 책임: 소비자는 소비 주체임을 인식하여 물품 등을 올바르게 선택하고, 소비자의 기본적 권리를 정당하게 행사하여야 한다.
❷ 지식과 정보를 습득할 책임: 소비자는 스스로의 권익을 증진하기 위하여 필요한 지식과 정보를 습득하도록 노력하여야 한다.
❸ 합리적인 소비 행동을 실천할 책임: 소비자는 자주적이고

합리적인 행동과 자원 절약적이고 환경친화적인 소비 생활을 함으로써 소비 생활의 향상과 국민경제의 발전에 적극적인 역할을 다하여야 한다.

> **TIP 소비자의 5대 책임**
> IOCU(International Organization of Consumers Unions: 세계소비자 연맹)에서 주장하는 소비자의 5대 책임으로는 비판의식, 적극적 참여, 생태학적 책임, 사회적 책임, 단결의 책임이 있다.

② 소비자 문제, 어떻게 해결해야 할까

1 소비자 문제

소비자 문제의 영역은 크게 3가지로 나눌 수 있다.
❶ 첫 번째 영역: 개인 소비자가 필요한 상품을 구입하고 사용하는 과정에서 발생하는 문제로서, 결함이 있거나 유해한 상품에 의한 피해, 과대광고나 공정하지 않은 거래 조건에 따른 피해 등이 포함된다.
❷ 두 번째 영역: 사회 공공시설인 도로나 공원 등을 이용하는 과정에서 발생하는 문제로, 사회 공공시설은 소비자인 국민의 세금으로 조성된 것이므로 공공시설의 이용 과정에서 발생한 불편함도 소비자 문제에 포함된다.
❸ 세 번째 영역: 대기 오염이나 물 오염 등 자연 생활 환경의 파괴로 인해 발생하는 문제로, 인간이 건강하게 살아가기 위해서는 공기와 물 등을 소비해야 하기 때문이다.

2 소비자 문제 해결 방법

❶ 소비자 문제를 겪었음에도 문제를 해결하지 않는 것은 소비자의 책임을 다하지 않는 것인데, 이는 다른 소비자가 피해를 입을 수도 있기 때문이다.
❷ 소비자 문제가 발생한 경우 일반적으로 구입한 장소나 기업의 소비자 상담실에 보상을 요구하고, 해결되지 않을 경우 소비자 단체나 한국소비자원 분쟁조정위원회, 법원에 문제 해결을 의뢰할 수 있다.

3 소비자 정보

❶ 품질 정보
• 품질 표시 제도: 제품의 재질, 성분, 규격, 용도 등 품질

에 관한 사항을 표시

종류	내용
명칭	명칭, 품명, 상표 등
품질	원재료, 성분, 성능, 효능, 구조, 형태, 부작용, 안전성 등
취급 방법	용도, 사용·취급·보존 방법, 사용·취급·보존상의 주의사항 등
수량	내용량, 원재료별 분량, 크기 등
거래조건	가격, 보증 조건, 사후 서비스 유무 등
사용 기간	유통기한, 사용 가능 기한, 제조일자 등
기타	제조업자, 판매업자의 회사명, 주소, 연락처 등

• 품질 인증 마크: 마크를 이용하여 품질을 표시하는 제도

❶ 친환경농산물인증: 농약과 화학비료를 전혀 사용하지 않은 유기농산물

❷ HACCP(식품위해요소중점관리) 마크: 식품의 원재료부터 소비자가 섭취하기 전까지 발생할 수 있는 위해 요소를 예방하는 위생 관리 시스템을 갖춘 경우 부여

❸ GAP(우수농산물관리) 인증 마크: 농약과 중금속, 유해생물 등 1백10개 항목의 검사에서 안전한 농산물에 부여

❹ 쇠고기 이력 추적 인증 마크: 안전에 문제가 발생할 경우 그 이력을 추적해 대처하기 위해 소의 출생부터 판매에 이르는 정보를 기록·관리한 제품에 부착

❺ 어린이 기호식품 품질 인증: 원재료에 자연적으로 함유된 비타민과 무기질 함량이 높고, 합성보존료·L-글루타민산 나트륨 등의 유해 물질을 사용하지 않은 제품에 수여

❻ 대기전력저감우수제품 인증 마크: 가전 기기를 사용하지 않는 동안 최소 전력 모드로 전환돼 에너지를 절약하는 제품에 부여

❼ KC 마크: 13개의 인증 마크를 통합한 국가 통합 인증 마크로 공산품의 품질을 표준 규격으로 평가해 일정 수준에 이른 제품에 부여

❽ HB 마크: 한국공기청정협회에서 건축 자재가 실내에 설치된 뒤 포름알데히드와 휘발성 유기화합물을 얼마나 방출하는지 측정해 안전성을 보증하는 마크

❾ 평가인증보육시설 인증: 보육 환경과 시설 관리, 교육과정 등 보육 시설의 질적 수준을 보건복지부에서 평가해 우수한 보육 시설을 선정

❷ 가격 정보: 제품의 가격에 대한 정보

종류	내용
단위 가격	단위 무게(100g당, 1kg당 등)나 단위 개수(1개당)의 가격
공장도 가격	상품을 만든 공장에서 매매한 가격
소비자 가격	상품이 소비자에게 판매될 때 적정한 수준의 가격
판매 가격	상품이 직접 사용할 소비자에게 전달될 때의 가격
수입 가격	수입된 상품 가격에 보험, 운송료 등을 포함한 가격

❸ 사용 정보: 사용 설명서, 안내 팸플릿 등에 적혀 있는 상품의 기능, 용도, 사용 방법, 사용 시 주의 사항, 보관 방법 등을 알려주는 정보

❹ 보증 정보: 일정한 기간 내의 상품과 서비스의 품질을 보증해주는 정보

TIP 품질 보증의 필요성

결함이 있는 상품이나 서비스에 대하여 일정한 기간 동안 반품, 환불, 교환, 수리를 보증해 주기 위해 필요함

❺ 시험 정보: 공공기관, 소비자 단체에서 시험 검사를 통하여 소비자에게 제공해주는 정보

TIP 시험 정보의 필요성

시험 정보는 객관성과 전문성이 높아 신뢰할 수 있으며 불량 상품, 유해 상품, 가짜 상품 등으로 인한 소비자 피해를 막고 소비자의 이익과 안전을 도모하기 위해 제공되는 정보

4 좋은 광고와 나쁜 광고

❶ 광고는 무릇 상품의 좋은 점만 돋보이게 하거나 이미지적인 면을 강조하고, 단점은 숨기는 경향이 강하다. 그러므로 광고를 비판할 수 있는 능력을 키우는 것이 필요하다.

❷ 비판 능력을 키우려면 광고와 소비 욕구에 대한 부모와 자녀 간의 많은 열린 대화가 필요하다.

❸ 특히 광고의 좋은 점이나 잘못된 점에 대하여 대화를 나누면 동기와 욕구의 중요성을 파악할 수 있게 된다.

중단원 핵심 문제

01 제품에 부착되어 있는 다음의 마크를 해석한 것으로 옳은 것은?

① 한국 산업 규격에 합격한 일반 공산품에 붙인다.
② 기술표준원에서 품질 우수 기업에 부여하는 품질 마크이다.
③ 폐자원을 재활용하여 제조한 우수 재활용품에 부착한다.
④ 한국디자인진흥원에서 디자인, 기능, 품질이 우수한 제품에 부여한다.
⑤ 안전, 보건, 환경, 품질 등 여러 분야별 인증 마크를 국가적으로 단일화한 것이다.

02 다음은 소비자 문제를 해결하는 단체들이다. 문제 해결 절차에 따라 바르게 나열된 것은?

> ㉠ 구입 장소
> ㉡ 법원
> ㉢ 소비자 단체, 한국소비자원
> ㉣ 한국소비자원 분쟁조정위원회

① ㉠-㉡-㉢-㉣
② ㉠-㉢-㉣-㉡
③ ㉢-㉠-㉣-㉡
④ ㉡-㉢-㉠-㉣
⑤ ㉣-㉢-㉡-㉠

03 다음 중 소비자 문제를 해결하기 위한 노력으로 바르지 않은 것은?

① 소비자는 소비자의 권리와 책임을 충실히 이행한다.
② 소비자는 적극적인 자세로 소비자 운동에 참여한다.
③ 생산자는 상품을 판매할 때 정확한 정보를 제공한다.
④ 소비자 문제가 발생하면 반드시 법적 대응으로 해결한다.
⑤ 판매자는 판매한 상품에서 문제가 발생했을 때 적절한 보상 조치를 취한다.

04 다음과 관련이 있는 소비자의 권리는?

> • 리콜 제도
> • 기업체의 소비자 상담실
> • A/S(사후 서비스) 센터

① 알 권리
② 안전할 권리
③ 의견을 반영할 권리
④ 피해 보상을 받을 권리
⑤ 단체 조직 및 활동의 권리

05 다음 중 소비자의 8대 권리에 포함되지 않는 것은?

① 알 권리
② 안전할 권리
③ 의견을 반영할 권리
④ 피해 보상을 받을 권리
⑤ 적극적으로 소비할 권리

06 다음은 소비자의 8대 권리 중 어떤 권리를 설명한 것인가?

> 소비자가 상품이나 서비스를 선택할 때 거래 상대나 장소, 가격, 거래 조건 등을 자유롭게 할 수 있는 권리

① 알 권리
② 안전할 권리
③ 선택할 권리
④ 의견을 반영할 권리
⑤ 교육을 받을 권리

07 다음은 소비자의 8대 권리 중 어떤 것을 침해당한 사례인가?

> 희지는 가지고 놀던 장난감이 갑자기 폭발하면서 화상을 입었다.

① 알 권리
② 안전할 권리
③ 선택할 권리
④ 의사를 반영할 권리
⑤ 소비자 교육을 받을 권리

08 다음중 소비자 피해 문제 발생 시 가장 먼저 취할 방법은?

① 법으로 해결한다.
② 소비자 단체에 찾아가서 상담한다.
③ 구청의 소비자 상담 창구에 의뢰한다.
④ 구입한 상점에 가서 보상을 요구한다.
⑤ 한국소비자원의 분쟁조정위원회에 의뢰한다.

09 건전한 소비자의 역할로 보기 어려운 것은?

① 자원을 아껴서 나눔을 실천하는 소비자
② 지구 반대편의 물 부족을 고려하여 물을 아껴 쓰는 소비자
③ 소비자 정보를 활용하여 합리적인 소비 생활을 하는 소비자
④ 보상금을 목적으로 의도적인 악성 민원을 제기하는 소비자
⑤ 개인의 소비가 환경에 미치는 영향을 고려하여 소비하는 소비자

10 다음에 제시된 상황에서 공통적으로 침해하고 있는 소비자의 권리는?

• 우리 동네 슈퍼마켓에서는 A 회사 우유만 판매한다.
• 도서 방문 판매원이 집으로 와서 영어 교재를 사라고 강요한다.
• 식당에서 신용 카드로 음식 값을 지불하는 것을 싫어한다.

① 알 권리
② 안전할 권리
③ 선택할 권리
④ 교육을 받을 권리
⑤ 피해 보상을 받을 권리

11 소비자 문제 해결을 위해 가장 중요한 것은?

① 법원의 판결
② 기업의 보상
③ 소비자의 적극적인 태도
④ 소비자 보호 단체의 도움
⑤ 분쟁 조정 위원회의 합의안

12 다음과 같은 소비자 문제가 발생한 경우 가장 먼저 취할 조치로 적절한 것은?

새로 구입한 옷이 라벨 표시에 따라 세탁을 했음에도 세탁 후 변색이 되고 줄어들었다.

① 한국소비자원에 의뢰한다.
② 법원의 판결을 받도록 한다.
③ 소비자 보호 단체에 고발한다.
④ 구매한 장소에 가서 문제 해결을 요구한다.
⑤ 한국소비자원의 분쟁 조정실에 조정을 신청한다.

13 다음 기사 내용 중 (   ) 안에 공통으로 들어갈 말을 쓰시오.

최근 4년간 완구 등 어린이 용품이 안전성을 문제로 가장 자주 (   )된 것으로 드러났다.
산업통상자원부 국가기술표준원에 따르면 '2012~2015년 (   ) 조치 상위 10대 품목'을 집계한 결과 1위 품목은 2012년 완구, 2013년과 2014년은 아동용 섬유 제품, 2015년 LED 등기구로 집계되었다.
– ○○ 경제, 2016. 9.18 –

① 리콜   ② 단체 소송
③ 집단 소송   ④ 내용 증명
⑤ 청약 철회권

주관식 문제

14 다음은 무엇을 설명한 것인가?

피해를 입은 소비자가 여럿일 때 그 중 한 사람 또는 일부가 대표로 손해배상을 요구하는 제도

대단원 정리 문제

01 시간 자원의 특징이 <u>아닌</u> 것은?

① 인적 자원이다.
② 저축이 가능하다.
③ 눈에 보이지 않는다.
④ 누구나 공평하게 주어진다.
⑤ 어떻게 사용하느냐에 따라 가치가 달라진다.

※ [02~03] 다음 글을 읽고 물음에 답하시오.

지원이의 하루 일과

지원이는 ㉠○○중학교에 입학했다. 입학식날 일찍 일어나 샤워도 하고 아침도 먹었다. 가져갈 ㉡교과서가 많아서 ㉢택시를 타고 학교에 갔다. ㉣화장실은 어디인지 건물의 구조가 낯설게 느껴졌다. ㉤친구들과 반갑게 인사를 나누고 긴장된 마음으로 담임 선생님을 만나 수업에 임했다.

---

02 지원이의 하루 일과 중 인적 자원에 해당하는 것은?

① ㉠　　　　　　② ㉡
③ ㉢　　　　　　④ ㉣
⑤ ㉤

03 지원이의 하루 일과 중 등장하지 <u>않는</u> 생활 시간은 무엇인가?

① 생명 유지를 위한 시간
② 건강 유지를 위한 시간
③ 의무와 생산을 위한 시간
④ 에너지 재생산을 위한 시간
⑤ 개인이 자유롭게 사용하는 시간

※ [04~06] 다음은 천연 섬유의 종류와 그 원료를 나타낸 것이다. 질문에 답하시오.

04 다음 중 ㉠ 섬유의 특징이 <u>아닌</u> 것은?

① 흡습성이 크다.
② 구김이 잘 생긴다.
③ 양모 대용으로 사용한다.
④ 물에 젖으면 더 강해진다.
⑤ 열에 강하여 세탁 시 삶아 빨 수 있다.

05 다음과 같은 특징과 관련되는 ㉡ 섬유의 성질은?

습기, 열, 압력에 의하여 서로 엉키고 줄어드는 성질

---

① 강도　　　　　　② 축융성
③ 흡습성　　　　　④ 신축성
⑤ 열전도성

06 ㉢에 해당하는 섬유 소재로 만든 의복 제품으로 볼 수 있는 것은?

① 잠옷
② 수영복
③ 작업복
④ 겨울용 코트
⑤ 광택이 좋은 블라우스

07 다음 중 견 섬유에 대한 설명으로 옳은 것을 〈보기〉에서 모두 고른 것은?

〈 보기 〉

- ㉠ 열전도성이 좋아 시원하다.
- ㉡ 물에 젖으면 강도가 줄어든다.
- ㉢ 광택이 아름답고 촉감이 좋다.
- ㉣ 햇볕을 오래 쬐면 누렇게 변색된다.

① ㉠, ㉢
② ㉡, ㉢
③ ㉠, ㉡, ㉣
④ ㉡, ㉢, ㉣
⑤ ㉠, ㉡, ㉢, ㉣

08 다음 중 천연 섬유의 특징으로 옳은 것을 〈보기〉에서 고른 것은?

〈 보기 〉

- ㉠ 자연에서 직접 얻어지는 섬유이다.
- ㉡ 인조 섬유에 비해 마찰이나 힘에 강하다.
- ㉢ 인조 섬유에 비해 구김이 잘 생기지 않는다.
- ㉣ 식물성 섬유와 동물성 섬유로 분류할 수 있다.

① ㉠, ㉡
② ㉠, ㉢
③ ㉡, ㉢
④ ㉠, ㉣
⑤ ㉢, ㉣

09 다음이 설명하는 섬유는 무엇인가?

- 가볍고 부드러우며, 보온성과 탄성이 좋아 양모 대용으로 많이 사용된다.
- 용도는 담요, 인조 모피, 겨울용 내의나 스웨터, 편성물, 카펫 등이다.

① 레이온 섬유
② 나일론 섬유
③ 아크릴 섬유
④ 폴리우레탄 섬유
⑤ 폴리에스테르 섬유

10 다음의 의류 광고에서 (   ) 안에 들어갈 섬유로 옳은 것은?

> [MD 추천] ○○ 청바지,
> 신축성과 가격, 두 마리 토끼를 한 번에~!
>
> 청바지 원단에 면 섬유 외에 (   )를/을 혼방하여
> 신축성을 최대로 높임!
> 천연 섬유보다 저렴한 (   )를/을 사용해
> 가격도 합리적!

① 마
② 견
③ 폴리우레탄
④ 폴리에스테르
⑤ 폴리프로필렌

11 다음 중 아세테이트의 용도로 적합하지 않은 것은?

① 안감
② 커튼
③ 스카프
④ 넥타이
⑤ 여성복

12 폴리에스테르 섬유에 대한 설명으로 옳은 것은?

① 흡습성이 크고 가볍다.
② 질기고 잘 구겨지지 않는다.
③ 견 섬유 대용으로 많이 사용한다.
④ 열전도성이 좋아 시원하며 흡습성이 크다.
⑤ 흡습성이 좋지 않고, 햇빛에 누렇게 변한다.

13 다음 중 드라이클리닝과 비교했을 때 물세탁의 장점을 〈보기〉에서 모두 고른 것은?

〈 보기 〉

- ㉠ 경제적이다.
- ㉡ 의복의 수축이 적다.
- ㉢ 세탁 효과가 우수하다.
- ㉣ 지용성 오염 제거에 효과적이다.

① ㉠, ㉡
② ㉠, ㉢
③ ㉡, ㉢
④ ㉡, ㉣
⑤ ㉢, ㉣

14 다음 중 다림질 온도 및 방법에 대한 설명으로 옳지 않은 것은?

① 합성 섬유는 천연 섬유보다 낮은 온도로 다린다.
② 모직물은 흰 면직물로 덮어서 수분을 주면서 다린다.
③ 취급 주의 표시를 보고 알맞은 온도에서 다림질한다.
④ 다림질할 때에는 옷감이 늘어나지 않도록 누르듯이 다린다.
⑤ 두 가지 이상의 섬유가 혼방된 경우 다림질 가능 온도가 높은 섬유를 기준으로 다린다.

15 다음 중 의복의 수납과 보관에 대한 설명으로 옳은 것은?

① 직사일광을 자주 보게 해준다.
② 장마철이 시작되면 거풍을 해준다.
③ 충분한 습기가 있는 곳에 보관한다.
④ 모 섬유나 견 섬유로 만들어진 의복은 방충제를 넣어 보관한다.
⑤ 드라이클리닝한 옷은 비닐 커버를 벗기지 않고 그대로 보관한다.

※ [16~17] 다음 〈보기〉는 의복 품질 표시의 일부 내용이다. 물음에 답하시오.

〈 보기 〉
품질경영 및 공산품안전 관리법에 의한 품질 표시
• 호칭: 85 – 90 – 165
• 혼용율: 겉감 모60%, 아크릴40%
• 취급 주의

16 〈보기〉의 취급 방법에 대한 설명으로 옳은 것은?

① 드라이클리닝은 할 수 없다.
② 손세탁 시 모든 종류의 세제를 사용할 수 있다.
③ 옷걸이에 옷을 걸어 그늘에 건조하길 권장한다.
④ 120℃ 이상의 온도에서 옷에 직접 다림질이 가능하다.
⑤ 산소계 표백제는 사용 불가하지만 염소계 표백제는 사용 가능하다.

17 〈보기〉의 혼용률에 적합한 섬유 마크는?

①
②
③
④
⑤

18 다음 중 ㉠과 ㉡에 대한 설명으로 옳은 것은?

• ㉠: 다 쓴 제품을 원래 제품보다 가치가 떨어지는 상품으로 재활용하는 방식
• ㉡: 창의적인 아이디어를 더해 재활용을 거치면서 오히려 가치가 상승하는 상품으로 재활용하는 방식

① ㉠과 같은 형태로 재사용을 들 수 있다.
② ㉠의 예로 버려진 페트병 조각으로 축구 유니폼을 만드는 것을 들 수 있다.
③ ㉡은 업사이클링이다.
④ ㉡은 일반적인 재활용을 의미한다.
⑤ ㉡의 예로 버려진 면 제품으로 기계를 닦는 공업용 걸레를 만드는 것을 들 수 있다.

19 다음과 가장 관련이 깊은 소비 행동은?

① 과소비
② 과시 소비
③ 충동 소비
④ 동조 소비
⑤ 착한 소비

20 다음과 같은 소비자 정보와 관련이 깊은 구매 의사 결정 과정 단계는?

구분	개인적 원천의 정보	중립적 원천의 정보	상업적 원천의 정보
특징	다른 소비자로부터 얻는 정보(친구, 가족 등)	정부, 공공 기관, 소비자 단체에서 제공하는 정보	생산자나 판매자가 제공하는 정보(광고, 판매원 설명 등)
장점	• 같은 소비자 입장에서 경험한 정보이므로 유용함 • 쉽게 구할 수 있음 • 비용이 적게 듦	• 비교적 정확하고 객관적이며 신뢰할 수 있음 • 공정하고 사실적임	• 다양한 방법으로 쉽게 구할 수 있음 • 비용이 적게 듦
단점	• 주관적 판단으로 전문성이 부족할 수 있음	• 예전보다 정보를 구하기 쉬워졌지만 원하는 정보를 구하는데 시간과 노력이 듦	• 객관성이 부족할 수 있음 • 과장되거나 허위 정보가 많음 • 충동 소비나 과소비의 우려

① 문제 인식   ② 정보 탐색
③ 대안 평가   ④ 구매 후 결정
⑤ 구매

21 다음은 소비자 권리를 알기 위한 소비자 노력 여부에 대한 설문 결과이다. (㉠)과 같은 행동과 가장 관계가 깊은 소비자 권리는?

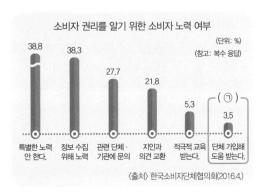

소비자 권리를 알기 위한 소비자 노력 여부

(단위: %)
(참고: 복수 응답)

38.8 특별한 노력 안 한다.
38.3 정보 수집 위해 노력
27.7 관련 단체·기관에 문의
21.8 지인과 의견 교환
5.3 적극적 교육 받는다.
(㉠) 3.5 단체 가입해 도움 받는다.

〈출처〉 한국소비자단체협의회(2016.4.)

① 알 권리   ② 안전할 권리
③ 선택할 권리   ④ 교육을 받을 권리
⑤ 단체 조직 및 활동의 권리

22 다음 중 소비자 문제 해결 방법 중 가장 마지막 단계는 무엇인가?

① 법원
② 구매 장소
③ 소비자 단체
④ 소비자 상담실
⑤ 한국소비자원 분쟁조정위원회

23 다음과 관련 있는 소비자 보호를 위한 법적 장치는?

> 제품의 결함으로 소비자가 피해를 입을 우려가 있을 경우 생산자나 유통업자 등이 해당 제품을 거두어 들여 수리, 교환, 환불 등의 조치를 취하는 제도

① 리콜 제도
② 집단 소송
③ 옴부즈맨
④ 단체 소송
⑤ 청약 철회권

24 다음과 같은 소비자 정보의 종류는?

> 임부금기 표시: 식약처에서 개발한 그림 문자로 임부가 사용할 수 없는 의약품에 표시함
>
> 프로게스테론(progesterone) 등 613개 성분 체계

① 품질 정보
② 가격 정보
③ 사용 정보
④ 보증 정보
⑤ 시험 정보

25 다림질 온도와 방법에 적합한 섬유를 연결해 보자.

① 마 섬유 •   • ㉠ 180~210℃   물을 약간 뿌려 다린다.

② 모 섬유 •   • ㉡ 100~120℃   건조한 상태에서 낮은 온도로 다린다.

③ 합성 섬유 •   • ㉢ 140~160℃   흰 면직물로 덮고 그 위에 물을 뿌려 다린다.

26 다음과 같은 의복이 갖는 표현적 기능은?

_____

27 다음 ( ) 안에 들어갈 말은 무엇인가?

( )은/는 자신이 가치 있는 존재이며 자신에게 주어진 일을 잘해낼 수 있다고 믿는 마음으로 ( )이/가 높은 사람일수록 자신을 있는 그대로 표현할 줄 알기 때문에 값비싼 옷이나 유행에 연연하지 않고도 자신의 개성을 잘 살리는 옷차림을 할 수 있다.

_____

28 다음이 설명하는 섬유는 무엇인가?

• 신축성이 좋아 고무 대용으로 쓰이며 스판덱스라고도 부른다.
• 수영복, 운동복, 압박 붕대, 스타킹 등에 널리 사용된다.

_____

29 다음의 의류 취급 표시 기호가 의미하는 내용을 적어보자.

① : _____

② : _____

30 다음과 같은 의복 재활용으로 얻게 되는 장점을 서술하시오.

▲ 자투리 조각천을 이용해서 만든 벽걸이 장식   ▲ 버려지는 폐현수막으로 만든 가방

_____
_____
_____

31 다음 상황의 원인이 되는 모 섬유의 특징을 쓰고, 모 섬유의 올바른 세탁 방법을 적어보자.

한번 세탁했을 뿐인데 옷이 너무 작아졌어.

_____
_____
_____

32 옷을 재사용하는 다양한 방법을 2가지 이상 서술하시오.

_____
_____

33 다음과 같은 단추의 이름은 무엇인지 적고, 어디에 활용하기에 적당한지 생활 속에서 그 예시를 1가지 이상 제시하시오.

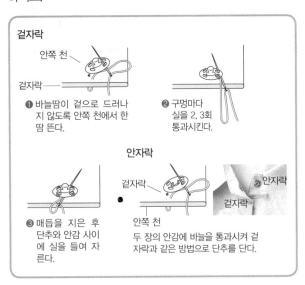

_____

_____

_____

34 다음과 같은 소비 행동과 관련된 소비의 문제점을 서술하시오.

_____

_____

_____

35 다음과 관련 있는 소비 형태와 그 특징을 서술하시오.

○○화장품은 2012년부터 A 에센스 1병을 구입하면 1명의 생명을 구(9)하는 'A 에센스 119 캠페인'을 진행하고 있다. A 에센스 판매 수익금 중 일부를 백신 연구 및 보급을 지원하는 IVI 국제백신연구소에 기부하여 매일 전염병으로 죽어가는 전 세계 12,000여 명 어린이들의 생명을 구하는 데 힘쓰고 있다.

〈출처〉 우먼컨슈머(http://www.womancs.co.kr)

_____

_____

_____

수행활동

수행 활동지 ❶ 나의 생활 시간을 점검하고 관리해 보기

단원	**III. 청소년기 자기 관리와 소비 생활** 01. 청소년기 균형 잡힌 자기 관리
활동 목표	하루 생활 시간을 분류하고, 나의 생활 시간을 점검하고 관리할 수 있다.

❶ **아래 청소년 통계 그래프를 보고 괄호 안에 들어갈 생활 시간 분류 내용을 적어보자.**

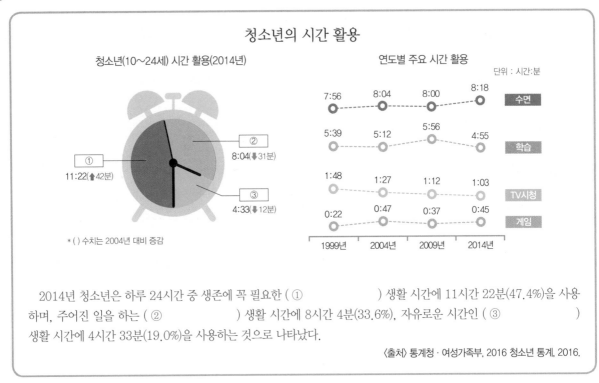

청소년의 시간 활용

청소년(10~24세) 시간 활용(2014년)

① 11:22(↑42분)
② 8:04(↓31분)
③ 4:33(↓12분)

* ( ) 수치는 2004년 대비 증감

연도별 주요 시간 활용
단위 : 시간:분

	1999년	2004년	2009년	2014년	
수면	7:56	8:04	8:00	8:18	
학습	5:39	5:12	5:56	4:55	
TV시청	1:48	1:27	1:12	1:03	
게임	0:22	0:47	0:37	0:45	

2014년 청소년은 하루 24시간 중 생존에 꼭 필요한 (①   ) 생활 시간에 11시간 22분(47.4%)을 사용하며, 주어진 일을 하는 (②   ) 생활 시간에 8시간 4분(33.6%), 자유로운 시간인 (③   ) 생활 시간에 4시간 33분(19.0%)을 사용하는 것으로 나타났다.

〈출처〉 통계청·여성가족부, 2016 청소년 통계, 2016.

❷ **나의 일상생활 시간 사용 내용을 적어보고 각 내용을 위의 생활 시간 분류 중 어디에 해당하는지 해당 번호에 체크해 보자.**

오전/오후	시간	시간 사용 내용	생활 시간 분류		
			①	②	③
			①	②	③
			①	②	③
			①	②	③
			①	②	③
			①	②	③
			①	②	③
			①	②	③
			①	②	③

			①	②	③
			①	②	③
			①	②	③
			①	②	③
			①	②	③
			①	②	③
			①	②	③
			①	②	③
			①	②	③
			①	②	③
		총 소요시간	시간 분	시간 분	시간 분

❸ 나의 생활 시간 사용 내용을 보고 객관적인 시각에서 잘된 점과 반성할 점, 개선하고 싶은 점을 적어보자.

① 잘된 점:

② 반성할 점:

③ 개선 방안:

섬유에 따른 의복 관리 방법 알아보기

단원	**Ⅲ. 청소년기 자기 관리와 소비 생활** 03. 의복 재료에 따른 세탁과 관리
활동 목표	섬유의 특성을 이해하고, 섬유의 특성에 따라 적절한 의복 관리 방법을 적용할 수 있다.

● 다음 민희와 민수의 의복 관리 사례를 보고 질문에 답해보자.

한번 세탁했을 뿐인데 옷이 너무 작아졌어.

민희는 새로 산 스웨터를 입고 친구를 만나 점심을 먹었다. 집에 돌아와 보니 식사 중 음식을 흘렸는지 새 옷에 얼룩이 생겨 있었다. 민희는 스웨터를 세탁기에 넣었다가 주말에 가족들 세탁물과 함께 세탁하였다.

그런데 세탁 후에 보니 얼룩도 제대로 지워지지 않았고 스웨터의 크기가 줄어 있었다.

민수는 작년 봄에 입었던 재킷을 꺼냈는데 옷의 군데군데 작은 구멍이 나있고 곰팡이가 나 있었다. 작년 봄 마지막으로 입었을 때 별다른 오염이 없어보여서 그대로 깨끗한 비닐 커버를 씌워 옷장에 잘 보관했는데 무엇이 문제였는지 알 수가 없었다. 민수는 아끼던 재킷을 더 이상 입을 수 없게 되어 매우 속상했다.

작년에 입고 잘 보관해두었는데 왜 구멍이 난걸까?

❶ 민희의 스웨터는 어떤 섬유로 만들어졌을지 추측해 보고, 그렇게 추측한 이유를 써보자. 그리고 민희의 의복 관리 과정 중 잘못된 점을 2가지만 적어보자.

추측한 섬유명	
추측한 이유	
민희의 의복 관리 과정 중 잘못된 점	

❷ 민수의 스웨터는 어떤 섬유로 만들어졌을지 추측해 보고, 그렇게 추측한 이유를 써보자. 그리고 민수의 의복 관리 과정 중 잘못된 점을 2가지만 적어보자.

추측한 섬유명	
추측한 이유	
민수의 의복 관리 과정 중 잘못된 점	

단원	**III. 청소년기 자기 관리와 소비 생활** 04. 청소년기 책임 있는 소비 생활 실천
활동 목표	식품과 관련된 개인적, 중립적, 상업적 원천의 소비자 정보를 분석할 수 있다.

❶ 개인적 원천의 정보: 직접 경험해 본 것을 평가해 보자(느낀 점, 구입 장소, 가격, 맛 등).

종류	식품과 관련된 정보(개인적 경험)

❷ 중립적 원천의 정보: 원료, 품질, 영양 함량 등을 객관적으로 분석해 보자.

식품명	식품과 관련된 정보(객관적이고 정확한 정보)		
	용량		
	원재료		
	주요 영양소		
	포화지방 함량		나트륨 함량
	섭취 시 열량		가격
	보관 방법		
	용량		
	원재료		
	주요 영양소		
	포화지방 함량		나트륨 함량
	섭취 시 열량		가격
	보관 방법		

❸ 상업적 원천의 정보: 상품의 판매를 목적으로 한 광고를 분석해 보자.

상품명		광고 내용	
신뢰할 수 있는 부분		과장된 부분	

올바른 소비자 역할 알아보기

단원	**Ⅲ. 청소년기 자기 관리와 소비 생활** 05.청소년기 책임 있는 소비 생활 실천
활동 목표	합리적인 구매 의사 결정 단계를 설명하고, 책임있는 소비 행동을 위해 해야 할 일을 개인·기업·정부 차원에서 제시할 수 있다.

❶ 윤호는 클래식 기타를 구입하려고 한다. 윤호가 따라야 할 합리적인 구매 의사 결정 과정의 단계와 유의사항을 빈 칸에 적어보자.

합리적 의사 결정 과정의 단계명	단계별 특징 및 유의사항
[문제 인식] 단계	• 구매의 필요성을 느낀다. • •
[ ] 단계	• • •
[ ] 단계	• • •
[ ] 단계	• • •
[ ] 단계	• • •

❷ 다음 자료를 토대로 책임 있는 소비자 사회를 만들기 위해 개인, 기업, 정부가 해야 할 일을 각각 1가지 이상 적어보자.

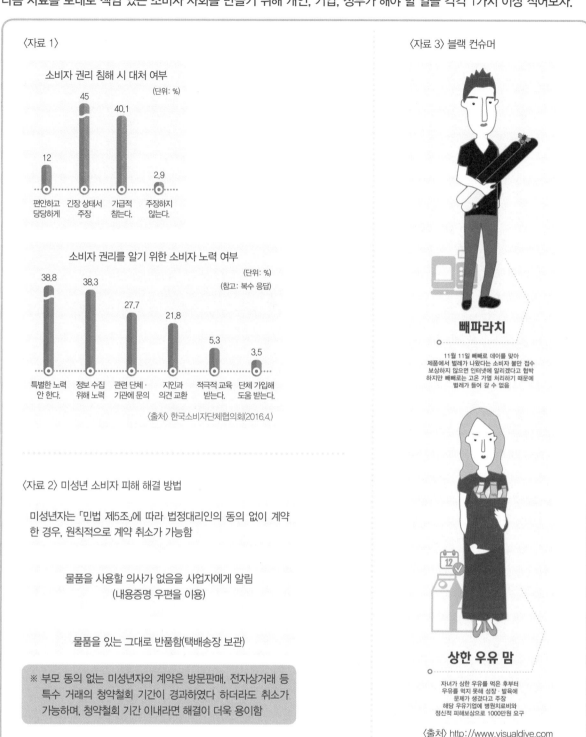

〈자료 1〉

소비자 권리 침해 시 대처 여부
(단위: %)

12 편안하고 당당하게
45 긴장 상태서 주장
40.1 가급적 참는다.
2.9 주장하지 않는다.

소비자 권리를 알기 위한 소비자 노력 여부
(단위: %)
(참고: 복수 응답)

38.8 특별한 노력 안 한다.
38.3 정보 수집 위해 노력
27.7 관련 단체·기관에 문의
21.8 지인과 의견 교환
5.3 적극적 교육 받는다.
3.5 단체 가입해 도움 받는다.

〈출처〉 한국소비자단체협의회(2016.4.)

〈자료 2〉 미성년 소비자 피해 해결 방법

미성년자는 「민법 제5조」에 따라 법정대리인의 동의 없이 계약한 경우, 원칙적으로 계약 취소가 가능함

물품을 사용할 의사가 없음을 사업자에게 알림
(내용증명 우편을 이용)

물품을 있는 그대로 반품함(택배송장 보관)

※ 부모 동의 없는 미성년자의 계약은 방문판매, 전자상거래 등 특수 거래의 청약철회 기간이 경과하였다 하더라도 취소가 가능하며, 청약철회 기간 이내라면 해결이 더욱 용이함

〈자료 3〉 블랙 컨슈머

빼파라치

11월 11일 빼빼로 데이를 맞아 제품에서 벌레가 나왔다는 소비자 불만 접수 보상하지 않으면 인터넷에 알리겠다고 협박하지만 빼빼로는 고온 가열 처리하기 때문에 벌레가 들어 갈 수 없음

상한 우유 맘

자녀가 상한 우유를 먹은 후부터 우유를 먹지 못해 성장·발육에 문제가 생겼다고 주장 해당 우유기업에 병원치료비와 정신적 피해보상으로 1000만원 요구

〈출처〉 http://www.visualdive.com

개인	
기업	
정부	

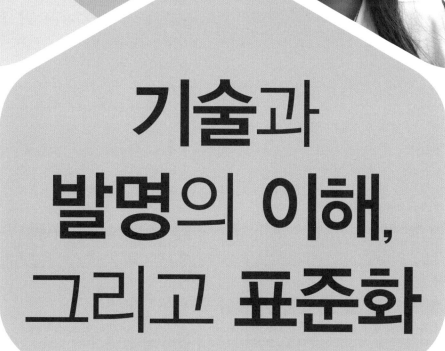

IV

기술과 발명의 이해, 그리고 표준화

01 기술의 발달과 사회 변화

02 기술의 발달과 안전한 생활

03 기술적 문제 해결하기

04 발명의 이해

05 특허와 지식 재산권

06 생활 속 문제, 창의적으로 해결하기

07 표준의 이해

08 생활 속 불편함, 표준화로 해결하기

01 기술의 발달과 사회 변화

① 기술의 발달은 우리 생활에 어떤 변화를 가져왔을까

1 기술의 정의

1) 기술의 의미

인간이 생활에서의 필요와 욕구 충족을 위해 자원의 형태를 변화시키는 수단이나 활동을 뜻한다. 예를 들면 물건이나 음식 등을 자르기 위해 금속으로 칼을 만들고, 책을 보관하기 위해 나무로 책장을 만드는 활동 등을 말한다.

2) 기술의 특성

① **생산성**: 기술의 결과물로 제품이나 서비스 등의 산출물이 발생한다.
② **실천성**: 아이디어 구상과 더불어 직접 산물을 만드는 활동을 실행한다.
③ **실용성**: 인간의 필요와 욕구를 충족시킨다.
④ **미래 지향성**: 과거를 바탕으로 현재 기술력을 이용하여 미래에 필요한 제품을 생산한다.
⑤ **사회·문화적 혁신**: 산출물이 사회와 문화에 큰 영향을 끼친다.

3) 기술의 영역

제조 기술	정보 통신 기술	건설 기술
일상생활이나 산업에 필요한 물품이나 부품을 만드는 분야의 기술 ㉤ 기계, 도구, 자동차, 로봇, 나사, 볼트 제조 등	인간과 사물 등이 정보를 주고받을 수 있도록 하는 분야의 기술 ㉤ 전화, 인터넷, 인공위성 등의 통신 시스템 등	일상생활이나 산업에 필요한 물품이나 부품을 만드는 분야의 기술 ㉤ 기계, 도구, 자동차, 로봇, 나사, 볼트 제조 등

생명 기술	수송 기술
인간의 생명 연장을 위해 생체를 모방하거나 이용하는 분야의 기술 ㉤ 의약품 개발, 인공 장기 개발, 인공 수정, 조직 배양, 동식물 복제 등	인간과 물건을 이동시키는 분야의 기술 ㉤ 자동차나 비행기, 선박 등의 운행 기술, 도로 교통 시스템, 운행 위치 및 속도 조절 시스템 등

> **TIP 기술의 어원**
>
> 기술(技術)의 어원은 그리스어의 테크네(techne)이다. 테크네(techne)는 '나무를 만드는 일', '목수일' 등 무엇인가 고안하고 만들어내는 솜씨 혹은 모든 가능한 기술, 방법 등을 의미한다.

② 기술의 발달이 우리 삶에 미치는 영향

① 긍정적인 영향

• 재택근무 가능
• 위생적인 생활 가능
• 식량 고갈 문제 해결
• 빠르고 편안한 여행 가능
• 난치병 치료 및 수명 연장
• 사물 인터넷 발달로 편리한 생활 가능
• 가사 노동 부담 탈피

② 부정적인 영향

• 인터넷 및 게임 중독
• 자동화로 인한 일자리 감소
• 이동 수단의 증가로 인한 사고
• 개인 정보 유출 및 사생활 침해
• 인간의 존엄성 경시 및 윤리 문제 발생
• 환경 문제(대기, 수질, 토양 오염 등) 발생

3 기술의 발달과 가정의 변화

① **스마트 홈**: 우리가 사는 주거 환경에 정보 통신 기술이 융합된 모든 형태
② **스마트 홈의 특징**

무인화	사용자의 개입을 최소화하여 기기들(가스, 전기, 난방, 조명, 커튼 등)이 자동으로 작동하는 환경 ㉤ 사용자가 가스 밸브를 밖에서 잠글 수 있고, 사용자가 집 밖을 나간 것이 확인되면 시스템이 자동으로 가스 밸브를 잠그는 서비스
지능화	기기들이 사용자의 활동 패턴을 자동으로 기록하고 학습해 그에 따른 서비스를 제공하는 환경 ㉤ 사용자가 물을 많이 쓰는 시간대를 기기가 기억하여 그 이외의 시간대에는 온수 생산을 적게 함으로써 가정 내 에너지 사용을 줄이는 서비스
통합화	기기들이 서로 연결되면서 하나의 명령으로 모든 기기가 그 명령에 적합한 반응을 하게 되는 환경 ㉤ 외출이나 취침 시 집안 온도 조절 시스템이 작동하고, 소등과 함께 현관문이 잠기는 등의 처리를 통합적으로 해 주는 서비스

> **TIP 초연결 사회**
>
> 인터넷, 통신 기술 등의 발달에 따라 네트워크로 사람, 데이터, 사물 등 모든 것을 연결한 사회

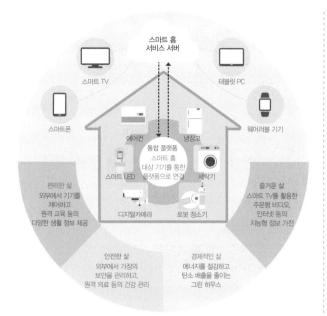

▲ 정보 통신 기술을 활용한 스마트 홈 기술

4 기술 발달에 따른 직업 구조의 변화

- 지식의 생성 및 소멸이 가속화된다.
- 기존 직업의 직무 성격이나 내용이 달라진다.
- 사회 변화에 대응하지 못하는 직업은 사라진다.
- 직업 구조가 다양화, 세분화, 전문화 등의 특징을 가진다.
- 직업의 수직적 · 수평적 분화를 통해 다양한 직업이 생긴다.
- 직업 구조의 변화에 따른 사회 구성원들 간의 조화로운 관계 유지가 필요하다.

3D 프린터 개인이 제품을 설계하고 3D 프린터로 직접 생산하는 1인(소규모) 제조업 중심의 맞춤형 생산 시대를 맞고 있다.

드론 무인 택배, 영화, 사진, 조사, 구조 등의 활동에 이용되고 있으며, 수송 산업, 서비스 산업, 미디어 산업 등 다양한 분야로 활용 범위를 넓혀가고 있다.

인공 지능(AI) 빅데이터 기술과 결합한 인공 지능 기술의 발전은 단순 반복적인 일자리를 대체하고, 데이터 분석이나 로봇 관련 분야에 새로운 일자리를 만들어 내고 있다.

원격 의료 정보 통신 기술과 의료 기술이 융합된 원격 의료 기술의 발전은 원격 진료 서비스, 의료 빅데이터 분석, 스마트 헬스 케어 서비스 등의 새로운 산업과 일자리를 만들어 내고 있다.

▲ 기술의 발달과 직업의 변화

② 미래 기술은 사회를 어떻게 변화시킬까

1 다양한 융·복합 기술 발전

무인 항공기 기술	무인 항공기(드론)는 인간 생활의 거의 모든 분야에서 효율을 높이는 혁신 수단이 되고 있으며, 전쟁터에서 인명을 살상하는 데도 사용
지능형 로봇 기술	개인용 로봇, 가사 로봇, 수술 로봇, 재활 로봇 등, 생체 신호로 제어가 가능한 뇌–기계 인터페이스를 기반으로 한 각종 의료용 장치 등
자율 주행 자동차	스스로 최적의 경로를 찾아내어 목적지까지 안내하는 자율 주행차와 전기 · 연료 전지를 동력원으로 하는 친환경 자동차의 보급
스마트 도시	2050년에는 세계 인구의 75%가 도시에 거주하며, 1,000만 명 이상의 거대 도시가 늘어남에 따라 에너지, 교통, 건물, 상하수도, 폐기물, 보건, 안전, 재난 등의 관리를 효율화하는 융합 기술을 적용한 스마트 도시 등장
웨어러블 기기	안경, 시계, 허리띠, 옷, 단추, 운동화 등에 내장된 컴퓨터와 주변 환경에 설치된 컴퓨터가 무선으로 정보를 교환하고, 제어하는 기술
사물 인터넷 기술	일상생활의 모든 사물을 인터넷 또는 이와 유사한 네트워크로 연결해서 인지, 감시, 제어하는 정보 통신망
빅데이터	대량의 정형 · 비정형 데이터를 수집하여 인간 행동을 예측함으로써 창의성과 생산성을 향상

2 생명 공학 기술 발전

분자 진단 기술	바이오칩을 활용한 유전자 · 단백질 분석과 질병 진단에 쓰이는 여러 분석 장비를 하나의 칩에 구현한 랩온어칩(lab on a chip), 나노 기술 등
사이버 헬스 케어 기술	사물 인터넷과 센서가 결합해 의사를 직접 만나지 않고 원격으로 진단, 진료, 치료가 가능한 기술
맞춤형 치료 · 제약 기술	환자 개인의 유전적 특성을 고려한 맞춤 의학 시대의 시작과 유전자에 기반을 둔 맞춤형 신약 개발

3 지속 가능 사회로 발전

온실 가스 저감 기술	이산화탄소 포집 격리 기술, 인류의 필요에 맞도록 변화시키는 지구공학, 생물을 모방하여 자연 친화적 물질을 생산하는 청색 기술 등
신 · 재생 에너지 기술	수소 에너지, 연료 전지와 같은 신에너지 기술, 풍력, 태양열, 지열 등 자연 에너지와 바이오매스 같은 생물 에너지를 합한 재생 에너지 등의 보급
스마트 그리드 기술	전력 회사와 소비자가 양방향 실시간으로 정보를 주고받으면서 전기의 생산과 소비를 최적화하도록 하는 전력 관리 시스템

01 다음 중 기술의 특성을 〈보기〉에서 있는 대로 고른 것은?

〈 보기 〉
⊙ 발견성 ⓒ 생산성 ⓒ 실용성 ⓔ 실천성

① ⊙, ⓒ
② ⓒ, ⓔ
③ ⊙, ⓒ, ⓒ
④ ⓒ, ⓒ, ⓔ
⑤ ⊙, ⓒ, ⓒ, ⓔ

02 다음 중 기술의 발달로 인한 사회의 변화를 잘못 설명한 것은?

① 환경 오염 문제 발생
② 편리한 일상생활 가능
③ 인간의 풍요로운 삶 가능
④ 개인 정보 유출 문제 발생
⑤ 인간의 사고와 행동 영역 축소

03 다음 〈보기〉에서 기술의 발달이 우리 사회에 미치는 부정적인 영향을 있는 대로 고른 것은?

〈 보기 〉
⊙ 생태계 파괴   ⓒ 위생적인 주거
ⓒ 다양한 여가 생활   ⓔ 쾌적한 교통 환경

① ⊙
② ⊙, ⓒ
③ ⓒ, ⓔ
④ ⓒ, ⓒ, ⓔ
⑤ ⊙, ⓒ, ⓒ, ⓔ

04 다음은 어떤 사회를 설명한 것인가?

• 인터넷 등 통신 기술이 발달한 사회에서 가능
• 네트워크로 사람, 데이터, 사물 등 모든 것이 연결된 기술
• 서로 상호 작용하여 소통

① 산업 사회
② 정보 사회
③ 초연결 사회
④ 서비스 사회
⑤ 정보화 사회

05 가정이 경제 활동 기본 단위로서의 역할을 했던 사회의 특징은?

① 최첨단 산업 사회를 말한다.
② 공장 자동화로 생산성이 증가하였다.
③ 시간의 여유가 생겨 여가와 문화를 즐겼다.
④ 인공 지능의 가정용 전자 제품이 등장하였다.
⑤ 농업 기술의 발달과 함께 정착 생활을 하였다.

06 그림과 같이 기능이 제한되어 있지 않고 응용 프로그램을 통해 상당 부분 기능을 변경하거나 확장할 수 있는 기술을 적용한 건물은?

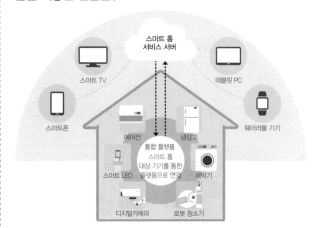

① 스마트 홈
② 액티브 하우스
③ 원자력 하우스
④ 패시브 하우스
⑤ 인텔리전트 건물

07 기술의 발달로 변화될 미래 직업에 사용될 기술이나 영역을 〈보기〉에서 있는 대로 고른 것은?

〈 보기 〉
⊙ 3D 프린팅   ⓒ 드론 조종사
ⓒ 인공 지능(AI)   ⓔ 원격 진료 서비스

① ⊙
② ⓒ, ⓒ
③ ⓒ, ⓔ
④ ⊙, ⓒ, ⓔ
⑤ ⊙, ⓒ, ⓒ, ⓔ

08 다음의 미래 기술과 사회 변화에 대한 설명에 해당되는 기술 또는 분야가 <u>아닌</u> 것은?

- 질병을 예측하고 실시간 진단 및 치료 가능
- 인간과 사물, 사물과 사물의 정보 소통
- 대용량 자료에서 가치 있는 것 활용
- 실시간 교통 정보를 통해 최적의 경로로 무인 주행

① 헬스 케어
② 사물 인터넷
③ 빅데이터 활용
④ 자율 주행 자동차
⑤ 친환경 에너지 사용

09 기술 발달의 부정적 영향을 극복하기 위한 해결 방안을 잘못 설명한 것은?

① 공동체 기능 회복
② 개인 정보 유출 예방
③ 정보 보호 및 보안 강화
④ 자연과 공존하는 노력 필요
⑤ 기계 중심의 기술 발달 필요

10 다음 중 스마트 홈의 형태에 속하는 것을 〈보기〉에서 있는 대로 고른 것은?

〈 보기 〉
㉠ 무인화　　　　　㉡ 지능화
㉢ 통합화　　　　　㉣ 개별화

① ㉠
② ㉠, ㉡
③ ㉡, ㉢
④ ㉢, ㉣
⑤ ㉠, ㉡, ㉢

11 스마트 홈의 주요 기술 중 '안전한 삶'의 영역에 해당하는 것은?

① 지능형 전력 시스템
② 보안 및 방어 시스템
③ 패턴 학습을 통한 에너지 절감 기술
④ 스마트 기기를 이용한 원격 제어 기술
⑤ 가정용 스마트 기기와 모바일 기기의 연동 기술

12 다음의 (　　) 안에 알맞은 말은?

인간이 생활에서의 (　㉠　)과(와) 욕구 충족을 위해 (　㉡　)의 형태를 변화시키는 수단이나 활동을 (　㉢　)(이)라고 한다.

_____

13 기술은 제조 기술, 건설 기술, 수송 기술, (　　　　) 기술, 생명 기술의 영역으로 구분한다.

_____

14 (1) 기술의 5가지 영역을 열거하고, (2) 그 중 하나의 영역을 선정한 후 예를 들어 설명하시오.

_____
_____
_____

15 기술의 발달에 따른 (1) 긍정적인 영향과 (2) 부정적인 영향을 각각 두 가지씩 적으시오.

_____
_____
_____

16 미래 사회에 적용될 미래 기술의 예를 한 가지만 들어 설명하시오.

_____
_____

○2 기술의 발달과 안전한 생활

① 가정과 사회의 변화에 따른 안전 사항을 알아볼까

1 안전사고

안전사고란 가정, 직장, 사회 생활에서 안전을 소홀히 하여 생기는 것으로, 안전 교육의 미비, 안전 수칙 위반, 부주의 등이 원인이 되어 사람 또는 재산에 피해를 주는 사고를 말한다.

2 가정에서의 안전사고 발생

• 베란다 및 현관 등에서의 추락 및 끼임 사고가 발생한다.
• 주거 공간에서의 미끄러짐이나 넘어지는 사고가 발생한다.
• DIY 활동 증가에 따른 공구나 기계 등의 사용에 따른 안전사고가 발생한다.
• 가정용 전기 기기의 보급과 전기 사용량 증가에 따른 누전과 감전 사고가 발생한다.
• 난방과 조리에 사용하는 가스 사용 부주의로 화재와 폭발 사고가 발생한다.
• 살충제, 살균제, 페인트 등의 제품 사용 및 가스 및 상한 음식 등의 섭취 등 유독 물질에 의한 중독 사고가 발생한다.

> **TIP** DIY(Do It Yourself)
> 가구 제작, 자동차 수리, 정원 관리 등 생활공간을 보다 쾌적하게 만들고 수리하는 것을 소비자가 직접 할 수 있게 한 것

3 사회와 직장에서의 안전사고 발생

• 자연 환경 변화에 따른 대형 태풍과 해일, 지진 등이 발생한다.
• 도시가스 보급과 대규모 산업 단지 증가로 인한 폭발 사고가 발생한다.
• 자동차, 항공, 선박, 철도 등의 교통 수단 이용 증가에 따른 교통 사고가 발생한다.
• 새로운 기계 및 설비의 증가와 화학 약품 사용에 따른 외상 및 화상, 폭발 사고가 발생한다.
• 지하철, 초고층 건물, 대형 경기장 등 건물과 시설물 증가로 인한 지하철 사고, 건물 화재와 붕괴, 화학 물질이나 테러로 인한 폭발 사고가 발생한다.

> **하나 더 알기**   승강기에서의 안전 수칙
>
> • 승강기 안에서 뛰거나 장난치지 않는다.
> • 버튼이나 스위치를 장난으로 누르지 않는다.
> • 승강기 문에 기대거나 강제로 문을 열어서는 안 된다.
> • 승강기에 탈 때는 정지 후 바닥을 확인하고 탑승한다.
> • 화재 발생 시 절대 승강기를 타지 않고 비상계단을 이용한다.
> • 비상시에는 비상벨을 누르고, 응답이 없으면 119에 신고하고 침착하게 기다린다.

② 안전사고의 유형과 예방 대책을 알아볼까

1 안전사고의 유형과 예방 대책

외상 사고	문틈에 끼이거나 미끄러짐, DIY 작업이나 음식 조리 과정에서의 부주의로 신체 부위에 상처 발생 예방 대책 문을 여닫을 때 문틈에 주의하고 욕실과 화장실 등 바닥 물기 제거, DIY 작업 시 안전 수칙 준수, 음식 조리 시 베임 방지 장갑 착용 등
전기 사고	문어발식 배선으로 과전류가 흐르거나, 전선 피복이 손상되어 건물 내부의 금속 부분을 통해 전기가 흐르는 사고로 화재나 감전 발생 예방 대책 규격 제품 사용, 문어발식 배선 금지, 전선의 피복 상태 확인, 누전 차단기 설치 등
가스 사고	가정의 가스 배관이나 밸브의 노후로 가스가 새거나 사용 부주의로 화재나 폭발 발생 예방 대책 비눗물을 이용하여 가스가 새는지 정기적으로 점검, 가스 사용 전 환기, 사용 후 반드시 밸브 잠금 등 확인
중독 사고	일산화탄소(CO) 중독이나 상한 음식물 섭취, 의약품 오남용, 유독성 페인트 등 유해한 물질 흡입이나 신체가 이에 노출되어 발생 예방 대책 창문을 열어 환기를 자주하고 상한 음식물 제거, 의약품이나 유해 물질은 원래의 용기에 담아 쉽게 손이 닿지 않는 곳에 안전하게 보관 등
화상 사고	전기 기기의 부주의한 사용으로 감전되거나 음식 조리 시 불·증기·열, 화학 약품 등에 의해 피부 손상 예방 대책 전기 기기를 사용 시 감전 주의, 음식 조리 시 어른과 함께 주변이 잘 정돈된 상태에서 조리, 화학 약품은 어린이나 노약자 눈에 띄지 않는 정해진 장소에 보관 등
공연장 사고	많은 사람이 모인 공연장이나 경기장에서 한꺼번에 사람이 몰려 넘어지거나, 무대 장치 등의 시설물 파손이나 화재가 원인이 되어 발생 예방 대책 정해진 경로를 따라 이동, 무대에 밀착하거나 사인을 받기 위해 한 곳으로 몰리지 않기, 대피로, 비상구 등 미리 파악, 조명탑이나 스피커 등에 올라가지 않기 등

지하철 사고	지하철 승하차 시 승강장 틈에 발이 끼이거나 선로로 추락하는 사고. 전동차의 탈선, 화재 등이 원인이 되어 발생 예방 대책 전동차 진입 시 안전선 지키기, 승하차 시 승강장과 전동차 틈 주의, 출입문에 기대지 않고 선로에 절대 내려가지 않기 등
화재 사고	대형 건물이나 고층 아파트에서 전기, 가스, 유류 등의 취급 부주의로 발생 예방 대책 전기, 가스, 유류 등에 대한 정기 점검 실시, 지하철 등 많은 사람이 이용하는 시설에 대한 방화 등에 대비해 화재가 발생 시 행동 요령 파악하기 등
붕괴 사고	대형 건물이나 교량, 육교, 공사 현장의 도로 등의 부실 시공, 노후나 관리 소홀로 무너지는 사고 예방 대책 건물의 균열, 지반 침하 등 붕괴 징후를 미리 파악하여 주위에 신속하게 알리고 대피하여 피해 최소화
폭발 사고	가스, 분진 등의 물질이 자체 또는 외부의 에너지를 얻어 화학 반응으로 주변을 물리적으로 파괴하여 발생 예방 대책 가스 누출을 방지하고 학교에서 실험할 때 선생님의 지시에 따르며, 전기 기기는 오랜 시간 사용 자제

2 학교에서 발생할 수 있는 안전사고 예방법

❶ 계단에서의 안전 수칙
- 오른쪽으로 질서 있게 통행한다.
- 안전 난간을 넘거나, 미끄럼을 타지 않는다.
- 한 계단씩 오르고 발을 거는 등 장난치지 않는다.
- 넘어지거나 미끄러지지 않도록 물기가 없게 청소한다.
- 여러 사람이 함께 갈 때는 앞사람과의 간격을 유지한다.

❷ 복도에서의 안전 수칙
- 뛰거나 장난치지 않는다.
- 위험한 물건을 옮길 때는 두 명 이상이 함께한다.
- 굽은 곳에서는 맞은편에서 오는 사람을 잘 확인한다.

❸ 출입문 · 현관에서의 안전 수칙
- 물건을 밖으로 던지거나 문에 기대지 않는다.
- 문을 여닫을 때는 다른 사람이 있는지 확인한다.
- 출입문이나 현관에 손발이 끼지 않도록 주의한다.

❹ 교실에서의 안전 수칙
- 책걸상에 걸터앉지 않는다.
- 유리창에 기대거나 창틀에 올라가지 않는다.
- 친구의 의자를 빼는 등의 장난을 하지 않는다.
- 교실 안의 좁은 통로에서는 절대 뛰지 않는다.
- 위험한 물건이나 연필 등으로 장난을 치지 않는다.

❺ 급식실에서의 안전 수칙
- 식판을 옮길 때는 두 손으로 옮긴다.
- 배식할 때는 장난치지 않고 기다린다.
- 차례로 줄을 서서 질서 있게 배식을 받는다.
- 식판을 옮길 때는 주변에 친구가 있는지 확인한다.
- 뜨거운 음식을 운반할 때는 흘리거나 튀지 않게 조심한다.
- 숟가락이나 젓가락으로 친구를 찌르는 행동을 하지 않는다.

- 음식물을 바닥에 흘리지 않도록 조심하며, 만약 음식물을 흘렸을 때는 바로 휴지로 닦는다.

③ 위급 상황, 슬기롭게 대처하기

위급 상황	해결 과정
응급 상황이 생기면	① 사고의 내용, 장소, 부상자의 상태, 수, 성별, 연령, 신고자의 이름, 전화 번호, 주소 등을 119로 신고 ② 전화를 끊지 않고 119에서 알려 주는 대로 응급 처치 실시 ③ 주변 사람에게 알림 ④ 편안한 자세로 안정 유지 ⑤ 몸을 조이는 옷과 장신구 등을 느슨하게 풀어 줌
지진이 발생하면	① 전원 즉시 차단 후 출입문 개방 ② 진동이 멈출 때까지 책상 밑에서 머리 보호 ③ 진동이 멈추면 안내에 따라 건물 밖으로 대피 ④ 대피 시 가방이나 방석 등으로 머리 보호 ⑤ 건물 밖일 경우 넓은 공터로 대피(건물 붕괴 대비)
상처에서 피가 나면	① 일회용 장갑을 끼고 소독한 거즈나 깨끗한 천으로 상처 부위를 완전히 덮음 ② 피가 멈출 때까지 세게 누르고 상처 부위는 심장 위치보다 높게 올림 ③ 상처 치료용 거즈 위에 붕대를 세게 감고 병원 방문
쓰러져 호흡이 없으면	① 의식 여부 확인 후 환자 반응 살핌 ② 119 신고(주변에 사람이 있으면 119 신고와 자동 제세동기 요청) ③ 환자를 평평한 바닥에 눕히고 환자의 가슴 옆에 무릎 꿇는 자세를 취함 ④ 가슴 중앙에 한 손의 바닥을 대고 그 위에 다른 한 손을 겹쳐 깍지를 끼고 분당 100회의 속도(5cm 깊이)로 압박하여 심폐 소생술 실시 ⑤ 가슴 압박 30회 실시 후 인공호흡 2회 실시 ⑥ 119가 도착하거나 의식이 있을 때까지 실시

하나 더 알기
재난 안전 정보 포털 앱 '안전디딤돌'

정부에서 보급하고 있는 '안전디딤돌' 앱은 재난 안전 정보를 통합 · 연계하여 국민 행동 요령, 재난 문자, 기상 특보, 재난 신고, 재난 정보 등 다양한 재난 안전 정보를 제공하고 있다.

▲ '안전디딤돌' 앱

01 가정에서의 안전사고에 해당하지 <u>않는</u> 것은?

① 미끄러짐이나 넘어지는 사고

② 자연 재해 증가로 인한 지진 사고

③ 전기 사용량 증가에 따른 누전 사고

④ 페인트 등의 제품 사용에 의한 중독 사고

⑤ 조리에 사용하는 가스 누출로 인한 폭발 사고

02 정부에서 재난 안전 정보를 통합·연계하여 다양한 재난 안전 서비스를 제공하기 위해 만든 앱(어플리케이션)은?

① 안전디딤돌   ② 안전은 생명

③ 안전한 나라   ④ 안전 징검다리

⑤ 안전한 우리집

03 다음 설명에 해당하는 안전사고의 유형은?

> • 전선의 피복 손상으로 발생
> • 노출된 금속 부분을 통해 전기가 흐르는 현상
> • 감전이나 화재의 원인이 됨

① 가스 사고   ② 누전 사고

③ 붕괴 사고   ④ 폭발 사고

⑤ 화상 사고

04 가정에서 안전사고가 발생하는 이유로 옳지 <u>않은</u> 것은?

① 용량을 초과하는 문어발식 배선

② 가전제품의 보급과 사용의 증가

③ 각종 설비의 정기적인 안전 점검

④ 가스 배관의 노후와 사용 부주의

⑤ DIY 활동 시 공구의 부정확한 사용

05 지하철 사고를 예방하기 위한 예방 대책이 <u>아닌</u> 것은?

① 출입문에 기대지 않는다.

② 선로에는 절대 내려가지 않는다.

③ 승하차 시 출입문 중앙에서 대기한다.

④ 전동차가 들어올 때 안전선을 지킨다.

⑤ 승하차 시 승강장과 전동차 사이의 틈에 빠지지 않도록 유의한다.

06 다음은 어떤 사고의 안전사고 예방 대책인가?

> • 창문을 열어 환기를 자주 한다.
> • 상한 음식은 즉시 버린다.
> • 의약품이나 유해 물질은 쉽게 손이 닿지 않는 곳에 보관한다.

① 가스 사고   ② 붕괴 사고

③ 전기 사고   ④ 의료 사고

⑤ 중독 사고

07 응급 상황이 생겼을 때 다음 중 가장 먼저 해야 할 것은?

① 상황 기록

② 119에 도움 요청

③ 주변 사람들에게 알림

④ 증거물과 소지품 보존

⑤ 환자 상태 파악 및 기본 처치

08 지진이 발생했을 때 해야 할 대처로 틀린 것은?

① 전원 즉시 차단 후 출입문 개방
② 대피 시 가방이나 방석 등으로 머리 보호
③ 진동이 멈출 때까지 책상 밑에서 머리 보호
④ 진동이 멈추면 책상 밑에서 나와 주변 정리
⑤ 건물 밖일 경우 넓은 공터로 대피(건물 붕괴 대비)

09 몸에 상처가 생겼을 때 해서는 안 되는 행동은?

① 상처를 손으로 닦아낸다.
② 제일 먼저 일회용 장갑을 낀다.
③ 상처 부위는 심장 위치보다 높게 올린다.
④ 소독한 거즈로 상처 부위를 완전히 덮는다.
⑤ 상처 치료용 거즈 위에 붕대를 세게 감고 병원을 방문한다.

10 다음 〈보기〉 중 학교에서 발생할 수 있는 안전사고에 대한 예방법으로 틀린 것은?

〈 보기 〉
㉠ 화재 시 승강기를 타고 이동한다.
㉡ 출입문에 손발이 끼지 않도록 한다.
㉢ 계단 옆의 안전 난간을 넘지 않는다.
㉣ 교실 안의 좁은 통로에서는 뛰어 다닌다.

① ㉠, ㉡   ② ㉠, ㉣
③ ㉡, ㉢   ④ ㉡, ㉣
⑤ ㉢, ㉣

11 응급 상황 발생 시 다음 응급 처치의 일반 원칙 중 가장 나중에 해야 할 일은?

① 기록
② 환자의 안정
③ 119에 도움 요청
④ 증거물과 소지품 보존
⑤ 환자 상태 파악과 기본 처치

주관식 문제

12 다음의 (   ) 안에 알맞은 말은?

안전을 소홀히 하여 생기는 것으로 안전 교육 미비, 안전 수칙 위반, 부주의 등이 원인이 되어 사람 또는 재산에 피해를 주는 사고를 (   )(이)라고 한다.

_____

13 가정에서 전기 사고를 예방할 수 있는 방법을 두 가지만 쓰시오.

_____

_____

_____

14 학교 내 각각의 장소(세 곳 이상)에서 안전사고를 예방할 수 있는 실천 방법을 쓰시오.

_____

_____

_____

03 기술적 문제 해결하기
04 발명의 이해

① 기술적 문제 해결이란 무엇일까

1 기술적 문제

인간이 일상생활에서 여러 제품을 사용하는 도중에 불편한 점을 발견하거나 안전하지 않은 상황이 발생하는 것을 말한다.

2 기술적 문제 해결

제품을 사용하면서 나타나는 불편한 점이나 안전하지 않은 상황 등을 창의적으로 해결해 나가는 것을 말한다.

▲ 기술적 문제 해결

② 기술적 문제 해결은 기술의 발달에 어떤 영향을 미칠까

- 기존의 제품 개선뿐만 아니라 새로운 제품을 발명하게 한다.
- 기존 제품의 기능, 용도, 모양 등을 개선하여 인간에게 더욱 편리한 제품으로 재탄생하게 한다.
- 다른 여러 산업의 발전에 기여한다.

③ 기술적 문제는 어떤 과정을 거쳐 해결될까

❶ 문제 이해하기: 제품을 사용함에 있어 불편하고 어려운 문제점이 무엇인지 파악하고 기록하는 과정
❷ 해결책 탐색하기: 문제가 발생하면 '왜(why)' 이런 문제가 생겼는지, 이 문제를 '어떻게(How)' 해결할 것인가를 파악한 후 발견된 기술력 문제의 해결 방법을 탐구

하고, 다양한 해결 방법 중 가장 적합한 아이디어를 선정하는 과정
❸ 아이디어 실현하기: 선정된 아이디어를 제품으로 완성하기 위해 제품의 구체적인 모양과 부품의 위치, 동작 원리 등을 설계하고, 재료를 가공하여 도면대로 시제품을 만드는 과정
❹ 평가하기: 처음 제작된 시제품을 사용해 보고 그 결과를 기능성, 심미성, 독창성, 경제성, 가공성, 안전성 등 여러 항목에 따라 점검 및 평가한 후 다른 문제가 나타나면 수정하여 완성된 제품을 만드는 과정

> **TIP 시제품**
> 완성된 제품을 만들기 전에 시험적으로 만든 제품

④ 발명이란 무엇일까

1 발명의 정의

지금까지 없던 새로운 물건 및 생산 방법이나 사용 방법 등을 만드는 기술적 활동을 말한다. 발명의 3요소에는 창의성, 경제성, 실용성이 있으며, 자동차, 전화기, 망원경 등의 물건이나 제조 방법, 사용 방법 등의 창작 등이 발명에 해당된다.

> **TIP 발견**
> 옛날부터 존재했던 재료, 현상, 법칙, 원리 등을 찾아내는 과학적 활동을 말한다. 철, 금, 우라늄, 만유 인력 법칙, 상대성 이론 등이 발견에 해당한다.

2 발명의 특징

- 원료나 재료를 가공하여 부가 가치가 높은 제품의 생산이 가능하다.
- 제조, 건설, 수송, 통신, 생명 기술의 발달로 편리한 인간 생활이 가능하다.
- 발명에 따른 특허의 취득으로 발명품을 보호받을 수 있어 개인 및 기업, 국가의 경쟁력을 높여 준다.

▲ 메모리 반도체(우리나라가 세계 시장 점유율 70% 이상 차지)

TIP 부가 가치

생산 과정을 거쳐 새로 만들어 낸 가치(인건비 + 이자 + 이윤)

예 목재 → 책장 제조

철 → 철조망 제조

플라스틱 → 쓰레기통 제작

5 발명은 사회 변화에 어떤 영향을 줄까?

- 발명은 부가 가치가 높은 지식 재산의 창출과 생산의 핵심 요소이다.
- 수송 기술 및 정보 통신 기술의 발달로 인간의 생활 반경을 확대시킨다.
- 하나의 제품 개발로 그 제품에 사용되는 부품의 다른 분야 산업 발전에 영향을 끼친다.
- 불편하고 어려운 일상의 기술적 문제를 해결한 제품의 발명으로 인간의 생활을 편리하게 한다.
  - 예 빅데이터(Big Data): 디지털 환경에서 실시간으로 생성되는 수치, 문자, 사진, 영상 등의 대규모 데이터를 말하며, 수집된 빅데이터를 이용해 의료, 판결, 통계, 게임 등의 인공 지능 활용에 이용
  - 예 GPS(Global Positioning System): 위성 위치 확인 시스템으로 자동차, 선박, 비행기 등의 위치 확인을 위해 발명된 것으로, 현재에는 사람이나 물건 등의 위치 파악에도 많이 이용

하나 더 알기   증기 기관 발명의 영향

- 증기 기관은 18세기 산업 혁명 시기에 영국의 제임스 와트가 발명하였다.
- 방직기와 방적기 등을 가동하여 제품의 대량 생산이 가능하게 되어 산업 사회 발전의 원동력이 되었다.
- 증기선, 증기 자동차, 증기 기관차로 사용되어 운송 수단의 발달을 가져왔다.

▲ 와트의 증기 기관

6 문제 해결을 위한 발명 기법에는 무엇이 있을까?

더하기	현재 사용하고 있는 물건의 기능이나 용도, 방법 등을 두 가지 이상 결합하는 기법 예 라이트 펜, 다용도 칼, 롤러스케이트 등
빼기	어떤 물건에서 일부 기능이나 용도, 방법, 재료 등을 빼는 기법 예 씨 없는 수박, 좌식 의자, 무선 마우스 등
모양 바꾸기	물건의 모양을 일부 또는 전부 바꾸는 기법 예 구부러지는 빨대, 곡면 음료수 병, 휴대폰 모양 변경 등
재료 바꾸기	현재 사용하고 있는 물건의 재료를 특성에 맞는 다양한 재료로 바꾸는 기법 예 유리컵과 종이컵, 나무 책꽂이와 플라스틱 책꽂이, 구두와 운동화 등
용도 바꾸기	현재 사용하고 있는 물건을 다른 용도로 사용할 수 있도록 변경하는 기법 예 온도계와 체온계, 선풍기와 환풍기, 풀통을 활용한 버터통 등
크게 또는 작게 하기	기존에 사용하고 있는 제품들의 크기를 작게 하거나 크게 하는 기법 예 접이 우산, 파라솔, 접는 자전거, 줄자 등
반대로 하기	기존의 물건 모양, 성질, 방향, 방법 등을 반대로 바꾸는 방법 예 거꾸로 세우는 용기, 러닝머신, 분수 등
아이디어 빌리기	기존 제품에서 사용하고 있는 기능이나 용도 등을 다른 제품에도 적용할 수 있도록 하는 기법 예 우표와 커터 칼, 냉장고와 에어컨, 가시 넝쿨과 철조망 등
폐품 활용하기	사용하지 않는 물건들의 재료를 재활용하거나 새로운 제품을 만들 때 사용하는 기법 예 깨진 도자기 화분, 페트병 우산꽂이, 병뚜껑 인테리어 등

01 문제 해결 과정의 순서로 옳은 것은?

① 문제 이해 → 해결책 탐색 → 아이디어 실현 → 평가
② 아이디어 실현 → 문제 이해 → 해결책 탐색 → 평가
③ 아이디어 실현 → 해결책 탐색 → 문제 이해 → 평가
④ 해결책 탐색 → 문제 이해 → 아이디어 실현 → 평가
⑤ 해결책 탐색 → 아이디어 실현 → 문제 이해 → 평가

02 다음 〈보기〉는 더운 여름에 밖에서 활동하기 위한 상황에서 생긴 기술적 문제를 해결하기 위한 과정이다. 〈보기〉 중 '해결책 탐색하기' 과정은?

〈 보기 〉
㉠ 밖에서도 시원하게 다닐 수는 없을까 고민한다.
㉡ 모자 안에 작은 선풍기를 달면 어떨지 아이디어를 낸다.
㉢ 모자의 창에 구멍을 뚫어 직접 달아 보는 활동을 한다.
㉣ 선풍기 달린 모자를 제작하여 완성한다.
㉤ 선풍기 달린 모자를 써 본 후 단점을 개선한다.

① ㉠   ② ㉡
③ ㉢   ④ ㉣
⑤ ㉤

03 그림은 이동이 편리하도록 만든 휴대용 이동 장치 '전동 휠'이다. 이 장치는 어떤 기술적 문제를 해결한 것인가?

① 연료를 절약할 수 있다.
② 크기가 작아 휴대하기 편하다.
③ 작은 크기를 크게 늘릴 수 있다.
④ 자동차보다 더 빠르게 이동할 수 있다.
⑤ 여러 가지 연료를 혼용하여 사용할 수 있다.

04 시제품 제작과 관련 있는 문제 해결 과정은?

① 평가하기   ② 문제 이해하기
③ 문제 확인하기   ④ 해결책 탐색하기
⑤ 아이디어 실현하기

05 다음 중 기술적 문제 해결의 영향으로 틀린 것을 〈보기〉에서 있는 대로 고른 것은?

〈 보기 〉
㉠ 제품 가격이 점점 올라감
㉡ 다른 여러 산업 발전에도 영향을 줌
㉢ 전혀 다른 기능을 가진 새로운 제품의 발명에도 영향을 줌
㉣ 기존 제품의 여러 면을 개선하여 더 편리한 제품으로 재탄생할 수 있도록 함

① ㉠   ② ㉠, ㉢
③ ㉡, ㉢   ④ ㉢, ㉣
⑤ ㉡, ㉢, ㉣

06 다음 설명에 해당하는 기술적 문제 해결 과정은?

• 제작된 시제품을 사용해 보는 과정
• 다른 문제가 나타나면 수정·보완하여 제품 완성

① 평가하기   ② 문제 이해하기
③ 문제 확인하기   ④ 해결책 탐색하기
⑤ 아이디어 실현하기

07 다음 중 발명에 의해 탄생한 제품이나 물건이 아닌 것을 〈보기〉에서 고른 것은?

〈 보기 〉
㉠ 구리   ㉡ 망원경   ㉢ 사진기
㉣ 전화기   ㉤ 원심력

① ㉠, ㉡   ② ㉠, ㉤
③ ㉢, ㉣   ④ ㉢, ㉤
⑤ ㉣, ㉤

08 발명의 특징을 잘못 설명한 것은?

① 인간 생활을 편리하게 한다.
② 부가 가치가 낮은 제품을 생산할 수 있다.
③ 국가의 경쟁력을 높일 수 있다.
④ 출퇴근 시간을 단축시킬 수 있다.
⑤ 발명으로 얻은 권리를 일정 기간 보호 받을 수 있다.

09 부가 가치의 의미를 파악할 수 있는 제품의 연결이 잘못된 것은?

① 철 → 철조망
② 나무 → 책상
③ 글자 → 교과서
④ 모래 → 유리창
⑤ 원유 → 휘발유

10 다음 그림과 같이 두 가지 이상의 기능이나 용도, 방법 등을 결합하는 발명 기법으로 만든 제품에 속하지 않는 것은?

① 다용도 칼
② 라이트 펜
③ 발가락 양말
④ 선풍기 달린 모자
⑤ 지우개 달린 연필

11 그림과 같은 여러 종류의 컵에 적용된 발명 기법은?

유리컵 　　금속컵 　　종이컵 　　도자기컵

① 더하기 기법
② 모양 바꾸기 기법
③ 재료 바꾸기 기법
④ 용도 변경하기 기법
⑤ 아이디어 빌리기 기법

12 다음 발명 기법 중 방법이 다른 것은?

① 접이 의자
② 주름 물통
③ 포개지는 식탁
④ 접히는 파라솔
⑤ 빛이 나는 볼펜

13 다음은 발명을 하고자 하는 학생들의 의견이다. 발명에 속하지 않는 것을 〈보기〉에서 고른 것은?

〈 보기 〉
㉠ 세인: 자연에서 아이디어 빌리기
㉡ 채린: 여러 금속으로 금을 만들기
㉢ 태현: 기존 제품에서 특정 부품 없애기
㉣ 민석: 에너지 투입 없이 영원히 작동하는 기계

① ㉠, ㉡
② ㉠, ㉢
③ ㉡, ㉢
④ ㉡, ㉣
⑤ ㉢, ㉣

14 다음 그림은 기술적 문제 해결 과정을 나타낸 것이다. ( ) 안에 알맞은 과정은?

문제 이해하기 〉 ( ) 〉 아이디어 실현하기 〉 평가하기

_____

15 기술적 문제 해결이 기술의 발달에 어떤 영향을 끼치는지 두 가지 이상 서술하시오.

_____

_____

16 발견과 발명의 차이점을 설명하고, 각각의 예를 두 가지 이상 열거하시오.

_____

_____

17 더하기 기법을 설명하고, 이 기법으로 만든 발명 제품을 두 가지 이상 열거하시오.

_____

_____

05 특허와 지식 재산권

① 특허란 무엇일까

1 특허의 개념

특허란 발명가가 발명을 통하여 새로운 제품을 개발하였을 때 일정 기간 동안 독점적 권리를 가질 수 있게 하는 제도이며, 발명은 특허를 인정받았을 때 그 권리를 인정받을 수 있다.

2 특허의 조건

❶ 신규성: 이전의 기술보다 새로워야 한다.
❷ 진보성: 이전의 기술보다 개선되어 발전된 것이어야 한다.
❸ 산업상 이용 가능성: 산업에 직접 이용할 수 있어야 한다.
❹ 특허를 받을 수 없는 경우: 단순한 발견이나 자연 법칙을 거스르는 아이디어 또는 특허의 조건을 만족했지만 공공의 질서를 해치는 발명

3 특허의 필요성

다른 사람들이 그 기술을 이용하여 물건을 만들거나 판매하지 못하도록 그 발명가에게 일정 기간 동안 독점적 권리를 주고 발명을 보호해 준다.

4 특허법의 기본 원칙

특허법의 기본 원칙에는 선출원주의, 선발명주의, 도달주의, 발신주의, 속지주의 등이 있다.

우리나라를 비롯한 대부분의 나라에서는 특허의 확실한 효력이 있는 행위를 기준으로 특허권을 부여하기 위해 선출원주의, 도달주의, 속지주의 제도를 기본 원칙으로 하고 있다.

선출원주의	동일한 발명이 두 개 이상 출원되었을 때, 특허의 서류를 갖추어 특허청에 먼저 출원한 사람에게 특허권을 주는 제도
선발명주의	• 특허청에 출원하는 것과 관계없이 누가 먼저 발명을 완성했는지 판단하여 먼저 발명한 사람에게 특허권을 주는 제도 • 누가 어디에서 먼저 발명하였는지 정확히 판단하기 어려움
도달주의	• 특허 출원 서류를 특허청에 먼저 도달시킨 사람에게 특허권을 주는 제도 • 특허청 접수 시간으로 확인
발신주의	• 특허 출원 서류를 특허청에 먼저 보낸 사람에게 특허권을 주는 제도 • 출원 서류 봉투의 소인으로 확인
속지주의	• 특허의 권리를 얻은 국가에서만 그 권리를 인정하는 제도 • 각 나라의 특허는 해당 국가에만 효력이 있으므로 다른 나라에서 권리를 행사하려면 그 나라에서 다시 특허 신청을 하여 특허 권리를 얻어야 함

> **TIP 출원**
>
> 특허를 받기 위해 특허 권리를 가진 사람 또는 그 권리를 위임받은 사람이 소정의 특허 출원서를 작성하여 특허청장에게 제출하는 것

② 지식 재산권이란 무엇일까

1 지식 재산권

지식 재산권이란 개인의 지식적인 활동에서 얻어지는 창작물을 보호하는 권리를 뜻하며, 산업 재산권, 저작권, 신지식 재산권 등으로 구분한다.

❶ 산업 재산권: 인간이 생산한 창작물 중 산업 활동의 결과물에 대한 권리

특허권	• 지금까지 없었던 물건 또는 방법을 최초로 발명하여 발명 수준이 고도화된 것에 대한 권리(대발명) • 권리 기간: 출원 후 20년 ⑩ 최초의 전화기, 의자 발명
실용신안권	• 이미 발명된 물건의 특정 영역을 개량해서 보다 편리하고 유용하게 쓸 수 있도록 고안한 것에 대한 권리(소발명) • 권리 기간: 출원 후 10년 ⑩ LED 전화기, 높낮이 조절 의자 등 개선 발명
디자인권	• 물건의 형상, 모양, 색채 또는 이들을 결합한 것으로, 시각을 통하여 미적 감정을 느낄 수 있게 하는 것에 관한 권리 • 권리 기간: 등록 후 20년 ⑩ 전화기나 의자의 모양 및 색채 변경
상표권	• 다른 상품과 식별하기 위해 사용하는 기호·문자·도형·입체적 모양 또는 이들을 결합한 것에 대한 권리 • 권리 기간: 등록 후 10년(10년마다 갱신 가능) ⑩ 제품 이름, 회사 이름 등

❷ 저작권: 저작물에 대하여 저작자나 권리 대리인 및 승계인이 가지는 권리

저작 인접권	• 실연가(實演家), 음반 제작자, 방송 사업자 등에게 인정되는 녹음, 복제, 2차 사용 등에 관한 권리 • 권리 기간: 권리 발생 후 50년
저작 재산권	• 경제적 권리로서 소유권처럼 배타적인 권리이며, 저작자의 승낙 없이 그 저작물을 이용할 수 없도록 하는 권리 • 권리 기간: 사후 70년
저작 인격권	• 저작자가 자신의 저작물에 대하여 정신적 · 인격적 이익을 추구할 수 있는 권리 • 권리 기간: 사망 후 소멸

❸ 신지식 재산권: 기존의 산업 재산권, 저작권에 속하지 않으면서 기술의 발달에 따라 새로 생긴 재산권의 보호를 위한 권리

산업 저작권	컴퓨터 프로그램, 데이터베이스, 인공 지능 등과 같이 예술적 측면이 아닌 산업적 측면의 저작물에 관한 권리
정보 재산권	영업 비밀의 저작물에 관한 권리
첨단 산업 재산권	반도체 집적 회로 배치 설계, 생명 공학 관련 발명, 식물 신품종 개발품에 관한 권리
멀티미디어 정보 재산권	전자 상거래 기술 관련 저작물에 관한 권리

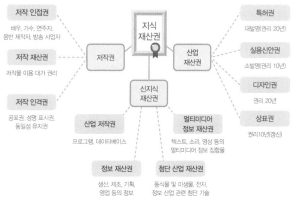

▲ 지식 재산권의 종류

하나 더 알기   지식 재산권 침해 방지를 위한 우리의 노력

• CD 음악을 MP3 파일로 변환하여 저장한 후 배포하는 행위를 금지한다.
• 소프트웨어를 친구에게 빌려 주거나 인터넷에 공유하는 행위를 금지한다.
• 영화나 음악, 소프트웨어, 사진 등을 인터넷에서 불법으로 내려 받는 행위를 금지한다.
• 불법으로 내려 받은 사진이나 음악을 자신의 블로그나 카페에 배경으로 사용하는 행위를 금지한다.

2 발명과 특허의 과정

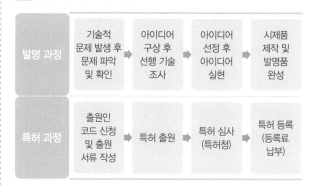

TIP 변리사

특허청 또는 법원에 대하여 특허, 실용신안, 디자인 또는 상표에 관한 사항을 대리하고 그 사항에 관하여 감정과 이를 활용하는데 도움을 주는 전문가

3 특허 출원 후 심사 절차

1 방식 심사
출원의 주체, 법령이 정한 방식상 요건 등 절차의 흠결 유무를 점검한다.

2 출원 공개
특허 출원에 대해 그 출원일로부터 1년 6개월이 경과한 때 또는 출원 이의 신청이 있을 때는 기술 내용을 공개 공보에 게재하여 일반인에게 공개한다.

3 실체 심사
발명의 내용 파악, 선행 기술 조사 등을 통해 특허 여부를 판단한다.

4 특허 결정
심사 결과 거절 이유가 존재하지 않을 시에는 특허 결정서를 출원인에게 통지한다.

5 등록 공고
특허가 결정되어 특허권이 설정 등록되면 그 내용을 일반인에게 공개한다.

4 동일한 발명의 경우 특허권의 결정

• 동일한 발명으로 같은 날 다른 시간에 출원한 경우, 합의를 요청하며 합의로 해결이 안 되었을 경우 모두의 특허가 거절된다.
• 먼저 출원한 사람의 특허가 거절되면 그 다음으로 출원한 사람에게 특허권을 받을 기회를 부여한다.
• 특허 신청 날짜가 다르면 먼저 출원한 사람에게 특허권을 가질 수 있는 기회를 부여한다(선출원주의).

중단원 핵심 문제

01 다음 설명의 ㄱ~ㄹ에 들어갈 용어가 <u>아닌</u> 것은?

(ㄱ)은(는) 발명가가 (ㄴ)을(를) 통하여 새로운 제품을 개발하였을 때 다른 사람이 그 기술을 이용하여 물건을 만들거나 판매하지 못하도록 발명가에게 일정 기간 동안 (ㄷ) 권리를 가질 수 있게 하는 (ㄹ)이다.

① 발명　　　　　② 법칙
③ 제도　　　　　④ 특허
⑤ 독점적

02 동일한 발명의 경우 특허권의 결정에 대한 설명으로 옳은 것은?

① 같은 날 다른 시간에 출원한 경우, 두 사람 모두에게 공동 권리를 준다.
② 특허 신청 날짜가 다르면 더 빨리 발명한 사람에게 특허권을 받을 기회가 돌아간다.
③ 같은 날 다른 시간에 출원한 경우, 먼저 발명한 발명가에게 특허권을 받을 기회가 돌아간다.
④ 같은 날 다른 시간에 출원한 경우, 합의로 해결이 안 되었을 경우에는 둘 모두 특허를 거절한다.
⑤ 동일한 발명일 경우, 먼저 출원한 사람의 특허가 거절되면 그 다음으로 출원한 사람의 특허도 거절된다.

03 다음 중 우리나라에서 인정하는 특허법의 기본 원칙을 〈보기〉에서 고른 것은?

〈 보기 〉
ㄱ 도달주의　　　　　ㄴ 발신주의
ㄷ 속지주의　　　　　ㄹ 선발명주의
ㅁ 선출원주의

① ㄱ, ㄴ, ㄷ　　　　　② ㄱ, ㄷ, ㅁ
③ ㄴ, ㄷ, ㄹ　　　　　④ ㄴ, ㄷ, ㅁ
⑤ ㄷ, ㄹ, ㅁ

04 다음에 해당하는 권리는?

• 인간의 지식적인 활동에서 얻어지는 창작물을 보호하는 권리
• 자신이 생산한 창작물에 대한 권리를 침해하는 행위를 사전에 막는 역할을 한다.

① 발명 권장권　　　　　② 지식 보호권
③ 지식 재산권　　　　　④ 특허 보장권
⑤ 특허 부여권

05 다음에 해당하는 산업 재산권은?

• 출원일로부터 10년간 권리 보호
• 이미 발명된 것을 개량해서 보다 편리하고 유용하게 쓸 수 있도록 한 것에 대한 권리(소발명)
예 뒷거울, 자동차 문, 의자 높낮이 조절 장치 등

① 상표권　　　　　② 저작권
③ 특허권　　　　　④ 디자인권
⑤ 실용신안권

06 특허에 대한 설명으로 옳은 것을 〈보기〉에서 있는 대로 고른 것은?

〈 보기 〉
ㄱ 의료 행위도 특허 대상에 포함된다.
ㄴ 음식의 조리법은 특허 대상이 아니다.
ㄷ 특허 명세서는 상세하고 정확하게 적는다.
ㄹ 특허의 권리는 다른 사람에게 매매가 가능하다.

① ㄱ, ㄷ　　　　　② ㄴ, ㄷ
③ ㄷ, ㄹ　　　　　④ ㄱ, ㄷ, ㄹ
⑤ ㄴ, ㄷ, ㄹ

07 특허에 대한 설명으로 옳지 <u>않은</u> 것은?

① 산업에 직접 이용할 수 없어도 된다.
② 이전의 기술보다 새롭고 더 좋은 제품이어야 한다.
③ 공공의 질서를 해치는 제품은 특허를 받을 수 없다.
④ 자연법칙에 위배되는 발명은 특허를 받을 수 없다.
⑤ 발명가에게 일정 기간 동안 독점적 권리를 주는 제도이다.

08 산업 재산권 중 갱신하여 계속 권리를 보장받을 수 있는 것은?

① 상표권 ② 저작권
③ 특허권 ④ 디자인권
⑤ 실용신안권

09 특허의 조건에 해당하는 것을 〈보기〉에서 고른 것은?

〈 보기 〉
㉠ 개조성   ㉡ 보존성   ㉢ 신규성
㉣ 진보성   ㉤ 산업상의 이용 가능성

① ㉠, ㉡, ㉢   ② ㉠, ㉢, ㉤
③ ㉡, ㉢, ㉣   ④ ㉡, ㉢, ㉤
⑤ ㉢, ㉣, ㉤

10 특허의 과정에 해당하는 것만을 〈보기〉에서 있는 대로 고른 것은?

〈 보기 〉
㉠ 특허 출원
㉡ 출원 서류 작성
㉢ 발명 아이디어를 구체화하는 도면 작성
㉣ 특허 정보 검색과 아이디어 발상 및 선정

① ㉠   ② ㉠, ㉡
③ ㉡, ㉣   ④ ㉣, ㉤
⑤ ㉠, ㉡, ㉣

주관식 문제

※ [11~12] 다음의 (   ) 안에 알맞은 말을 쓰시오.

11 특허는 신규성, (   ), 산업상 이용 가능성 등의 조건을 가져야 한다. 하지만 특허의 조건을 만족했다 하더라도 공공의 질서를 해치거나 자연법칙에 위배되는 발명은 특허를 받을 수 없다.

_____

12 인간의 지식적인 활동에서 얻어지는 창작물을 보호하는 권리를 (   )이라고 한다. 이 권리는 자신이 생산한 창작물에 대한 권리를 침해하는 행위를 사전에 막고 자신의 창작물에 대해 일정 기간 동안 재산권을 보호해 주는 역할을 한다.

_____

13 발명가가 발명한 물건이 특허를 받을 수 있는 조건 3가지를 기술하시오.

_____

_____

_____

14 인터넷을 하면서 무심코 해왔던 일 중 다른 사람의 권리를 침해하여 자신도 모르는 사이에 피해를 준 사례 또는 해서는 안 될 행위를 찾아 두 가지만 기술하시오.

_____

_____

_____

06 생활 속 문제, 창의적으로 해결하기

① 아이디어 산출 기법에는 어떤 것이 있을까

1 확산적 사고 기법

기술적 문제가 발생하면 문제를 확인한 후 그 문제를 해결하기 위해 개인 또는 조별로 자유로운 분위기에서 최대한 많은 아이디어를 다양하게 생산하는 방법을 말한다.

종류	특징
마인드맵 (Mind map)	• 생각 지도로 표현(그림이나 단어 사용) • 아이디어 간의 연결 상태를 그림으로 표현하여 복잡한 아이디어나 개념을 이해하기 쉽게 해 줌 • 중심 주제 → 주제 → 부 주제 → 세부 주제로 표현 • 종류, 기능, 용도, 재료, 가격, 색상 등으로 분류
브레인 스토밍 (Brain-storming)	• 6명 내외 모둠 구성 • 사회자와 기록자 선정 • 자유로운 발표 분위기 조성 • 되도록 많은 대안 발표 • 타인의 의견 비판 금지 • 유사 아이디어 분리 및 정리

스캠퍼 (SCAMPER)	• 7가지 탐구 질문 사용
	  – 대체하기(Substitute)
	  – 결합하기(Combine)
	  – 조절하기(Adjust)
	  – 변경하기(Modify)
	  – 다르게 활용하기(Put to Other Uses)
	  – 제거하기(Eliminate)
	  – 재배열하기(Rearrange)

체크 리스트법	사전에 준비한 리스트 하나하나에 대한 답을 찾아가는 기법

2 수렴적 사고 기법

확산적 사고 기법으로 생산된 많은 아이디어 중 현재 상황에서 여러 조건에 가장 적절한 아이디어를 선정하는 기법을 말하며, 아이디어를 더 정교하고 완성도 높은 아이디어로 발전시키는 것을 목적으로 한다.

종류	특징
평가 행렬법	• 산출한 아이디어를 평가 기준에 따라 평가 • 각각의 아이디어별 점수를 기록하여 상위 2~3가지 아이디어 선정 • 최상의 아이디어를 선정하거나 아이디어 결합 후 최종 아이디어 선정 • 시간이 많이 걸릴 수 있으므로 현재의 상황과 조건 고려

PMI	• 세 가지 평가 기준 사용
	  – 긍정적인 면(Plus)
	  – 부정적인 면(Minus)
	  – 흥미로운 점(Interesting)
	• 부정적인 면이 적고 긍정적인 면과 흥미로운 점이 많은 아이디어 선정

ALU	• 세 가지 평가 기준 사용
	  – 강점(Advantage)
	  – 약점(Limitation)
	  – 독특한 특성(Unique Qualities)
	• 약점이 적고 강점과 독특한 점이 많은 아이디어 선정

역브레인 스토밍 기법	이미 만들어 놓은 아이디어에 대한 결점을 나열하는 기법
히트 기법	문제에 적절하거나 해결된 것에 대해 √표를 하면서 선택해 나가는 기법

하나 더 알기

대한민국 학생 발명 전시회

한국발명진흥회에서는 학생들에게 발명의 중요성을 인식시키기 위하여 매년 경진 대회를 개최하고 있다. 출품한 발명품 중 우수한 작품을 선정하여 전시회를 개최하고 있는데, 작품 중에는 안전하고 편리한 회전식 국기 꽂이, 1인용 휴대용 구명정, 양면 칠판지우개, 보관이 편리한 가위 등이 있다.

회전식 국기 꽂이

양면 칠판지우개

1인용 휴대용 구명정

보관이 편리한 가위

② 아이디어 산출 기법을 활용한 기술적 문제 해결하기

1 문제 이해하기

❶ 불편한 점을 찾아내고 기술적 문제가 무엇인지 파악한다.

❷ 주변의 관심 있는 물건을 선택한 후 분석한다.

2 해결책 탐색하기

❶ 아이디어 산출

- 확산적 사고 기법을 이용하여 되도록 많은 아이디어를 산출할 수 있도록 노력한다.
- 학교에서 사용하는 의자, 책상, 학용품, 칠판, 쓰레기통, 사물함 등과 학교 외 생활 공간 주변의 여러 제품에서 다양한 아이디어 산출을 시도한다.

❷ 아이디어 선정: 수렴적 사고 기법을 이용하여 아이디어를 선정한다.

| 선정 과정 |

① 산출한 아이디어를 평가 기준에 따라 평가한다.
② 각각의 아이디어별 점수를 기록하여 상위 2~3가지 아이디어를 선정한다.
③ 최상의 아이디어를 선정하거나 아이디어 결합 후 최종 아이디어를 선정한다.

3 아이디어 실현하기

❶ 스케치: 주로 등각투상도나 사투상도로 구상한 제품의 아이디어 스케치를 한다.

| 등각투상법(등각투상도) |

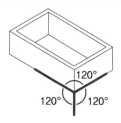

세 축이 만나는 꼭짓점을 기준으로 세 부분의 각을 모두 120°로 표현하는 투상법이다. 물체의 입체감을 잘 나타낼 수 있어 대부분 제품의 구상도나 설명도를 그릴 때 많이 사용한다.

| 사투상법(사투상도) |

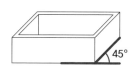

정면을 실제 모양으로 그린 후 각 꼭짓점에서 30°나 45°로 빗금을 그려 안쪽 길이를 나타내는 투상법이다. 빗금 치수는 실제 길이의 $\frac{1}{2}$로 그려야 실제 모양으로 나타난다. 제품의 상상도나 설명도 등에 많이 쓰인다.

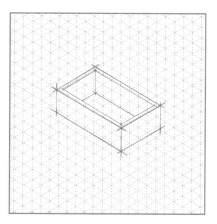

▲ 스케치의 예

❷ 시제품 제작

단계	제품 제작 과정
마름질하기	재료에 금을 긋거나 자르는 활동
가공하기	자른 재료나 부품을 목적에 맞게 가공하는 활동
조립하기	준비한 재료나 부품을 서로 맞추거나 붙이는 활동
다듬질하기	끝이 날카롭거나 미숙한 부분을 다듬는 활동
시제품 완성	완제품 전에 시험적으로 시제품을 만드는 활동

TIP CAD(Computer Aided Design)

요즘에는 제도 용구를 사용하여 도면을 직접 작성하는 것보다는 컴퓨터를 이용한 설계(CAD)를 많이 사용한다.

4 평가하기

평가 항목	성취도			가중치	평가 이유
	5	4	3		
새롭고 가치가 있는가?				×5	
기존 제품보다 발전된 것인가?				×5	
일상생활에 사용 가능한가?				×5	
구조와 기능이 용도에 알맞은가?				×2	
최소 비용으로 최고 성능을 갖추었는가?				×2	
사용하기에 안전한가?				×1	

01 자유로운 분위기에서 최대한 많은 아이디어를 다양하게 생산하는 발명 기법에 속하는 것을 〈보기〉에서 있는 대로 고른 것은?

〈 보기 〉

ⓐ ALU 기법   ⓑ PMI 기법
ⓒ 스캠퍼 기법   ⓓ 평가 행렬법
ⓔ 마인드맵 기법   ⓕ 브레인스토밍 기법

① ㉠
② ㉡, ㉢
③ ㉢, ㉣
④ ㉠, ㉡, ㉣
⑤ ㉢, ㉤, ㉥

02 다음 설명에 해당하는 아이디어 산출 기법은?

• 수렴적 사고 기법에 속함
• '긍정적인 면', '부정적인 면', '흥미로운 점'의 평가 기준 사용

① PMI 기법
② 스캠퍼 기법
③ 평가 행렬법
④ 마인드맵 기법
⑤ 브레인스토밍 기법

03 다음 그림에 해당하는 아이디어 산출 기법은?

• 확산적 사고 기법
• 6명 이상의 모둠으로 구성
• 되도록 자유로운 아이디어 창출

① ALU 기법
② PMI 기법
③ 평가 행렬법
④ 마인드 맵 기법
⑤ 브레인스토밍 기법

04 다음 그림과 설명에 해당하는 투상법은?

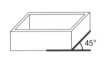

• 정면을 실제 모양으로 그림
• 제품의 상상도나 설명도 등에 많이 쓰임
• 각 꼭짓점에서 30°나 45°로 빗금을 그려 안쪽 길이를 나타내는 투상법

① 스케치
② 제1각법
③ 제3각법
④ 사투상법
⑤ 등각투상법

05 다음 그림과 설명에 해당하는 투상법은?

• 세 축이 만나는 꼭짓점을 기준으로 세 부분의 각을 모두 120°로 표현하는 투상법이다.
• 물체의 입체감을 잘 나타낼 수 있어 대부분 제품의 구상도나 설명도를 그릴 때 많이 사용한다.

① 스케치
② 제1각법
③ 제3각법
④ 사투상법
⑤ 등각투상법

06 컴퓨터를 활용한 설계를 일컫는 용어는?

① CAD
② CAI
③ CAM
④ ICT
⑤ Big Data

07 서로 관련 있는 것끼리 연결하시오.

① ALU   •   • ㉠ 생각 지도
② 스캠퍼   •   • ㉡ 6명 내외의 모둠 구성
③ 마인드맵   •   • ㉢ 7가지 탐구 질문 사용
④ 브레인 스토밍   •   • ㉣ 약점, 강점, 독특한 점의 평가 기준 사용

주관식 문제

08 다음의 (　　　) 안에 알맞은 말을 쓰시오.

> (　　　)에서는 학생들에게 발명의 중요성을 인식시키기 위하여 매년 경진 대회에 출품된 발명품 중 우수한 작품을 선정하여 대한민국 학생 발명 전시회를 개최하고 있다.

---

09 다음과 관련된 발명품은 무엇인지 쓰시오.

- 제품을 가정에서 직접 제작 가능
- 제품이나 시제품 제조가 가정에서 가능
- 과자, 피자 등의 음식 제조 가능
- 인공 뼈나 생체 조직 제작 가능

---

10 다음의 (　　　) 안에 공통으로 들어갈 말은?

> 아이디어를 실현하는 단계에서는 구상한 제품의 아이디어를 (　　　)한다. (　　　)은(는) 주로 등각투상도나 사투상도로 그린다.

---

11 확산적 사고 기법과 수렴적 사고 기법을 각각 한 가지씩 소개하고, 간단히 설명하시오.

---

12 자신이 현재 갖고 있는 여러 물건 중 한 가지를 선택하여 등각투상도법으로 스케치하시오.

---

07 표준의 이해
08 생활 속 불편함, 표준화로 해결하기

① 표준이란 무엇일까?

① 표준의 개념

❶ 표준: 우리가 일상생활에서 느끼는 불편함과 크고 작은 혼란을 없애기 위해 사회가 함께 합의한 약속이나 규칙을 뜻한다.

❷ 표준화: 표준을 정하고 이에 따라 활동함으로써 편리와 이익을 가져오는 활동을 뜻한다.

② 표준의 제정과 시행

세계 각국은 다양한 표준을 제정하고 있으며, 우리나라는 한국산업표준(KS)을 시행하고 있다. 사회 전반의 다양한 분야에 적용되는 표준은 영구적으로 고정되어 있는 개념이 아니라, 시간의 흐름에 따라 끊임없이 변화하고 있다.

③ 국가 및 국제 표준

국가 표준	국가 또는 제도적으로 국가 표준 기관으로 인정된 단체에 의하여 제정되고 전국적으로 적용되는 표준 ⓔ 한국산업표준(KS), 일본공업표준(JIS), 미국표준(ASA), 영국표준(BS), 독일표준(DIN)
한국산업 표준(KS)	• 국내 산업 전 분야의 제품 및 시험, 제작 방법 등을 규정하는 국가 표준 • 한국산업표준에서 정한 품질 기준 이상의 제품(또는 서비스)을 지속적으로 생산(또는 제공)할 수 있는 시스템 등을 심사 후 합격하면 KS 인증 부여
국제 표준	• 국가 간의 제품이나 서비스의 교환을 쉽게 하고, 국제적 협력을 증진하기 위하여 제정된 기준 • 국제표준화기구(ISO), 국제전기기술위원회(IEC) 등 국제 기구에서 채택하여 공인된 표준 • WTO(세계무역기구), TBT(무역상 기술장벽) 협정에 따라 국가 간 무역은 국제 표준을 준수해야 하므로 국제 표준은 국제 규범과 같은 영향력 보유

④ 표준의 중요성

소비자	생산자	국가
• 제품의 호환성을 통한 비용 감소 • 최저 품질 보장을 통한 소비자 보호 • 안전, 환경, 건강 확보	• 생산 및 관리 효율 증대 • 기술 혁신의 가속화를 통한 경쟁력 확보	• 국제 표준(표준 특허)을 통한 경쟁력 확보 • 무역 장벽 제거를 통한 무역의 세계화에 기여

▲ 표준의 중요성

② 표준화는 우리에게 어떤 영향을 줄까

① 긍정적인 영향

• 제품의 규격 동일로 인한 생활의 편리
• 생산 과정의 효율화로 가격 경쟁력을 높여 구매자와 기업의 이익이 증가하여 신기술 개발 촉진
• 무역 활성화로 세계 경제 발전에 기여

② 부정적인 영향

• 제품의 다양성 저해
• 생산의 자동화로 고용 감소
• 동일 제품 관련 발명 활동 위축

③ 표준과 특허, 어떤 관계가 있을까?

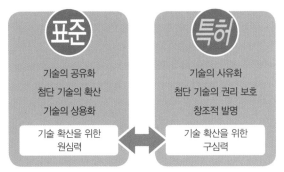

표준	특허
기술의 공유화 첨단 기술의 확산 기술의 상용화	기술의 사유화 첨단 기술의 권리 보호 창조적 발명
기술 확산을 위한 원심력	기술 확산을 위한 구심력

▲ 표준과 특허의 관계

① 표준 특허

국제표준화기구(ISO) 등에서 제정한 표준 규격에 포함된 특허를 말한다.

② 표준 특허 채택의 장점

• 표준 특허는 특허 분쟁에서 승패를 좌우하는 핵심 특허이다.
• 해당 특허 제품을 만들 때 해당 국제 표준을 따라야 한다.
• 해당 표준 기술로 만들어지는 모든 제품을 통해 큰 이익이 가능하다.
• 해당 표준을 사용하는 모든 기업들은 특허권자에게 상표 사용료를 지불한다.

3 국제 표준 특허의 예

3D 방송 기술	다른 나라에서 만드는 3D TV를 통한 방송 시스템은 한국전자통신 연구원이 개발한 기술대로 전송되어야 함
한국 온돌 시스템	세계 여러 나라에서 온돌 난방을 설치할 경우 한국의 방식대로 온돌을 제작해야 함
한국 김치	김치를 담글 때 한국의 방식대로 담그는 것만 표준으로 인정
CDMA 특허 기술	국내 무선 통신 기술이 국제 표준으로 제정되어 큰 수익을 거둠
미국 MPEG 표준 특허	연간 1,000만 달러 이상의 특허 사용료 수익을 거둠

④ 표준화와 비표준화의 사례를 알아볼까

1 표준화의 기본 원칙

- 합의에 기초
- 공개 원칙
- 자발성 존중
- 통일성, 일관성 유지
- 시장 적합성 보유
- 경제적 요인 반영
- 공공의 이익 반영

2 표준화와 비표준화 사례

표준화 사례	비표준화 사례
• 건전지 규격 • 콘센트 규격 • A4 용지의 크기 • 신호등 규격 및 색깔 • 음료수 페트병 뚜껑 • 국제 단위(Meter, Kilogram, Second) • 언어의 표준 및 표기법 • 볼트와 너트의 나사 규격 • 계단을 오르내릴 때 걷는 방향 • 형광등과 전구의 크기 및 소켓 규격	• 음식점마다 1인분의 양이 다른 점 • 교과서 크기가 출판사마다 다른 점 • 같은 진료 영역인데 병원마다 진료비가 다른 점 • 노트북의 충전 단자가 제조 회사나 제조 시기마다 다른 점 • 휴대폰 배터리의 크기와 충전기가 회사 및 기종마다 다른 점 • 옛날부터 사용한 단위(평, 길, 리, 척, 돈, 배럴, 야드, 온스 등)의 혼용

⑤ 분리수거용 쓰레기통 색깔 표준화 실현 과정

1 문제 이해하기

❶ 모둠을 구성하고, 각자의 역할을 분담한다.
❷ 종류별 쓰레기통의 색깔을 비교한다.
❸ 학교와 가정에서의 분리수거 상황을 비교한다.
❹ 불편한 점을 찾아내고 문제가 무엇인지 파악한다.

2 해결책 탐색

❶ 확산적 사고로 아이디어 생산하기

- 자신만의 이유 있는 색깔을 제시하고 토론한다.
- 인터넷으로 분리수거를 위한 쓰레기통의 종류를 검색한다.
- 집이나 학교의 분리수거를 위한 쓰레기통 색깔을 조사한다.

❷ 수렴적 사고로 아이디어 선정하기

- 아이디어를 정리하거나 스케치해 본다.
- 가장 적절한 분리수거 쓰레기통 색깔을 정한다.
- 토론을 통하여 종류별 분리수거 쓰레기통 색깔의 적절성을 토론한다.

3 해결책 실현하기

중단원 핵심 문제

07 표준의 이해
08 생활 속 불편함, 표준화로 해결하기

01 다음 설명에 해당하는 용어는?

- 한국산업표준
- 국내 산업 전 분야의 제품 및 시험, 제작 방법 등을 규정하는 국가 표준
- 기계 · 전기 전자 · 금속 · 건설 · 서비스 등 21개 부문의 2만여 종으로 구성

① JS
② KS
③ ISO
④ JIS
⑤ KIS

02 소비자의 관점에서 본 표준화의 중요성에 해당하는 것만을 〈보기〉에서 있는 대로 고른 것은?

〈 보기 〉
㉠ 안전, 환경, 건강 확보
㉡ 생산 및 관리 효율 증대
㉢ 국제 표준을 통한 경쟁력 확보
㉣ 제품의 호환성을 통한 비용 감소

① ㉠, ㉡
② ㉠, ㉣
③ ㉡, ㉢
④ ㉡, ㉣
⑤ ㉢, ㉣

03 다음 중 국가 차원에서 표준의 중요성을 설명한 것은?

① 안전, 환경, 건강의 확보
② 생산 및 관리 효율 증대
③ 최저 품질 보장을 통한 소비자 보호
④ 기술 혁신의 가속화를 통한 경쟁력 확보
⑤ 국제 표준(표준 특허)을 통한 경쟁력 확보

04 제품의 표준화가 우리에게 끼치는 영향 중 부정적인 것에 해당하는 것은?

① 무역의 활성화
② 제품의 다양성 감소
③ 세계 경제 발전에 기여
④ 생산 비용 감소로 인한 가격 경쟁력 증가
⑤ 생산 과정에서 발생할 수 있는 복잡성 제거

05 다음 중 단위의 국제 표준화를 지키지 않은 것은?

① 쌀 10kg에 얼마인가요?
② 요즘 금 3.75g은 얼마인가요?
③ 이곳 땅의 넓이는 몇 평인가요?
④ 145m짜리 대형 홈런이 터졌습니다.
⑤ 가게에 가서 1.5ℓ짜리 물 한 병 사오너라.

06 표준화의 기본 원칙으로 틀린 것만을 〈보기〉에서 있는 대로 고른 것은?

〈 보기 〉
㉠ 자발성 존중
㉡ 합의에 기초
㉢ 비공개의 원칙
㉣ 경제적 요인 반영
㉤ 공공의 이익 반영
㉥ 시장 적합성 보유
㉦ 통일성, 일관성 유지

① ㉠
② ㉢
③ ㉢, ㉥
④ ㉡, ㉢, ㉦
⑤ ㉢, ㉣, ㉤, ㉥, ㉦

07 다음 중 표준화에 역행하는 것은?

① MKS(Meter, Kilogram, Second) 국제 단위 표준을 쓴다.
② 노트북의 충전 단자를 모두 같게 만든다.
③ 교과서의 크기를 출판사마다 다르게 만든다.
④ 휴대폰 배터리의 크기를 회사마다 같게 만든다.
⑤ 병원마다 같은 질병 치료의 진료비를 같은 값으로 정한다.

08 다음 중 표준화하기에 적절하지 <u>않은</u> 것은?

① TV 크기
② 교과서 크기
③ 나사의 크기
④ 음료수 병뚜껑 크기
⑤ 핸드폰 충전기 잭

09 분리수거용 쓰레기통의 색깔을 정하는 체험 활동에서 해결책 실행하기에 속하는 과정은?

① 쓰레기 종류별 색깔 적용하기
② 기술적 문제가 해결되었는지를 확인
③ 종류별 쓰레기통의 색깔 비교 및 확인
④ 학교와 가정에서의 분리수거 상황 비교
⑤ 자신만의 이유 있는 색깔 제시하고 토론하기

주관식 문제

※ [10~12] 다음의 (   ) 안에 알맞은 말을 쓰시오.

10 한국산업표준에서 정한 품질 기준 이상의 제품(또는 서비스)을 지속적으로 생산(또는 제공)할 수 있는 시스템 등을 심사받은 후 합격하면 (   ) 표시 인증을 부여받을 수 있다.

_____

11 국제표준화기구(ISO) 등에서 제정한 표준 규격에 포함된 특허를 (   )이(라) 한다.

_____

12 우리가 일상생활에서 느끼는 불편함과 크고 작은 혼란을 없애기 위해 사회가 함께 합의한 약속이나 규칙을 (①)이라고 하며, 표준을 정하고 이에 따라 활동함으로써 편리와 이익을 가져오는 활동을 (②)라고 한다.

_____

13 다음에 제시한 관점에 따른 표준의 중요성을 각각 한 가지씩만 서술하시오.

① 소비자 관점

_____

② 생산자 관점

_____

③ 국가 관점

_____

14 표준화가 우리 생활에 미치는 부정적인 영향을 한 가지 이상 서술하시오.

_____
_____
_____

15 우리 주변에 표준화가 되어 편리한 생활을 할 수 있도록 한 제품이 있다면 한 가지만 예를 들고, 그 이유를 설명하시오.

_____
_____
_____

16 일상생활에서 반드시 표준화가 되었으면 하는 제품이 있다면 한 가지만 제시하고, 그 이유를 서술하시오.

_____
_____
_____

대단원 정리 문제

01 다음 중 기술의 특징에 속하지 <u>않는</u> 것은?

① 생산적   ② 실용적

③ 실천적   ④ 과거 지향적

⑤ 사회·문화적 혁신

02 다음 중 기술의 발달이 우리 사회에 미치는 긍정적인 영향을 〈보기〉에서 고른 것은?

〈 보기 〉
㉠ 생태계 파괴	㉡ 위생적인 주거
㉢ 다양한 여가 생활	㉣ 불편한 교통 환경

① ㉠, ㉡   ② ㉠, ㉢

③ ㉠, ㉣   ④ ㉡, ㉢

⑤ ㉢, ㉣

03 다음 중 스마트 홈의 형태로 옳은 것만을 〈보기〉에서 있는 대로 고른 것은?

〈 보기 〉
㉠ 개별화	㉡ 무인화	㉢ 유인화
㉣ 지능화	㉤ 통합화	

① ㉡   ② ㉡, ㉣

③ ㉢, ㉤   ④ ㉡, ㉣, ㉤

⑤ ㉠, ㉡, ㉣, ㉤

04 기술 발달에 따른 직업 구조의 변화에 대한 설명으로 <u>잘못된</u> 것은?

① 지식의 생성 및 소멸이 느려짐

② 직업 구조의 다양화, 세분화, 전문화

③ 사회 변화에 대응하지 못하는 직업 소멸

④ 직업의 수직적·수평적 분화를 통한 다양한 직업 탄생

⑤ 직업 구조의 변화에 따른 사회 구성원들 간의 조화로운 관계 유지 필요

05 다음 중 사회에서의 안전사고에 해당하는 것은?

① 미끄러짐이나 넘어지는 사고

② 자연 재해 증가로 인한 지진 사고

③ 전기 사용량 증가에 따른 누전 사고

④ 페인트 등의 제품 사용에 의한 중독사고

⑤ 조리에 사용하는 가스 누출로 인한 폭발 사고

06 다음 내용과 같은 부주의로 생기는 안전사고 유형은?

- 문어발식 배선
- 피복 손상으로 인한 전선 노출
- 누전 차단기 미설치

① 가스 사고   ② 붕괴 사고

③ 전기 사고   ④ 의료 사고

⑤ 중독사고

07 급식실에서의 안전 수칙으로 <u>잘못된</u> 것은?

① 식판을 옮길 때는 한 손으로 옮긴다.

② 배식할 때는 장난치지 않고 기다린다.

③ 음식물을 흘렸을 때는 바로 휴지로 닦는다.

④ 차례로 줄을 서서 질서 있게 배식을 받는다.

⑤ 식판을 옮길 때는 주변에 친구가 있는지 확인한다.

08 기술적 문제 해결이 기술의 발달에 끼치는 영향으로 <u>잘못</u> 설명한 것은?

① 다른 여러 산업 발전에 기여한다.

② 새로운 제품의 발명으로 이어진다.

③ 기존의 제품 개선에 도움이 되지 않는다.

④ 기존 제품의 기능, 용도, 모양 등을 개선하여 인간에게 더욱 편리한 제품으로 재탄생한다.

⑤ 기능이나 모양 등이 개선된 제품이나 새롭게 발명된 제품의 출시에 따라 인간의 생활이 더욱 편리하고 풍족해진다.

09 다음에 해당하는 기술적 문제 해결 과정은?

- 재료를 가공하여 도면대로 시제품 만드는 과정
- 선정된 아이디어를 제품으로 완성하기 위해 제품의 구체적인 모양과 부품의 위치, 동작 원리 등 설계

① 평가하기
② 문제 이해하기
③ 문제 확인하기
④ 해결책 탐색하기
⑤ 아이디어 실현하기

10 다음 중 발견과 관련 있는 것을 〈보기〉에서 고른 것은?

〈 보기 〉
㉠ 구리　　　㉡ 망원경　　　㉢ 사진기
㉣ 전화기　　　㉤ 원심력

① ㉠, ㉡
② ㉠, ㉤
③ ㉢, ㉣
④ ㉢, ㉤
⑤ ㉣, ㉤

11 발명에 대한 설명으로 틀린 것은?

① 발견은 과학적 활동이다.
② 발명은 기술적 활동이다.
③ 새로운 재료를 찾아내는 활동이다.
④ 새로운 제품을 생산하는 활동이다.
⑤ 사용 방법이나 생산 방법 개발도 발명에 속한다.

12 그림과 같이 우표에 적용된 것을 커터 칼에 적용한 발명 기법은?

① 더하기 기법
② 모양 바꾸기 기법
③ 재료 바꾸기 기법
④ 용도 변경하기 기법
⑤ 아이디어 빌리기 기법

13 그림은 '세면대를 포함한 소변기'에 관한 발명품이다. 다음 중 이와 같은 발명 기법이 적용된 것이 아닌 것은?

① 지우개 달린 연필
② 구멍 뚫린 벽돌
③ 다용도 칼
④ 롤러스케이트
⑤ LED 전구 달린 볼펜

14 다음 발명 기법 중 빼기 기법에 속하는 것에 해당하는 것을 〈보기〉에서 고른 것은?

〈 보기 〉
㉠ 다용도 칼　　　　　㉡ 좌식 의자
㉢ 씨 없는 수박　　　　㉣ 구부러지는 빨대
㉤ 접히는 자전거

① ㉠, ㉡
② ㉠, ㉤
③ ㉡, ㉢
④ ㉢, ㉤
⑤ ㉣, ㉤

15 특허를 받을 수 있는 조건에 대한 설명으로 옳지 않은 것은?

① 이전의 기술보다 새로워야 한다.
② 산업에 직접 이용할 수 있어야 한다.
③ 공공의 질서를 해치는 발명은 특허 불가능
④ 자연 법칙을 거스르는 아이디어도 특허가 가능하다.
⑤ 이전의 기술보다 개선되어 발전된 것이어야 한다.

16 다음 발명 중 특허를 받을 수 있는 제품은?

① 연금술
② 우라늄
③ 필기구
④ 영구 기관
⑤ 불로장생 약

17 다음 중 특허법의 기본 원칙에 속하지 않는 것은?

① 도달주의
② 발신주의
③ 속지주의
④ 선모방주의
⑤ 선출원주의

18 다음 설명에 해당하는 특허법의 기본 원칙은?

> • 특허의 권리를 얻은 국가에서만 그 권리를 인정하는 제도
> • 다른 나라에서 권리를 행사하려면 그 나라에서 다시 특허 신청을 하여 특허 권리를 얻어야 한다.

① 도달주의   ② 발신주의
③ 속지주의   ④ 선발명주의
⑤ 선출원주의

19 다음에 해당하는 산업 재산권은?

> • 다른 상품과 식별하기 위해 사용하는 기호, 문자, 도형, 입체적 모양 또는 이들을 결합한 것에 대한 권리
> • 권리 기간: 등록 후 10년(10년마다 갱신 가능)

① 상표권   ② 저작권
③ 특허권   ④ 디자인권
⑤ 실용신안권

20 다음 중 가장 적절한 아이디어 선정을 위한 수렴적 사고 기법에 속하는 것을 〈보기〉에서 있는 대로 고른 것은?

> ─〈 보기 〉─
> ㉠ ALU 기법   ㉡ PMI 기법
> ㉢ 스캠퍼 기법   ㉣ 평가 행렬법
> ㉤ 마인드맵 기법   ㉥ 브레인스토밍 기법

① ㉠
② ㉡, ㉣
③ ㉢, ㉣
④ ㉠, ㉡, ㉣
⑤ ㉢, ㉤, ㉥

21 아이디어 실현하기 과정에서 시제품 제작 시 준비한 재료나 부품을 서로 맞추거나 붙이는 활동에 해당하는 것은?

① 가공하기   ② 조립하기
③ 다듬질하기   ④ 마름질하기
⑤ 시제품 완성

22 다음 (   ) 안에 알맞은 것은?

> 한국산업표준에서 정한 품질 기준 이상의 제품(또는 서비스)을 지속적으로 생산(또는 제공)할 수 있는 시스템 등을 심사받은 후 합격하면 (   ) 표시 인증을 부여받을 수 있다.

① BS   ② JS
③ KS   ④ DIN
⑤ ISO

23 표준의 중요성을 설명한 것 중 옳지 않은 것은?

① 생산 및 관리 효율 증대
② 제품의 호환성을 통한 비용 증가
③ 국제 표준(표준 특허)을 통한 경쟁력 확보
④ 기술 혁신의 가속화를 통한 경쟁력 확보
⑤ 무역 장벽 제거를 통한 무역의 세계화에 기여

24 제품의 표준화가 우리에게 끼치는 영향 중 긍정적인 영향에 해당하지 않는 것은?

① 무역의 활성화
② 제품의 다양성 저해
③ 세계 경제 발전에 기여
④ 생산 비용 감소로 인한 가격 경쟁력 증가
⑤ 생산 과정에서 발생할 수 있는 복잡성 제거

25 다음에 해당하는 특허 관련 용어는?

> • 국제표준화기구(ISO) 등에서 제정한 표준 규격에 포함된 특허
> • 해당 표준을 사용하는 모든 기업들은 특허권자에게 상표 사용료 지불

① 기술 특허   ② 원본 발명
③ 출원 특허   ④ 표준 특허
⑤ 다양성 특허

26 표준화의 사례로 적절하지 <u>않은</u> 것은?

① 신호등의 색깔
② 자동차의 크기
③ A4 용지의 규격
④ 휴대폰 배터리의 크기
⑤ 계단을 오르내릴 때 걷는 방향

27 다음에 해당하는 표준의 종류는?

> • 방송, 통신, 전파, 정보 등의 표준을 통칭하는 용어
> • 아이핀(i-pin) 인증, IPTV 자막, 재난 문자 서비스 등 제정

① Q 국가 표준
② KS 국가 표준
③ ASA 국가 표준
④ ICT 국가 표준
⑤ ISO 국가 표준

주관식 문제

※ [28~29] 다음의 (   ) 안에 알맞은 말을 쓰시오.

28 발명가가 발명을 통해 새로운 제품을 개발했을 때 다른 사람이 그 기술을 이용하여 물건을 만들거나 판매할 수 없게 발명가에게 일정 기간 동안 독점적 권리를 주는 제도를 (   )(이)라고 한다.

29 우리나라를 비롯한 대부분의 나라에서는 특허의 확실한 효력이 있는 행위를 기준으로 특허권을 부여하기 위해 선출원주의, (   ), 속지주의 제도를 특허의 기본 원칙으로 하고 있다.

30 기술적 문제 해결 과정 4단계를 서술하시오.

31 부가 가치의 뜻을 설명하고, 특정 재료를 이용하여 부가 가치가 생긴 제품을 두 가지 이상 설명하시오.

32 동일한 발명으로 인한 특허 출원 시 어떻게 특허 권리를 인정하는지 아래 빈 칸에 기술하시오.

같은 날 다른 시간에 출원한 경우	
특허 신청한 날짜가 다를 경우	

33 산업 재산권에 속하는 권리 4가지를 쓰고, 특정 제품 한 가지를 선정하여 예를 드시오.

수 행 활 동

수행 활동지 ❶ 기술의 발달이 가져올 직업의 변화 예측하기

단원	**IV. 기술과 발명의 이해, 그리고 표준화** 01. 기술의 발달과 사회 변화
활동 목표	기술의 발달에 따른 직업의 변화를 예측하고, 그 이유를 설명할 수 있다.

◯ 내 직업이 구직자에게 일자리 정보를 제공하는 구직 상담사라 가정하고 다음 문제를 해결해 보자.

많은 전문가들은 미래 사회에서는 현재 존재하고 있는 대부분의 직업이 사라지고 새로운 직업이 생겨날 것으로 예측하고 있다. 다음은 미래의 일자리 관련 기사이다.

> 우리나라에서도 산업용 로봇들이 다수의 공장에서 일한지 오래되었고, 최근에는 성능이 뛰어난 로봇이 의사나 증권 분석가 등 전문 분야에서도 활용되고 있다. 로봇에 의한 일자리가 늘어나면서 경기는 침체되고 수많은 실업자들이 발생할 것으로 예상된다. 반면에 기술의 혁신으로 새로운 일자리가 많이 생겨날 것이라고 전망하는 사람도 있다. 기술 혁신이 우리 모두에게 풍요로움을 가져다주려면 변화에 적응하려는 노력이 반드시 필요하고, 인간이 기계를 어떻게 사용할 것인가에 대한 해결책을 찾는 노력이 필요할 것이다.
>
> 〈출처〉 한겨레신문(2016. 3. 21.)

≫ 다음 표의 직업들 중 미래에 사라질 확률과 이유를 예측해 보자. 또 미래에 생겨날 직업에는 어떤 것이 있는지 알아보고 발표해 보자.

직업	사라질 확률(%)	이유
요리사		
보안 전문가		
교사 · 교수		
통역사		
경기 심판		
단순 제조공		
프로그래머		
의사		
운전 기사		
미래에 생겨날 직업		

단원	**IV. 기술과 발명의 이해, 그리고 표준화** 03. 기술적 문제 해결하기
활동 목표	기술적 문제 해결 과정을 이해하고, 제품의 부품과 작동 원리를 설명할 수 있다.

⭕ **내가 레오나르도 다빈치가 되었다 가정하고 다음 문제를 해결해 보자.**

> 레오나르도 다빈치(1452~1519)는 르네상스 시대의 이탈리아를 대표하는 천재적 미술가·과학자·기술사·사상가이다. 그의 유품 중 우연히 발견된 스케치북에 기계와 비슷한 그림이 남아 있었는데, 그가 스케치한 많은 아이디어 중 현재에 실제로 만들어 작동해 본 결과 거의 대부분이 작동이 가능하였다.

≫ **레오나르도 다빈치가 구상한 각종 장치 중에서 대표적인 부품과 작동 원리를 조사해 보자.**

아이디어 장치	부품과 작동 원리	아이디어 장치	부품과 작동 원리
 외륜선	• 사용된 부품 • 작동 원리	 연마기	• 사용된 부품 • 작동 원리
 장갑차	• 사용된 부품 • 작동 원리	 글라이더	• 사용된 부품 • 작동 원리
 프로펠러	• 사용된 부품 • 작동 원리	 자동 드럼	• 사용된 부품 • 작동 원리

문제 해결을 위한 발명 기법 알아보기

단원	**IV. 기술과 발명의 이해, 그리고 표준화** 04. 발명의 이해
활동 목표	일상생활에서 발명 기법이 적용된 제품을 찾아보고, 해당 제품의 발명 기법을 설명할 수 있다.

⬤ 발명가의 입장에서 여러 발명 기법과 아이디어를 구상하여 문제를 해결해 보자.

> 발명품을 자세히 관찰해 보면 일정한 원리나 규칙이 있다. 이 원리나 규칙을 분석하여 체계적으로 정리해 놓은 것을 발명 기법이라고 한다. 발명 기법은 새로운 아이디어를 구상할 때 문제 해결 방안을 고안하는 데 도움을 준다. 현재보다 새롭고, 진보적이고, 실용 가능성이 있는 발명품을 창출할 수 있는 능력을 키워보자.

➤➤ 다음은 문제를 해결하기 위한 다양한 발명 기법이 적용된 발명품이다. 이 발명 기법의 종류를 쓰고, 각각의 발명 기법을 적용한 제품을 찾아 기록해 보자.

발명품	발명 기법과 제품	발명품	발명 기법과 제품
세면대 포함 소변기	• 발명 기법 • 적용 제품	무선 전동 공구	• 발명 기법 • 적용 제품
풀 통 활용 비누통	• 발명 기법 • 적용 제품	여러 모양 드라이버 날	• 발명 기법 • 적용 제품
거꾸로 가는 시계	• 발명 기법 • 적용 제품	접히는 자동차	• 발명 기법 • 적용 제품
여러 재료로 만든 컵	• 발명 기법 • 적용 제품	벨크로 테이프	• 발명 기법 • 적용 제품

일상생활 속 표준 알아보기

단원	**Ⅳ. 기술과 발명의 이해, 그리고 표준화** 06. 생활 속 문제, 창의적으로 해결하기
활동 목표	표준화와 비표준화 사례를 알아보고, 표준화의 필요성을 설명할 수 있다.

⭕ 표준화된 제품을 사용하며 편리했던 경험을 바탕으로 다음 문제를 해결해 보자.

> 우리가 인식하지 못하는 사이 우리가 생활하는 공간에 굉장히 많은 약속과 규칙이 있다. 흔히 사용하는 멀티탭, 규격 나사, 건전지, USB 등 만드는 업체가 다르더라도 누구나 공통으로 사용할 수 있도록 한 표준화는 우리에게 많은 편리함을 가져다준다. 우리는 일상생활에서 비표준화되어 불편한 것들을 찾아 표준화할 수 있는 노력을 하여야 한다.

⏩ 일상생활에서 표준화되어 편리함을 주었던 것과 아직 표준화가 되지 않아 불편한 사례를 찾아보자.

1) 일상생활에서 표준화된 사례(제품)

사례(제품)	좋은 점	표준화되지 않았다면?
그 외 표준화된 사례들		

2) 표준화되지 않아 불편한 사례(제품)

사례(제품)	불편한 점
그 외 표준화되었으면 하는 사례들	

V

생산
기술 시스템

01 생산 기술의 이해

02 제조 기술 시스템과 생산 과정

03 제조 기술의 특징과 발달 전망

04 제조 기술 문제, 창의적으로 해결하기

05 건설 기술 시스템과 생산

06 건설 기술의 특징과 발달

07 건설 기술 문제, 창의적으로 해결하기

01 생산 기술의 이해
02 제조 기술 시스템과 생산 과정

① 생산 기술이란 무엇일까

1 생산 기술

- 인간 생활에 유용한 물건을 만드는 기술로, 넓게 보면 산업의 대부분을 포함한다.
- 생산 기술은 간단한 생활 용품에서 산업 용품, 건설 구조물에 이르기까지 각종 제품을 생산하여 우리 생활을 편리하게 하고 삶의 질을 높여 주고 있다.

| 페트병 수거 | 페트병만 분리 후 분쇄 | 원사 생산 | 원사를 이용 원하는 색상의 원단 제작 | 옷 제품으로 재탄생 |

▲ 재활용품 생산 과정(페트병을 이용한 옷 생산 과정)

2 생산 기술의 종류

❶ 제조 기술: 옷, 텔레비전, 휴대 전화, 자동차, 컴퓨터 등 우리가 매일 이용하는 제품을 만드는 기술
❷ 건설 기술: 댐, 항만, 부두, 주택 등의 구조물을 만드는 기술
❸ 생명 기술: 동식물의 품종 개발, 신약 개발 등 생명체를 대상으로 하는 기술

제조 기술 — 산업 혁명, 기계, 철강
건설 기술 — 초가집
생명 기술 — 곡식
산업용 로봇
인텔리전트 빌딩
식물 대량 생산

▲ 생산 기술로 만들어진 다양한 산출물

② 재료, 설계, 공정을 알아볼까

1 재료

재료에는 목재, 플라스틱, 금속 재료 등의 다양한 종류가 있으며, 좁은 의미로는 생산이나 제조에 쓰이는 물리적인 원자재나 부품, 넓은 의미로는 제품 생산에 필요한 원료를 통틀어 말한다.

2 설계

❶ 제품을 만들기 위해서 모양, 치수, 재료 등을 결정하여 도면으로 나타낸 것을 설계라고 한다.
❷ 제품 설계: 제품 기획에서 선정된 사양을 기초로 목표로 하는 성능이나 기능을 구현화하는 것으로, 제품 설계 과정은 다음과 같다.

제품 기획	개념 설계	제품 설계
제품 개발 방향 설정 • 시장 요구 조사 및 소비 트렌드 파악	**창의적 아이디어 창출** • 문제 인식 및 이해 → 정보 탐색 → 해결 방법 모색 → 합리적 해결 방법 선택 • 제품 모양을 구상하고 선정	**선택한 아이디어를 도면에 구체적으로 작성** • 제품의 모양, 크기, 구조 등을 작성(제작도)

제품의 생산 설계 및 생산	시제품 시험 및 평가	시제품 제작
제품의 상품화가 결정되면 각종 설비와 원자재 준비, 표준화, 생산 관리 등의 생산 설계 후 제품을 대량 생산	**시제품의 문제점을 수정, 보완** • 시제품의 기능성, 편의성, 창의성 등을 종합적으로 검토 후 제품 선정	**제품을 대량 생산하기 전에 임시 제작하는 과정(결점 파악)** • 다양한 방법으로 시제품 제작

3 공정

- 일의 진행 과정을 파악하고, 인력이나 장비, 경비 등을 조정하고 관리할 목적으로 모든 공정을 진행 과정에 따라 나타낸 것을 공정이라고 한다.
- 어떤 작업이나 일의 계획부터 완성까지의 모든 과정이 공정에 해당한다.
- 일반적인 제품 생산 공정은 가공 공정, 조립 공정, 시험과 검사 공정으로 이루어진다.

가공 공정

- 원재료의 모양이나 특성을 변화시켜 최종 부품이나 제품에 가까운 형태로 만드는 공정이다.
- 가공 공정에는 성형 공정, 성질 향상 공정, 표면 처리 공정 등이 있다.

3D 가공 / 선반 가공

조립 공정

- 새로운 제품을 만들기 위해 두 개 이상의 부품을 공급, 이송, 결합하는 공정이다.
- 두 개 이상의 부품을 기계적·화학적 처리, 열처리 등을 통해 결합하여 제품을 완성한다.

자동차 조립 / 비행기 조립

시험과 검사 공정

- 제품을 완성한 후 시험과 검사를 통해 품질을 관리하는 공정이다.
- 결함 유무를 확인하고, 그 결과를 다시 생산 활동에 반영하여 제품의 품질을 개선하고 유지·관리한다. 자재 취급과 보관, 검사와 시험, 관리 등의 공정이 있다.

자동차 시험

③ 제조 기술 시스템이란 무엇일까

1 제조

자연에 있는 여러 가지 재료를 다양한 방법으로 가공·처리하여 인간의 생활에 필요한 제품으로 변화하는 활동을 제조라고 하고, 제조 활동에 사용하는 기술을 제조 기술이라고 한다.

2 제조 기술의 의의

❶ 일상생활에 필요한 제품을 제공해 준다.
❷ 생활을 편리하게 하여 삶의 질을 높여 준다.
❸ 안전한 작업 환경을 제공해 준다.
❹ 국가 경제 발전에 이바지한다.

3 제조 기술 시스템

- '투입 → 과정 → 산출 → 되먹임' 단계를 거치는 같은 일련의 제조 과정과 이에 관여하는 다양한 요소를 통틀어 제조 기술 시스템이라고 한다.
- 효율적으로 제품을 생산하기 위해서는 제조 기술 시스템이 체계적이어야 한다.

▲ 제조 기술 시스템

④ 제품의 생산 과정을 알아볼까

- 제품은 특성에 따라 사용하는 재료와 기계 및 공구가 다르다.
- 제조 과정 또한 제품에 따라 차이가 있으나 제품을 만들기 위해서 제품 개발을 계획하고, 재료를 가공하며, 부품을 조립하여 완성품을 출하하는 생산 과정은 비슷하다.

1 프레스 — 프레스 작업으로 만들어진 패널

고압 프레스 기계에 금형을 장착 후 강한 압력으로 철판을 변형시켜 패널을 제작하는 공정이다.

2 차체 조립 — 로봇을 이용한 자동차 용접

프레스 가공으로 만든 패널을 조립, 용접하여 차의 모양을 만들고, 높은 정밀도와 안전성을 확보하는 중요한 공정이다.

3 도장 — 도장 공정 작업 과정

자동차 표면에 도료를 칠하여 녹이나 부식으로부터 소재를 보호하고, 아름다운 색채로 외관 향상, 다른 차량과 구별하기 위한 페인팅 공정이다.

4 의장 조립 — 자동차 조립 과정

자동차가 움직일 수 있도록 차체에 엔진, 라이트, 전기 장치, 제동 장치, 바퀴, 핸들 등의 각종 부품을 조립하는 공정이다.

5 검수

자동차의 성능과 안전 검사

의장 조립 공정을 통해 완성된 차량을 수밀 검사와 기능 검사를 수행하여 각종 성능과 안전을 최종 검수하는 공정이다.

▲ 자동차의 주요 제조 공정

TIP 수밀 검사

완성된 차량의 실내에 물이 유입되는지를 확인하는 검사

⑤ 제조 기술에서 필요한 제작도면 표현하기

1 제작도

물품을 제작할 목적으로 그린 도면을 제작도라고 하며, 완성된 구상도를 바탕으로 하여 제품의 모양, 크기, 구조, 재료, 부품의 조립 방법 등과 같이 제품을 만들 때 필요한 정보를 나타낸 도면이다.

2 제작도의 종류

❶ **조립도**: 제품을 구성하고 있는 부품들의 조립된 상태를 나타낸 도면

❷ **부품도**: 제품을 구성하고 있는 각각의 부품을 나타낸 도면

❸ **상세도**: 제품의 어떤 한 부분을 확대하여 더욱 상세하게 나타낸 도면

3 정투상법(제3각법)

• 정투상법은 물체의 각 면을 투상면에 나란하게 놓고 직각 방향에서 본 물체의 모양을 나타내는 방법이며, 물체의 모양과 크기를 정확하게 나타낼 수 있다.

• 한국 산업 규격에서는 제3각법에 의한 정투상법으로 도면을 그리는 것을 원칙으로 하고 있다.

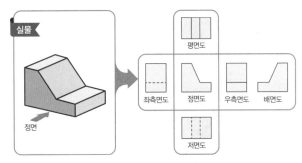

▲ 정투상도(제3각법)

하나 더 알기

제도에 사용되는 선

종류		모양	용도별 이름	용도
실선	굵은 실선	———	외형선	물체의 보이는 부분을 나타내는 외곽선
	가는 실선	———	치수선, 치수 보조선, 지시선	치수·각도·기호·참고 사항 등을 나타내는 선
		////////	해칭	단면도에서 물체의 절단면을 나타내는 선
		〜〜〜	파단선	부분 생략 또는 부분 단면의 경계를 나타내는 선
파선	굵은 파선 또는 가는 파선	- - - - -	숨은선	물체의 보이지 않는 부분을 나타내는 선
1점 쇄선	가는 1점 쇄선	—·—·—	중심선	물체 및 도형의 중심을 나타내는 선
2점 쇄선	가는 2점 쇄선	—··—··	가상선	물체가 움직인 상태를 가상하여 나타내는 선

⑥ 다양한 제품 생산에 이용되는 가공 공정

재료는 가공이라는 과정을 통해 우리 생활에 필요한 제품으로 만들어진다. 재료에 따라 이용되는 도구, 공구, 기계 등이 다양하며, 가공 방법에는 여러 가지가 있다.

단조 가공	해머나 프레스와 같은 기계로 타격을 하여 모양을 만드는 가공법으로 가장 오래된 금속 가공 공정의 하나 例 자동차 부품, 각종 안전 장구, 칼, 골프 아이언 등
압연 가공	회전하는 2개의 롤러 사이에 재료를 통과시켜 재료의 소성 변형을 이용해서 판재, 띠판, 형재, 관재 등을 성형하는 가공 방법 例 철골 제품, 가정용 알루미늄 섀시, 알루미늄 포일이나 접시 등
인발 가공	소재를 금형의 구멍을 통과시켜 단면을 줄이는 공정으로 동일 단면의 봉, 관, 선 등을 연속 제조하는 가공 공정 例 파이프, 탄피, 볼트, 너트 등
압출 가공	실린더 속에서 가열, 유동화시킨 플라스틱 수지를 압출기를 통하여 밀어 내어 연속적으로 성형하는 방법 例 PVC 파이프, 봉 등
절삭 가공	고체 상태의 원자재를 자르거나, 깎거나, 갈거나, 구멍을 뚫는 등 재료의 일부를 제거하여 원하는 모양으로 만드는 공정 例 초정밀 가공, 큰 제품의 절삭 등

중단원 핵심 문제

01 다음은 어떤 기술에 대한 설명인가?

> 자연에 있는 여러 가지 재료를 다양한 방법으로 가공·처리하여 인간의 생활에 필요한 제품으로 변화하는 활동에 사용하는 기술

① 건설 기술   ② 생명 기술
③ 정보 기술   ④ 제조 기술
⑤ 수송 기술

02 생산 기술에 대한 설명으로 옳지 <u>않은</u> 것은?

① 우리 생활을 편리하게 해준다.
② 좁게 보면 산업이 대부분을 포함한다.
③ 인간 생활에 유용한 물건을 만드는 기술이다.
④ 생산 기술에는 제조 기술, 건설 기술, 생명 기술이 있다.
⑤ 일상생활에 필요한 유용한 제품은 모두 자연에서 얻은 재료를 변환시킨 것이다.

03 제품을 만들기 위해서 모양, 치수, 재료 등을 결정하여 도면을 나타낸 것을 무엇이라고 하는가?

① 구상   ② 설계
③ 제작   ④ 공정
⑤ 창작

04 공정에 대한 설명으로 옳지 <u>않은</u> 것은?

① 모든 공정을 진행 과정에 따라 나타낸 것이다.
② 어떤 작업이나 일의 계획부터 완성까지의 모든 과정을 공정이라 한다.
③ 일반적인 제품 생산 공정은 가공 공정, 조립 공정, 시험과 검사 공정으로 이루어진다.
④ 검사 공정은 새로운 제품을 만들기 위해 두 개 이상의 부품을 공급·이송·결합하는 공정이다.
⑤ 가공 공정은 원재료의 모양이나 특성을 변화시켜 최종 부품이나 제품에 가까운 형태로 만드는 공정이다.

05 다음에서 설명하고 있는 제품 제작 과정은?

> • 선택한 아이디어를 도면에 구체적으로 작성한다.
> • 제품의 모양, 크기, 구조 등을 작성한다(제작도 작성).

① 제품 기획   ② 개념 설계
③ 제품 설계   ④ 시제품 제작
⑤ 시험 및 평가

06 제품 설계 과정에서 제품 개발 방향을 설정하는 단계는?

① 제품 기획   ② 개념 설계
③ 제품 설계   ④ 시제품 생산
⑤ 제품의 생산 설계 및 생산

07 다음에서 설명하고 있는 공정은?

> • 새로운 제품을 만들기 위해 두 개 이상의 부품을 공급, 이송, 결합하는 공정이다.
> • 두 개 이상의 부품을 기계적·화학적 처리, 열처리 등을 통해 결합하여 제품을 완성한다.

① 기획 공정   ② 가공 공정
③ 조립 공정   ④ 시험 공정
⑤ 검사 공정

08 다음의 제품 설계 과정 중 빈칸 ㉠에 알맞은 것은?

① 제품 생산   ② 개념 설계
③ 제품 설계   ④ 시제품 제작
⑤ 시험 및 평가

09 제조 기술의 의의에 대한 설명으로 잘못된 것은?

① 국가 경제 발전에 이바지한다.
② 안전한 작업 환경을 제공해 준다.
③ 일상생활에 필요한 제품을 제공해 준다.
④ 생활을 편리하게 하여 삶의 질을 높여 준다.
⑤ 기계화를 통해 노동자들의 숙련도를 떨어뜨린다.

10 제품을 효율적으로 생산하기 위한 일련의 단계가 바르게 된 것은?

① 투입 → 과정 → 산출
② 투입 → 산출 → 생산
③ 투입 → 공정 → 제품
④ 산출 → 과정 → 투입
⑤ 산출 → 과정 → 생산

11 제품을 구성하고 있는 부품들의 조립된 상태를 나타낸 도면을 무엇이라고 하는가?

① 부품도   ② 상세도
③ 투상도   ④ 조립도
⑤ 구상도

12 다음에서 설명하고 있는 도면은?

> 제품의 어떤 한 부분을 확대하여 더욱 상세하게 나타낸 도면

① 구상도   ② 부품도
③ 상세도   ④ 제작도
⑤ 투상도

13 다음 중 가는 실선으로 나타내는 것을 모두 고르시오.

① 외형선   ② 치수선
③ 지시선   ④ 숨은선
⑤ 파선

14 제도에 사용되는 선 중 다음 보기가 설명하고 있는 선은?

〈 보기 〉
물체의 보이는 부분을 나타내는 외곽선

① 해칭   ② 중심선
③ 파단선   ④ 숨은선
⑤ 외형선

15 선의 종류와 용도 중 물체의 절단면을 나타내는 선을 무엇이라고 하는가?

① 해칭   ② 지시선
③ 파단선   ④ 외형선
⑤ 숨은선

16 다음 그림은 어떤 도면을 3각법으로 나타낸 것이다. 그림 중 ㉠ 그림의 명칭은?

① 평면도
② 정면도
③ 배면도
④ 좌측면도
⑤ 우측면도

17 그림과 같은 가공을 통해 철골 제품, 가정용 알루미늄 새시, 알루미늄 포일이나 접시 등을 만드는 가공 방법은?

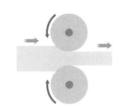

① 단조가공
② 압연 가공
③ 인발 가공
④ 압출 가공
⑤ 절삭 가공

18 다음이 설명하고 있는 가공 방법은?

> 해머나 프레스와 같은 기계로 타격을 하여 모양을 만드는 가공 방법

① 단조 가공   ② 압연 가공
③ 인발 가공   ④ 압출 가공
⑤ 절삭 가공

19 소재를 금형의 구멍을 통과시켜 단면을 줄이는 공정으로 동일 단면의 봉, 관, 선 등을 연속 제조하는 가공 공정은?

① 절삭 가공　　　　② 단조 가공
③ 압출 가공　　　　④ 인발 가공
⑤ 압연 가공

주관식 문제

20 다음에서 설명하고 있는 것은?

> 좁은 의미로는 생산이나 제조에 쓰이는 물리적인 원자재나 부품을 뜻하기도 하며, 넓은 의미로는 제품 생산에 필요한 원료를 통틀어 말한다.

21 다음에서 설명하고 있는 것은?

> 효율적으로 제품을 생산하기 위해서 '투입 → 과정 → 산출 → 되먹임' 단계를 거치는 일련의 제조 과정과 이에 관여하는 다양한 요소

22 원재료의 모양이나 특성을 변화시켜 최종 부품이나 제품에 가까운 형태로 만드는 공정은?

23 플라스틱으로 제품을 만드는 제조 시스템 중 과정(제조)에 해당하는 것은?

24 자동차의 겉모양을 찍어 내는 것으로, 철판을 큰 힘으로 눌러 자동차의 몸체(차체)를 만드는 공정은?

03 제조 기술의 특징과 발달 전망
04 제조 기술 문제, 창의적으로 해결하기

1 제조 기술의 특징과 발달 과정을 알아볼까

1 제조 기술의 특징

❶ 제조 기술은 모든 기술의 바탕이 되는 기술이다.

❷ 제조 기술은 간단한 생활용품에서부터 산업 용품까지 다양한 제품을 생산하여 우리의 생활을 편리하게 해주고, 삶의 질을 높여 주고 있다.

❸ 각각의 원재료를 가공·변형하여 새로운 제품을 만들어 냄으로서 제품의 부가 가치를 높여 준다.

❹ 다양한 제품을 만들기 위해서는 고유한 제조 기술이 필요하며, 신제품을 만들 때마다 새로운 제조 기술이 등장한다.

▲ 제조 기술의 특징

2 제조 기술 발달 과정

❶ 산업 혁명 이전

• 고대에는 손과 도구를 사용하여 스스로 필요한 물건을 만드는 수공업 형태를 띠었다.

• 중세 초기에는 가내 수공업 형태였으나 중기 이후부터 물품 수요의 증가로 생산성이 높은 공장제 수공업 형태로 발전하였다.

❷ 산업 혁명 이후

• 산업 혁명: 18세기 중반부터 19세기 초반까지 영국에서 시작된 기술의 혁신과 이로 인해 일어난 사회·경제적 큰 변혁

• 증기 기관이 발명되고 제품 생산에 동력을 사용하는 다양한 생산 기계가 개발·보급되면서 산업 혁명이 일어나게 되었다.

• 공장제 기계 공업이 발달과 일관 생산 방식이 도입되고 생산성이 더욱 향상되어 대량 생산 시대를 맞이하게 되었다.

❸ 현대와 미래

• 컴퓨터와 산업용 로봇을 이용한 공장 자동화(FA)가 이루어지면서 더욱 간편하게 제품을 생산할 수 있게 되었다.

• 소비자의 다양한 욕구를 충족시키기 위하여 많은 품종을 소량으로 생산하는 다품종 소량 생산 시대가 열렸다.

• 미래에는 컴퓨터와 로봇 기술이 더욱 발달하여 생산 공정과 관리를 컴퓨터와 로봇이 처리하는 무인화 공장이 일반화되어 맞춤형 생산 시대가 다가올 것이다.

• 제조 과정에서 환경을 파괴하지 않는 친환경 생산 기술이 강조될 것이다.

TIP 공장 자동화(Factory Automation)

제품의 설계에서 제조, 출하에 이르는 공장 내의 공정을 자동화하는 기술. 다품종 소량 생산 시스템(FMS) 등이 있다.

2 재료의 특성과 이용을 알아볼까

1 목재의 특성과 이용

❶ 목재의 장점과 단점

장점
• 나뭇결이 있어 무늬가 아름답다.
• 열과 전기를 잘 전달하지 않는다.
• 따뜻한 느낌을 주고 가공하기가 쉽다.
• 다른 재료에 비해 가볍고 강도가 우수하다.

단점
• 불에 타기 쉽다.
• 재질이 고르지 못하다.
• 습기에 약하고 썩기 쉽다.
• 건조되면서 수축되어 갈라지거나 뒤틀리기 쉽다.

❷ 목재는 원목의 경우 흠이 있어 재질이 고르지 못하고, 변형이 잘 된다. 이러한 단점을 보완하기 위하여 가공재를 만들어 이용하고 있다.

❸ 가공재의 종류별 특성과 용도

합판
- 단판에 접착제를 발라 나뭇결이 서로 직각이 되도록 교차시켜 접촉하여 만든다.
- 재질이 비교적 균일하고 잘 갈라지지 않으며 수축에 의한 변형이 적다.
- 건설 공사, 건축 재료, 책상 등에 이용된다.

집성재
- 판재나 각재를 나뭇결 방향으로 나란히 모아 접착제를 바른 후 열을 가해 압착하여 만든다.
- 외관이 아름답고 강도가 강하며 곡면으로 만들 수 있다.
- 가구, 실내 장식 재료, 대형 구조물의 보, 기둥 등에 이용된다.

파티클 보드
- 목재를 잘게 부수어 접착제를 섞어 열과 압력을 가해 붙여 만든다.
- 재질이 고르며 소리를 잘 흡수하는 성질이 있다.
- 가구, 칸막이, 실내 장식재 등에 이용된다.

중밀도 섬유판(MDF)
- 목질 재료를 원료로 하여 얻은 목섬유를 접착제와 섞어 강한 힘과 열로 편평하게 압축시켜 만든다.
- 도장성과 접착성이 우수하고 재질이 강하며 다양한 모양으로 만들 수 있다.
- 실내 장식재, 문짝, 액자 등에 이용된다.

2 금속의 특성과 이용

❶ 금속의 특성
- 대부분 강도와 경도가 크며, 고유의 색깔을 가지고 있다.
- 연성과 전성 등 가공성이 뛰어나다.
- 전기 전도도 및 열 전도성이 뛰어나며 일정한 녹는점을 가진다.

❷ 금속의 종류별 특성과 용도

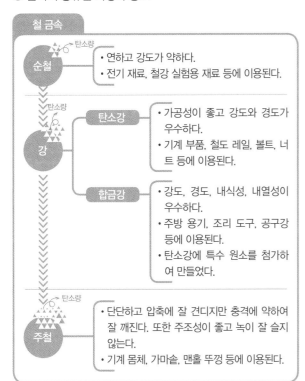

철 금속

순철 — 탄소량
- 연하고 강도가 약하다.
- 전기 재료, 철강 실험용 재료 등에 이용된다.

강 — 탄소량
- 탄소강
  - 가공성이 좋고 강도와 경도가 우수하다.
  - 기계 부품, 철도 레일, 볼트, 너트 등에 이용된다.
- 합금강
  - 강도, 경도, 내식성, 내열성이 우수하다.
  - 주방 용기, 조리 도구, 공구강 등에 이용된다.
  - 탄소강에 특수 원소를 첨가하여 만들었다.

주철 — 탄소량
- 단단하고 압축에 잘 견디지만 충격에 약하여 잘 깨진다. 또한 주조성이 좋고 녹이 잘 슬지 않는다.
- 기계 몸체, 가마솥, 맨홀 뚜껑 등에 이용된다.

비철 금속

구리
- 전기와 열의 전도성이 우수하다.
- 연성과 전성이 좋아 가공하기 쉽다
- 전선이나 전기 부품 등에 이용된다.

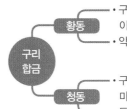

구리 합금
- 황동
  - 구리와 아연의 합금으로 전성과 연성이 우수하고 색깔이 아름답다.
  - 악기, 장식품 등에 이용된다.
- 청동
  - 구리와 주석의 합금으로 주조성과 내마멸성이 우수하다.
  - 동상, 베어링 등에 이용된다.

알루미늄
- 가볍고 전기·열 전도성이 우수하며 녹이 잘 슬지 않는다.
- 창틀, 자동차, 비행기 부품 등에 이용된다.

알루미늄 합금 — 두랄루민
- 알루미늄에 구리, 마그네슘을 넣어 만든다.
- 가볍고 전기·열 전도성이 우수하다.
- 비행기나 자동차 몸체 등에 이용된다.

3 플라스틱의 특성과 이용

❶ 플라스틱: 열이나 압력 또는 열과 압력을 동시에 가하여 원하는 형태로 모양을 만들 수 있는 합성 고분자 재료 또는 이런 재료를 사용한 제품

❷ 플라스틱의 특성
- 금속에 비해 가볍다.
- 전기를 차단하는 성질이 뛰어나다.
- 염료를 사용하여 다양한 색 표현이 가능하다.
- 산이나 알칼리 등의 화학 약품에 잘 견딜 수 있다.

❸ 플라스틱의 종류별 특성과 용도

열가소성 플라스틱

폴리염화비닐 수지: 단단하며 물에 강하다.
- 상하수도 관, 호스, 전선 피복 등에 이용된다.

폴리에틸렌 수지: 전기 절연성이 우수하다.
- 전기 절연 재료, 장난감, 전선 피복 등에 이용된다.

폴리스티렌 수지: 열이 잘 차단되고 가공하기 쉽다.
- 단열재, 전기 절연체, 일회용 용기 등에 이용된다.

아크릴 수지: 투명하고 착색이 잘된다.
- 광학 렌즈, 광고 표지판 등에 이용된다.

나일론 수지: 질기고 튼튼하다.
- 섬유, 플라스틱 베어링 등에 이용된다.

페놀 수지: 접착력이 우수하고 절연성이 좋다.
• 접착제, 전기 회로 기판 등에 이용된다.
아미노 수지: 고온에서 잘 견딘다.
• 식기류, 가구 표면에 이용된다.
에폭시 수지: 굳으면 접착력이 좋고 잘 굳는다.
• 강력 접착제, 방수 재료 등에 이용된다.
멜라민 수지: 열에 강하고 착색성이 우수하다.
• 조리대, 식기 등에 이용된다.

③ 제조 기술의 발달 전망은 어떠할까

1 제조업의 혁명, 스마트 공장

❶ 자동화 기술

• 사람을 대신하여 컴퓨터 시스템이나 로봇에 의해서 스스로 움직여 대부분의 작업을 처리하는 생산 방식
• 자동화 기술은 가상 제조(시뮬레이션) 기술을 활용한 다품종 소량 생산으로 개인별 맞춤 생산 등으로 우리의 삶을 획기적으로 변화시켰다.

❷ 스마트 공장

• 사물 인터넷과 가상 물리 시스템을 기반으로 지능화된 설비와 공정이 생산 네트워크로 연결되고, 모든 생산 데이터와 정보를 실시간으로 공유하고 활용하여 최적화된 생산운영이 가능한 공장
• 제품의 기획, 생산, 유통 시스템을 통합하고 제조 전 단계를 실시간 자동 생산 체계로 구축하여 고객 요구에 대한 대응과 환경 적응성을 높인 유연 생산 체계이다.

> **TIP 가상 물리적 시스템**
> 사이버 세계와 물리적 세계의 통합 시스템으로 사물이 서로 소통하며 자동적, 지능적으로 제어되는 시스템

2 인간을 존중하는 제조 기술

미래의 제조 기술	나이와 개인차에 관계없이 모든 사람이 쉽고 편리하게 이용할 수 있고 새로운 기술에 적응하기 어려운 사람도 쉽게 이용할 수 있게 됨
인간의 존엄성을 중시하는 기술	기술의 효과와 경제적 가치만을 따지면 인간이나 동식물이 가진 생명의 존엄성이 무시될 수 있으므로, 기술적·제도적으로 이를 우선해야 함
친환경 생산 시스템	환경을 살리고 에너지를 절약하는 고부가 가치의 자원 절약형 제조 기술
기타	사람을 생각하는 기술, 환경을 생각하는 기술, 제로 에너지 타운, 그린 빌딩 등

④ 제조 기술과 관련된 문제를 이해해 볼까

1 주어진 상황에 대한 문제 파악과 해결 단계

문제 파악 → 문제 해결 계획 수립 → 문제 해결 모색 → 활동 및 결과 정리

2 설계의 과정

❶ 정보 수집하기	❷ 구상하기	❸ 구상도 그리기	❹ 제작도 그리기
인터넷을 활용하여 다양한 제품을 찾아보고 형태를 조사한다.	정보 수집을 통해 생각했던 디자인을 프리핸드 스케치로 표현한다.	등각투상법이나 사투상법으로 형태와 치수를 대략적으로 나타낸다.	제품 제작에 사용될 부품들을 모두 그리고 정확한 치수를 표기한다.

3 아이디어 구상 시 유의 사항

❶ 구조: 목적과 용도에 알맞은 구조를 가지고 있는가?
❷ 기능: 다루기 편리하고 분해 및 조립이 쉬우며, 부품 교환이 용이한가?
❸ 재료: 유지와 관리가 쉽고 용도에 알맞은 재료인가?
❹ 경제성: 좋은 성능을 유지하면서 적은 비용으로 제작이 가능한가?
❺ 미적 요소: 인간의 미적 욕구를 충족시킬 수 있도록, 선, 형태, 색채, 질감 등의 미적 요소가 있는가?
❻ 창의성: 창의적인 아이디어로 독창적인 제품이 되도록 구상되었는가?

> **하나 더 알기** 기술 실습 시 안전 수칙
> • 실습에 알맞은 복장을 갖추고, 필요에 따라 장갑이나 보호구를 착용한다.
> • 실습 중 뛰거나 장난치지 않는다.
> • 실습 중에 다른 학생과 잡담을 하거나 다른 학생의 작업을 방해하지 않는다.
> • 주머니에 뾰족한 공구를 넣고 다니지 않는다.
> • 선생님의 허락 없이는 공구, 기구, 재료 등을 사용하지 않고 지정해 준 것만 사용한다.
> • 기계는 사전에 안전 점검을 실시한 후에 사용한다.
> • 공구와 기구는 사용 후에 반드시 제자리에 둔다.

중단원 핵심 문제

03 제조 기술의 특징과 발달 전망
04 제조 기술 문제, 창의적으로 해결하기

01 제조 기술에 대한 설명으로 바르지 <u>못한</u> 것은?

① 모든 기술의 바탕이 되는 기술이다.
② 신제품을 만들 때마다 새로운 제조 기술이 등장한다.
③ 우리의 생활을 편리하게 해주고, 삶의 질을 높여 주고 있다.
④ 간단한 생활 용품에서부터 산업 용품까지 다양한 제품을 생산한다.
⑤ 하나의 원재료를 가공·변형하여 부가 가치가 낮은 새로운 제품을 만들어 낸다.

02 산업혁명 이전의 제조 기술에 대한 설명으로 바른 것은?

① 증기 기관이 발명되었다.
② 대량 생산 시대를 맞이하였다.
③ 다품종 소량 생산 시대가 열렸다.
④ 공장제 수공업 형태로 발전하였다.
⑤ 제품 생산에 다양한 동력을 사용하는 생산 기계가 등장하였다.

03 제조 기술 발달에 따른 생산 방식의 변화를 바르게 나타낸 것은?

① 가내 수공업 → 공장 자동화 → 공장제 기계 공업 → 공장제 수공업 → 무인화 공장
② 가내 수공업 → 공장제 수공업 → 공장 자동화 → 공장제 기계 공업 → 무인화 공장
③ 가내 수공업 → 공장제 수공업 → 공장제 기계 공업 → 공장 자동화 → 무인화 공장
④ 가내 수공업 → 무인화 공장 → 공장 자동화 → 공장제 기계 공업 → 공장제 수공업
⑤ 가내 수공업 → 공장제 기계 공업 → 공장제 수공업 → 공장 자동화 → 무인화 공장

04 목재의 특성에 대하여 <u>잘못</u> 설명한 것은?

① 가공하기 쉽다.
② 따뜻한 느낌을 준다.
③ 건조되어도 변형되지 않는다.
④ 불에 타기 쉽고 습기에 약하다.
⑤ 나뭇결이 있어 무늬가 아름답다.

05 합판에 대한 설명으로 바르지 <u>못한</u> 것은?

① 목재의 단점을 보완한 것이다.
② 재질이 비교적 균일해 뒤틀림과 균열이 없다.
③ 3매, 5매, 7매 등 단판을 홀수로 붙여 만든다.
④ 목재보다 넓고 강도가 큰 재료로 만들 수 있다.
⑤ 판재나 각재를 나뭇결 방향으로 나란하게 모아 접착제를 바른 후 열을 가해 붙인다.

06 다음 중 플라스틱의 특성으로 보기 <u>어려운</u> 것은?

① 녹여서 필요한 모양을 만들기 쉽다.
② 가벼우며 단단한 강도를 가지고 있다.
③ 착색제를 활용하여 제품에 색깔을 넣을 수 있다.
④ 녹슬지 않거나 전기가 통하지 않는다.
⑤ 원래 모양대로 되돌아오는 탄성이 없다.

07 다음 중 금속재료 특성에 대한 설명으로 보기 <u>어려운</u> 것은?

① 대부분 강도와 경도가 크다.
② 고유의 색깔을 가지고 있다.
③ 일정하지 못한 녹는점을 가진다.
④ 연성과 전성 등 가공성이 우수하다.
⑤ 전기 전도도 및 열전도성이 뛰어 나다.

08 철금속의 종류 중 주철에 대하여 바르게 설명한 것은?

① 연성과 전성이 크다.
② 표면이 굳고 녹이 잘 슨다.
③ 탄소의 함유량이 가장 적다.
④ 충격에 약해 주로 주조 성형한다.
⑤ 주로 합금강의 주재료로 사용된다.

09 다음은 구리와 구리합금에 대한 설명이다. 바르게 설명한 것은?

① 청동은 구리와 아연의 합금이다.
② 황동은 구리와 주석의 합금이다.
③ 황동은 청동에 비해 마멸이 잘된다.
④ 구리는 연성과 전성이 떨어져 가공성이 우수하다.
⑤ 황동은 일반 기계나 건설 기계부품 재료로 많이 쓰인다.

10 알루미늄과 그 합금에 대한 설명으로 바르게 설명하지 못한 것은?

① 녹이 잘 슬지 않는다.
② 은백색의 아름다운 금속이다.
③ 가볍고 전기 · 열 전도성이 우수하다.
④ 전성과 연성이 좋아 가공하기 어렵다.
⑤ 창틀, 자동차, 비행기 부품 등에 이용된다.

11 다음 중 열경화성 플라스틱은?

① 아미노 수지　　　② 폴리염화비닐 수지
③ 폴리스틸렌 수지　　④ 아크릴 수지
⑤ 나일론

12 아이디어 구상시 주의 사항으로 보기 가장 어려운 것은?

① 구조: 목적과 용도에 알맞은 구조를 가지고 있는가?
② 기능: 다루기 편리하고 분해 및 조립이 쉬우며, 부품 교환이 용이한가?
③ 재료: 유지와 관리가 쉽고 용도에 알맞은 재료인가?
④ 디자인: 좋은 성능을 유지하면서 적은 비용으로 제작이 가능한가?
⑤ 미적 요소: 인간의 미적 욕구를 충족시킬 수 있도록, 선, 형태, 색채, 질감 등의 미적 요소가 있는가?

13 다음 중 실습 시 지켜야 할 안전 수칙을 바르게 나타내지 <u>않은</u> 것은?

① 뛰거나 장난치지 않는다.
② 주머니에 뾰족한 공구를 넣고 다니지 않는다.
③ 실습 중에 다른 학생과 잡담을 통하여 문제를 해결하고자 노력한다.
④ 실습에 알맞은 복장을 갖추고, 필요에 따라 장갑이나 보호구를 착용한다.
⑤ 선생님의 허락 없이는 공구, 기구, 재료 등을 사용하지 않고 지정해 준 것만 사용한다.

주관식 문제

14 다음과 같은 내용의 특성을 가진 목재 가공재는?

- 환경 친화적이고 경제적인 제품이다.
- 소리 흡수를 잘하고 열전도가 잘 되지 않아 칸막이 등에 쓰인다.
- 원목에서 목재를 켜내고 남은 조각을 잘게 부수어 펴놓고 접착제를 뿌려 압착시켜 만든다.

15 다음이 설명하고 있는 미래의 제조 기술은?

　사물 인터넷과 가상 물리 시스템을 기반으로 지능화된 설비와 공정이 생산 네트워크로 연결되고, 모든 생산 데이터와 정보를 실시간으로 공유하고 활용하여 최적화된 생산 운영이 가능한 공장이다.

05 건설 기술 시스템과 생산

1 건설 기술 시스템이란 무엇일까

1 건설 기술

자연환경을 극복하고, 편리하고 안락한 생활을 영위하기 위하여 인간 생활에 필요한 구조물과 시설물을 만드는 수단이나 활동을 건설 기술이라고 하며, 건설 기술은 토목 기술과 건축 기술로 구분할 수 있다.

❶ 토목 기술: 자연을 효과적으로 이용하기 위하여 자연 환경을 개량하거나 생활 환경을 더 좋게 하기 위해 시설물을 계획하고 시공하는 것
  예 도로, 교량, 댐, 항만, 상하수도 등

❷ 건축 기술: 인간이 생활을 영위하는 데 필요한 쾌적하고 유용한 공간이 되는 구조물을 만드는 것
  예 주택, 아파트, 학교, 상가, 사무실 등

❸ 건설 기술 발전과 문제점

건축구조물	• 첨단 공법과 건축 재료의 발달 → 고층화, 대형화 • 정보 통신 기술의 발달 → 지능화, 첨단화	문제점 • 노동 집약적 • 현장 조립 생산 • 자연 파괴 • 환경오염 등
토목구조물	• 관련 기술의 발달 → 대형 구조물, 해양·우주 공간으로 확장	

> **TIP 구조물**
> 설계에 따라 여러 가지 재료를 이용해 만든 건물, 교량, 터널, 댐 등을 의미

2 건설 기술 시스템

• 건설 기술 시스템은 '투입 → 과정 → 산출 → 되먹임' 단계를 거치는 같은 일련의 건설 과정과 이에 관여하는 모든 다양한 요소를 말한다.

노동, 재료, 설비, 장비, 자본, 에너지, 토지 등 / 설계, 토공사, 기초 공사, 골조 공사, 설비 공사, 마감 공사 등 / 건물, 도로, 항만, 공장, 교량, 터널, 공항 등

투입 → 과정(건설) → 산출 / 되먹임

▲ 건설 기술 시스템

• 되먹임 단계에서는 결과물에 대한 분석과 평가를 통해 각 단계의 활동을 수정하거나 반영한다.

2 건설 구조물은 어떻게 만들어질까

건설 구조물이 완성되는 과정은 기능성, 안정성, 내구성, 경제성 등을 추구하여 기획, 설계하고 작성된 도면에 따라 정해진 장소에서 시공하여 완성된다.

건설 기획	건설 설계	건설 시공
건설 구조물의 사용 목적, 건설 장소, 규모, 공사 시기 등 전반적인 흐름을 생각하여 건설 구조물에 대한 기본 계획을 세우는 과정	건설 구조물이 완성되기까지의 세부 과정을 체계화하여 시공자가 이해하여 시공할 수 있도록 설계도로 나타내는 과정	설계 도면과 시방서에 따라 정해진 장소에서 정해진 기간 내에 최소의 비용으로 안전하고 합리적으로 건설 구조물을 만들어 나가는 활동

▲ 건설 구조물의 생산 과정

> **TIP 시방서**
> 공사 또는 제품 생산에 관련한 순서나 방법 등을 적은 문서. 도면에 그림으로 나타내기 어려운 사항을 설명할 때 사용한다.

1 건설 기획

구조물의 용도, 규모와 예산, 대지 조건, 건설 시기와 공사 기간 등을 고려하여 기본 계획을 세운다.

❶ 구조물의 용도: 건설하는 구조물은 누구를 위해서, 어떠한 목적으로 지을 것인지를 명확히 해야 한다.

❷ 규모와 예산: 건설 구조물의 규모는 기본적으로 구조물의 여러 가지 요구 조건에 따라 결정되지만, 건설 공사비에 따라 정해지는 경우가 많다

❸ 대지 조건: 건설 구조물은 한번 완성되면 반영구적인 것이 되고, 대지에 고정되어 있기 때문에 대지의 조건은 구조물의 형태를 결정짓는 전제 조건이 된다.

• 건설 구조물이 들어설 입지는 건설 구조물의 목적, 규모, 형태 등을 고려하여 가장 기능적이고 경제적인 곳을 선정하여야 한다.

• 입지를 선정할 때는 방위, 토질, 기후 조건, 지하수 등과 같은 자연적 조건과 교통 관계 등 환경적 조건,

그리고 전기, 상하수도, 가스, 전화 등 공공시설의 유무 및 상태, 주변 도로와의 관계, 공해 상태 등의 사회적 조건 등도 고려해야 한다.

❹ **건설 시기와 공사 기간**: 건설 시기는 건설 공사 주체가 이용상의 필요에 따라 사전에 지정하는 경우가 많다.
  • 공사 기간에 영향을 줄 수 있는 날씨, 현장 주변 조건, 공사 진행 공정 등을 고려하여 공사 시기를 정해야 한다.
  • 우리나라와 같이 7~8월에 장마가 집중되어 있고, 사계절이 있는 경우는 공사 시기에 따라 공사 기간과 비용이 많은 영향을 받는다.

2 건설 설계

계획 설계, 기본 설계, 실시 설계 등의 단계를 통해 건설 구조물을 생산할 기본을 마련한다.

❶ **계획 설계**: 의뢰자의 요구로 하나의 형태를 만들어 내는 과정이며, 개략적인 형태를 스케치, 모형, 보고서 등의 방법으로 표현한다.

❷ **기본 설계**: 설계자의 구상을 구체적으로 도면으로 표현하는 과정이며, 계획 설계에서 표현한 것을 도면으로 작성한다.

❸ **실시 설계**: 기본 설계를 바탕으로 시공에 필요한 도면을 설계하는 과정이며, 재질, 각 부재의 상세 치수, 마감 방법 등 시공에 필요한 내용을 상세히 작성한다.

3 건설 시공

• 건설 시공은 설계도와 시방서에 따라 건설 구조물을 건설하는 일체의 활동을 말한다.
• 건설 시공 과정에서 공사를 경제적·능률적으로 진행하고 건설 구조물의 품질을 향상하려면 다양한 시공 기술과 합리적인 시공 계획 및 공사 관리가 필요하다.

1 가설 공사	본 공사를 시행하는 데 필요한 임시 시설이나 설비를 세우는 공사 ⑩ 울타리, 공사용 동력, 용수 설비, 안전 설비, 작업장, 숙소 등	
2 토 공사	흙을 깎거나 쌓는 작업, 흙을 운반하는 작업 등 흙을 대상으로 하는 공사 ⑩ 흙막이, 땅고르기, 흙파기 등	
3 기초 공사	구조물의 하중을 지반에 전달하고, 안전하게 지지하는 구조 부분을 만드는 공사 ⑩ 얕은 기초, 깊은 기초, 지정 등	
4 골조 공사	구조물의 하중을 지탱하기 위한 벽체, 기둥, 보, 바닥 등의 주요 구조를 만드는 공사 ⑩ 철근 콘크리트 공사, 철골 공사, 조적 공사 등	
5 설비 공사	안전하고 쾌적한 공간과 능률적인 이용을 위한 설비를 시설하는 공사 ⑩ 전기 배선 공사, 배관 공사 등	
6 마감 공사	완성된 구조물에 필요한 설비나 치장을 하는 공사로서 기능뿐만 아니라 의장적인 면에서 그 중요성이 큼 ⑩ 방수 공사 등	

▲ 건설 시공 과정

01 다음 (   ) 안에 들어갈 알맞은 말은?

> 자연환경의 불리함을 극복하고, 편리하고 안락한 생활을 영위하기 위하여 인간 생활에 필요한 구조물과 시설물을 만드는 수단이나 활동을 (   )(이)라고 한다.

① 건설 기술
② 수송 기술
③ 제조 기술
④ 통신 기술
⑤ 정보 기술

02 건설 기술에서 '투입 → 과정 → 산출 → 피드백' 단계를 거치는 일련의 건설 과정과 이에 관여하는 다양한 요소를 통틀어 무엇이라고 하는가?

① 건설 기술 공정
② 건설 기술 관리
③ 건설 기술 장비
④ 건설 기술 시스템
⑤ 건설 기술 사이클

03 건설 구조물을 세우는 생산 과정을 바르게 나타낸 것은?

① 건설 시공 → 건설 설계 → 건설 기획
② 건설 설계 → 건설 시공 → 건설 기획
③ 건설 설계 → 건설 기획 → 건설 시공
④ 건설 기획 → 건설 설계 → 건설 시공
⑤ 건설 기획 → 건설 시공 → 건설 설계

04 '가설 공사'에 해당하는 것은?

① 조적 공사
② 배관 공사
③ 설비 공사
④ 방수 공사
⑤ 공사장 울타리 공사

05 '건설 기획'에 대하여 바르게 설명한 것은?

① 건설 설계에 따라 건설 구조물을 만들어 가는 활동으로 건설 관리가 함께 진행된다.
② 계획 설계, 기본 설계, 실시 설계 등의 단계를 통해 건설 구조물을 생산할 기본을 마련한다.
③ 구조물의 사용 목적, 규모와 예산, 의뢰자의 요구 조건, 대지 조건, 건설 시기와 공사 기간 등을 고려한다.
④ 건설 구조물이 완성되기까지의 세부 과정을 체계화하여 시공자가 이해하여 시공할 수 있도록 설계 도서로 나타내는 과정이다.
⑤ 설계 도면과 시방서에 따라 정해진 장소에서 정해진 기간 내에 최소의 비용으로 안전하고 합리적으로 건설 구조물을 만들어 나가는 활동이다.

06 다음에서 설명하고 있는 건설 기술은?

> 작성된 설계 도면에 따라 정해진 장소에서 정해진 기간 내에 최소의 비용으로 안전하고 합리적으로 건설 구조물을 생산하는 활동

① 건설 기획
② 건설 시공
③ 건설 설계
④ 건설 관리
⑤ 안전 관리

07 상부 구조물이 안전하게 지탱할 수 있도록 땅속에 구조물을 만드는 공사는?

① 가설 공사
② 토 공사
③ 기초 공사
④ 골조 공사
⑤ 마감 공사

08 계획 단계의 조건과 요구 사항을 바탕으로 배치도, 평면도 등의 도면을 작성하고 구조, 재료, 공사비 등을 기본적인 설계 도서에 포함하는 건설 설계는?

① 계획 설계
② 기본 설계
③ 실시 설계
④ 마감 설계
⑤ 시공 설계

09 본 공사를 하기 위하여 임시로 설치해 두었다가 공사가 끝나면 철거하여 정리하는 시설물 공사를 무엇이라고 하는가?

① 토공사   ② 기초 공사
③ 가설 공사   ④ 골조 공사
⑤ 마무리 공사

10 다음 중 토 공사의 종류가 <u>아닌</u> 것은?

① 대지 정리   ② 되메우기
③ 터파기   ④ 성토
⑤ 지정

11 다음 중 골조 공사에 해당되지 <u>않는</u> 것은?

① 목공사   ② 조적 공사
③ 철골 공사   ④ 배관 공사
⑤ 철근 콘크리트 공사

12 다음 보기가 설명하고 있는 골조 공사는?

〈 보기 〉

벽돌, 블록, 돌 등을 시멘트나 모르타르로 접착시켜 구조물을 쌓아 올리는 공사를 말하며, 소규모 건물이나 마무리 공사에 이용된다.

① 토 공사   ② 목 공사
③ 기초 공사   ④ 조적 공사
⑤ 마무리 공사

13 보기에서 건축 구조물에 해당하는 것을 있는 대로 모두 고른 것은?

〈 보기 〉

| ㉠ 아파트 | ㉡ 학교 | ㉢ 교량 |
| ㉣ 도서관 | ㉤ 공장 | ㉥ 터널 |

① ㉠, ㉡
② ㉠, ㉡, ㉢
③ ㉠, ㉡, ㉢, ㉣
④ ㉠, ㉡, ㉣, ㉤
⑤ ㉠, ㉡, ㉢, ㉣, ㉤, ㉥

14 건축 구조물의 특징에 대한 설명으로 옳지 <u>않은</u> 것은?

① 쾌적한 실내 환경을 만들어야 한다.
② 기능적으로 이용하기 편리해야 한다.
③ 경제적이며 오래 사용할 수 있어야 한다.
④ 주위 환경과의 조화는 아무런 상관이 없다.
⑤ 도난, 화재 등 재해로부터 안전이 확보되어야 한다.

15 보기 중 일체식 구조의 건축 구조물을 <u>모두</u> 고르시오.

① 목 구조
② 철골 구조
③ 입체 트러스 구조
④ 철근 콘크리트 구조
⑤ 철골 철근 콘크리트 구조

주관식 문제

16 설계자의 구상을 구체적으로 표현하기 위하여 도면으로 작성하는 과정을 무엇이라고 하는가?

_____

17 다음의 ( ) 안에 들어갈 알맞은 말은?

건설 구조물은 '기획 → ( ) → 시공'의 3단계를 거쳐서 완성된다.

_____

18 '건설 기획'의 의미와 방법에 대하여 간략하게 서술하시오. (100자 이내)

_____
_____
_____

06 건설 기술의 특징과 발달

① 건설 기술은 어떤 특징을 가지고 있을까

건설 기술은 우리의 생활환경을 조성하고, 국가 산업 발전에 필요한 다양한 시설물들을 종합적으로 개발하는 중요한 역할을 담당하고 있다.

특성	내용
공공성	인간 생활의 편익을 향상시키기 위한 것으로, 많은 사람이 함께 사용하기 위한 목적으로 이용된다.
지역성	지역에 따라 자연환경이나 문화, 전통 등이 다르므로, 건설 구조물의 규모와 용도, 형태 등이 달라진다.
종합성	다양한 학문과 기술이 상호 결합되어 이루어지는 종합 기술이므로, 각 분야의 조화를 고려한다.
일회성	규격화, 대량 생산하는 데 한계가 있고, 한 번 건설된 것은 다시 고치거나 해체하기 어려우므로 계획과 시공이 정확히 이루어져야 한다.
장기성	대부분 규모가 크고, 비용과 기간이 많이 들며, 오랜 기간 동안 사용하게 되므로 장래를 예측하여 설계·시공해야 한다.
경제성	많은 자본과 노동력이 투입되기 때문에 경제성이 있는지 충분히 검토해야 한다.

▲ 건설 기술의 특징

② 건설 기술은 어떻게 발달하였을까

1 세계 건설 기술의 발달

문명과 기술이 발달하여 지역 간의 교류가 활발해지면서 벽돌과 철 등 새로운 재료들이 건설 재료로 활용되었다.

❶ 고대: 지역의 문화, 환경, 종교에 따라 다양한 건설이 이루어졌다.
- 이집트: 내세적인 종교 관념에 의해 신전이나 피라미드와 같은 종교 건물들이 지어졌다.
- 그리스: 신도 인간과 같이 지상에서 살고 있다고 믿어 돌로 신전을 세웠다.
- 로마: 콘크리트가 발명되어 궁전, 주택, 경기장, 극장과 같은 실용적인 건축물들이 많이 세워졌다.

❷ 중세: 정치·종교적 상황에 따라 다양한 변화를 거쳤다.
- 유럽에서는 뾰족한 모양의 탑과 아치, 둥근 모양의 천장이 특징인 고딕 건축 양식이 발전하였다.

❸ 근대: 도시 형성, 인구 집중으로 인한 대규모 주거 공간이 필요해졌다.

- 18세기 후반 영국에서 시작된 산업 혁명은 건설 기술에도 큰 영향을 끼쳤다.
- 철, 유리, 시멘트, 플라스틱 등의 건축 재료가 개발되었으며, 철근 콘크리트 구조와 철골 구조를 이용한 고층 건물들이 등장하였다.

❹ 현대: 고층화, 대형화, 자동화, 규격화, 정보화, 지능화된 구조물이 등장하였다.
- 신소재 개발과 새로운 건설 공법 등으로 쾌적한 삶을 영위할 수 있는 공간이 이루어지고 있다.
- 자연 파괴와 환경오염 등의 문제점이 발생하고 있어 친환경 건설 구조물을 건축하기 위한 다양한 방법을 모색하고 있다.

2 우리나라 건설 기술의 발달

우리나라는 사계절이 뚜렷하고 산지와 평야의 자연환경이 달라서 지역별로 특색 있는 주거 환경이 발달하였다.

❶ 1960년대: 토목 공사를 중심으로 한 사회 간접 자본 시설 공사 위주의 건설이 이루어졌다.

❷ 1970년대: 대단위 아파트 단지, 다목적 댐 등 기술 집약적인 건축과 토목 공사가 큰 비중을 차지하였으며, 해외 건설 수출이 촉진되면서 수주 및 시공 능력이 크게 향상되었다.

❸ 1980년대: 고도의 기술이 요구되는 플랜트 분야를 수출할 수 있을 정도로 건설 기술 수준이 향상되었으며, 지하철 및 터널 공사, 해양 구조물이나 초고층 건축물 등을 세웠다.

❹ 1990년대 이후: 아랍에미리트 두바이의 초고층 빌딩, 리비아의 대수로 공사 등 대규모 프로젝트를 수행하여 우리나라의 건설 기술이 세계적인 수준에 올라 있음을 증명하였다.

③ 최신 건설 기술과 발달 전망을 알아볼까

1 최신 건설 기술

❶ 신기술과 신재료의 적용: 대규모의 초고층 인텔리전트 빌딩이 많이 건설되고 있으며, 고도화된 건설 기술과 고성능의 건설 재료가 필요하다.

❷ 컴퓨터의 이용: 건설 기계의 자동화와 로봇화는 생산성

향상을 가져왔다.

❸ 건설 기술의 패키지화: 설계, 시공 등 건설 과정을 일괄 작업함으로써 효과를 높이는 공사 관리 기술이 향상되었다.

❹ 문제점: 세계 각국에서 건설 기술 보호 정책이 강화되고 있으며, 기술 집약형 건설 기술의 해외 이전을 기피하고 있다.

2 미래의 건설 기술

❶ 새로운 건설 기술의 등장과 새로운 공간 조성

• 건설 구조물의 기획, 조사, 설계, 시공에 이르기까지 컴퓨터를 활용한 일관된 통제가 가능할 것으로 예상된다.

• 디지털 주택, 환경 공생 주택, 가변형 주택, 에너지 활용 주택, 캡슐 하우스 등과 같이 다양한 건축물이 널리 활용될 것이다.

❷ 다양한 기능을 가진 신소재 개발: 신소재 개발로 인해 지금보다 더 대형화, 고층화된 건설 구조물을 세울 수 있을 것이다.

❸ 발전 방향

• 소프트웨어 중심의 질적 성장과 고객의 다양한 수요에 부응하는 기술 개발을 통한 부가 가치가 높은 산업으로의 변화

• 기술 집약적이고 자동화된 공업 생산 방식의 일반 산업형 체계로 변환

01 다음의 〈보기〉가 설명하고 있는 건설 기술의 특징은?

〈 보기 〉

한 번 시공되면 변경이나 해체가 어렵다.

① 장기성   ② 일회성
③ 지역성   ④ 공공성
⑤ 종합성

※ [02~04] 건설 기술의 특징을 의미하는 것을 바르게 연결하시오.

02 지역성 •

       ① 많은 사람이 함께 사용하기 위한 목적으로 이용된다.

       ② 완성된 구조물은 오랜 기간 사용할 수 있어야 한다.

03 공공성 •

       ③ 한 번 시공되면 변경이나 해체가 어렵다.

       ④ 다양한 학문과 기술이 조화를 이룰 수 있도록 해야 한다.

04 경제성 •

       ⑤ 제주도는 화산섬이기 때문에 주로 돌을 이용해 집을 지었다.

05 중세 건설 기술에 대한 설명으로 바른 것은?

① 신전 건축이 발달하였다.
② 천연 동굴 및 움집 등이 중심이다.
③ 돔 구조와 첨탑 구조가 주를 이루었다.
④ 철, 유리 등 새로운 건설 재료가 개발되었다.
⑤ 건설 자재의 규격화로 대량으로 생산되고 있었다.

06 오늘날의 건설 기술의 특징으로 보기 어려운 것은?

① 자동화   ② 지능화
③ 정보화   ④ 초고층화
⑤ 지하층화

07 우리나라 건설 기술 발달에 대한 설명으로 바른 것은?

① 고대로부터 철, 유리 등 새로운 건설 재료가 개발되었다.
② 1960년대는 기술 집약적 건축·토목 공사가 큰 비중을 차지하였다.
③ 한옥은 우리나라 전통 건축물로 오늘날에도 세계의 찬사를 받고 있다.
④ 작은 반도형 국가라 지역별로 특색 있는 주거 환경이 발달하지 못했다.
⑤ 최근 대규모 건축물을 많이 건설하고 있지만 세계적인 수준에는 떨어진다.

08 건설 기술은 경제, 환경, 행정, 조경 등 다양한 분야의 학문과 기술의 영향을 받거나 고려해야 하는 것은 어떤 특성을 반영한 것인가?

① 종합성
② 지역성
③ 공공성
④ 장기성
⑤ 경제성

09 친환경 건설 기술에 대한 설명으로 가장 바르지 못한 것은?

① 지구 환경과 지역 환경을 보전한다.
② 자연 생태계에 미치는 영향을 최소화한다.
③ 주로 농촌, 어촌 등에 건축 구조물을 세운다.
④ 인간의 건강과 쾌적한 환경을 만드는 건설이다.
⑤ 자연 친화 건설, 생태 건축, 에너지 절약형 등을 종합한 건설을 말한다.

10 다음에서 알 수 있는 건설 기술의 특징은?

> 인천 공항은 2005년에 착공하여 2009년 10월 16일에 완공되었다.

① 공공성   ② 장기성
③ 종합성   ④ 일회성
⑤ 지역성

11 건설 기술의 발달 과정에서 종교의 영향을 많이 받은 시기는?

① 로마 시대
② 신석기 시대
③ 중세 시대
④ 산업 혁명 시대
⑤ 이집트, 그리스 시대

12 사람과 자연, 혹은 환경이 조화되며 공생할 수 있는 도시 체계를 갖춘 도시를 무엇이라고 하는가?

① 자연 도시   ② 공생 도시
③ 생태 도시   ④ 환경 도시
⑤ 거대 도시

13 반구형으로 된 지붕이나 천장을 무엇이라고 하는가?

① 아치   ② 돔
③ 볼트   ④ 조적
⑤ 귀틀

14 고대 건설 기술에 대한 설명으로 보기가 <u>어려운</u> 것은?

① 정치적, 종교적 영향을 받았다.
② 인공 도로인 로마의 석괴 포장도로가 있었다.
③ 실크로드가 개척되어 동서양 교류가 가능했다.
④ 중국의 진나라는 흉노족의 침입을 막기 위해 만리장성을 쌓았다.
⑤ 인구의 도시 집중으로 도로, 수로, 교량 등의 토목 공사가 활발하였다.

15 미래의 건설 기술에 대한 설명으로 바르지 <u>못한</u> 것은?

① 다양한 기능을 가진 신소재가 개발될 것이다.
② 인구의 감소로 인해 건설 영역도 침체될 것이다.
③ 새로운 건설 기술, 새로운 공간이 조성될 것이다.
④ 건축물의 이용과 관리 형태도 자동화가 될 것이다.
⑤ 건설 수요의 다양화, 정보화에 따라 기술에 많은 변화가 있을 것이다.

16 미래 건설 기술 중 '건설의 자동화·기계화'에 대한 설명으로 바른 것은?

① 새로운 건설 재료의 개발
② 새로운 공간의 개발 및 수요 증가
③ 시공 기술의 기계화와 기술 집약화
④ 고부가 가치 기술 경쟁 체제로의 전환
⑤ 국토의 효율적 이용과 건설 영역의 확대

07 건설 기술 문제, 창의적으로 해결하기

1 건설 기술과 관련된 문제를 이해해 볼까

1 건설 모형

설계 도면에 나타나 있는 대로 구조물의 공간과 외관을 입체적으로 표현하여 건설될 구조물을 미리 보거나 완성된 모양을 관찰할 수 있도록 여러 가지 재료를 이용하여 만든 것을 건설 모형이라고 한다.

2 건설 모형의 종류

❶ 전시용 모형: 정교하고 아름답게 미적 효과도 강조되어 친근감 있게 만들어진다.
❷ 연구용 모형: 건물의 형태, 내부 구조의 설계 등 구조물의 특성을 파악하기 위해 만들어진다.

3 건설 모형의 기능

❶ 설계도 보완: 모형은 완성된 건설 구조물의 형태를 볼 수 있어 완성된 입체의 모양이나 구조를 상상하는 데 도움을 준다.
❷ 설계 시간과 비용 절감: 모형 제작을 통해 구상 단계, 설계 단계에서 예측하지 못한 구조적 결함이나 시공상의 문제점을 사전에 검토할 수 있다.
❸ 아이디어 확장: 스케치와 같이 구상한 구조물을 실제 여러 형태로 표현할 수 있어 새로운 아이디어를 얻을 수 있다.
❹ 건설 구조물의 보존: 유실되었거나 역사적으로 가치 있는 구조물을 모형으로 제작·복원하여 보존할 수 있다.

> **하나 더 알기**
> 건설 모형 설계 시 주의 사항
> • 구상도의 내용이 충분히 반영될 수 있도록 한다.
> • 문제 해결에 필요한 요소가 반영될 수 있도록 한다.
> • 전문적인 기능이 필요한 건설 부속물에 대해서는 충분히 고민하고 대안을 세운 후 반영한다.
> • 실습 시간에 완성할 수 있는 작품을 중심으로 구상 및 설계를 한다.
> • 전체적인 비율이 지형에 맞게 제작될 수 있도록 건설 구조물 및 부속물을 설계한다.

4 건설 모형 제작 과정

모형 구상 및 배치도 그리기	전체의 특징이 잘 나타나고 구상한 내용이 잘 반영되도록 함
모형 바탕 제작	• 건설 구조물 위치 표시 • 지형 및 도로, 교량 제작
건설 구조물 및 부속물 제작	• 배치도에 따라 구조물 및 부속물 제작 • 구조물의 특징을 살리는 것이 중요 • 전체 모형의 균형과 크기 및 배치 방향에 맞게 제작
모형 조립 및 완성	완성된 건설 구조물과 부속물을 배치도에 맞게 조립한다.

5 건설 모형 제작 시 주의 사항

❶ 재료 준비를 철저히 해 제작 시 차질이 발생하지 않도록 한다.
❷ 글루건을 사용할 때에는 화상에 주의한다.
❸ 칼이나 톱을 사용하여 재료를 절단할 때에는 베이지 않도록 주의한다.
❹ 접착제를 사용할 때에는 손이나 옷 등에 묻지 않도록 주의한다.
❺ 칼, 글루건 등을 사용할 때에는 반드시 깔개를 사용한다.

> **하나 더 알기**
> 건축 설계 전에 계획해야 할 것
> ① 규모 계획: 적절한 규모로 계획한다.
> ② 교통 계획: 교통 실태를 조사하여 수요를 예측한다.
> ③ 평면 계획: 건설 구조물의 공간과 설비의 배치를 한다.
> ④ 환경 계획: 주변 환경과 어울릴 수 있도록 한다.
> ⑤ 배치 계획: 건폐율, 용적률, 일조, 통풍, 채광, 사생활 등을 고려한다.
> ⑥ 조형 계획: 통일과 변화, 조화와 대조, 비례와 균형 등이 이루어질 수 있도록 한다.
> ⑦ 구조 계획: 건설 구조물의 뼈대에 대해 계획하며, 시공성, 내구성, 경제성 등을 고려한다.

01 건설 모형에 대한 설명으로 바르지 못한 것은?

① 실제로 시공할 때 완성도를 기할 수가 있다.
② 구조물의 완성된 모양을 입체적으로 볼 수 있다.
③ 모형 제작을 통해 구조적인 결함을 바로잡을 수 있다.
④ 모형 제작을 통해 설계 내용의 오류를 바로잡을 수 있다.
⑤ 건설은 도면에 그려진 그림과 내용만으로는 이해할 수 있다.

02 건설 모형의 기능이 아닌 것은?

① 설계도 보완
② 아이디어 확장
③ 설계 비용 절감
④ 설계 시간 절감
⑤ 건설 구조물 철거

03 다음 보기가 설명하고 있는 건축 설계 전 구상과 계획은?

〈 보기 〉
통일과 변화, 조화와 대조, 비례와 균형 등이 이루어질 수 있도록 한다.

① 규모 계획
② 교통 계획
③ 환경 계획
④ 배치 계획
⑤ 조형 계획

04 건축 설계 전 구조 계획에 해당하는 것은?

① 적절한 규모로 계획한다.
② 주변 환경과 어울릴 수 있도록 한다.
③ 건설 구조물의 공간과 설비를 배치한다.
④ 시공성, 내구성, 경제성 등을 고려한다.
⑤ 교통 실태를 조사하여 수요를 예측한다.

05 건설 모형 설계 시 주의 사항으로 보기 어려운 것은?

① 충분히 고민하고 대안을 세운 후 반영한다.
② 구상도의 내용이 충분히 반영될 수 있도록 한다.
③ 문제 해결에 필요한 요소가 반영될 수 있도록 한다.
④ 전통적으로 정해진 방법으로 설계하는 것이 중요하다.
⑤ 전체적인 비율이 지형에 맞게 건설 구조물 및 부속물을 설계한다.

06 건설 모형 제작 실습 시 주의 사항으로 옳지 않은 것은?

① 재료 준비는 실습 단계마다 준비를 한다.
② 글루건을 사용할 때에는 화상에 주의한다.
③ 칼 등을 사용할 때는 반드시 깔개를 사용한다.
④ 칼이나 톱을 사용하여 재료를 절단할 때에는 베이지 않도록 주의한다.
⑤ 접착제를 사용할 때에는 손이나 옷 등에 묻지 않도록 주의한다.

주관식 문제

07 다음이 설명하고 있는 것은?

설계 도면에 나타나 있는 대로 구조물의 공간과 외관을 입체적으로 표현하여 건설될 구조물을 미리 보거나 완성된 모양을 관찰할 수 있도록 여러 가지 재료를 이용하여 만든 것

대단원 정리 문제

01 다음에서 설명하고 있는 것은 무엇인가?

> 생산이나 제조에 쓰이는 물리적인 원자재나 부품을 뜻하며, 넓은 의미로는 제품 생산에 필요한 원료를 통틀어 말함

① 공구　　　　　　　② 재료
③ 정보　　　　　　　④ 제조
⑤ 제재

02 다음에서 설명하고 있는 제품 설계 과정은?

> • 제품을 대량 생산하기 전에 임시 제작하는 과정(결점 파악)
> • 다양한 방법으로 제작

① 제품 기획　　　　　② 개념 설계
③ 제품 설계　　　　　④ 시제품 제작
⑤ 시험 및 평가

03 원재료의 모양이나 특성을 변화시켜 최종 부품이나 제품에 가까운 형태로 만드는 공정으로 성형 공정, 성질 향상 공정, 표면 처리 공정이 있는 공정은?

① 가공 공정　　　　　② 조립 공정
③ 검사 공정　　　　　④ 시험 공정
⑤ 설계 공정

04 다음의 빈칸 중 ㉡에 알맞은 제품 설계 과정은?

① 개념 설계　　　　　② 제품 설계
③ 시제품 제작　　　　④ 시제품 시험 및 평가
⑤ 제품 생산

05 제품 설계 과정에서 등각투상법이나 사투상법으로 형태와 치수를 대략적으로 나타내는 단계는?

① 구상하기　　　　　② 구상도 그리기
③ 정보 수집하기　　　④ 재료 구입하기
⑤ 제작도 그리기

06 다음 설명을 가장 바르게 정의하고 있는 것은?

> 효율적으로 제품을 생산하기 위해서 '투입 → 과정 → 산출 → 되먹임' 단계를 거치는 것과 같은 일련의 제조 과정과 이에 관여하는 다양한 요소

① 제품 생산 시스템　　② 제작 과정 시스템
③ 생산 과정 시스템　　④ 제조 기술 시스템
⑤ 공정 기술 시스템

07 다음이 설명하고 있는 도면은?

> 완성된 구상도를 바탕으로 하여 제품의 모양, 크기, 구조, 재료, 부품의 조립 방법 등과 같이 제품을 만들 때 필요한 정보를 나타낸 도면

① 구상도　　　　　　② 부품도
③ 상세도　　　　　　④ 제작도
⑤ 투상도

08 다음 보기가 설명하고 있는 선은?

〈 보기 〉

> 물체의 보이지 않는 부분을 나타내는 선

① 해칭　　　　　　　② 중심선
③ 파단선　　　　　　④ 숨은선
⑤ 외형선

09 다음 그림은 어떤 도면을 3각법으로 나타낸 것이다. ㉠ 그림의 명칭은?

① 평면도
② 정면도
③ 배면도
④ 좌측면도
⑤ 우측면도

10 그림처럼 해머나 프레스와 같은 기계로 타격을 하여 모양을 만드는 가공 방법은?

① 단조 가공
② 압연 가공
③ 인발 가공
④ 압출 가공
⑤ 절삭 가공

11 제조 기술의 특징 중 경제적 특징에 해당하는 것은?

① 삶의 질을 향상시키다.
② 지역 경제를 활성화시킨다.
③ 심각한 환경 문제의 원인이 된다.
④ 일상생활에 필요한 제품을 제공한다.
⑤ 기술적인 해결책을 개발하기 위해 노력한다.

12 다음과 같은 내용의 특성을 가진 목재 가공재는?

· 외관이 아름답고, 강도가 강하며, 곡면으로 만들 수 있다.
· 판재나 각재를 나뭇결 방향으로 나란히 모아 접착제를 바른 후 열을 가해 압착하여 만든다.

① MDF
② 파티클 보드
③ 집성재
④ 합판
⑤ 플로어링

13 다음 중 플라스틱의 특성으로 보기 어려운 것은?

① 주로 두들겨서 필요한 모양을 만든다.
② 가벼우며, 단단한 강도를 가지고 있다.
③ 착색제를 활용하여 제품에 색깔을 넣을 수 있다.
④ 녹슬지 않거나 전기가 통하지 않는다.
⑤ 원래 모양대로 되돌아오는 탄성이 좋다.

14 다음 중 금속 재료 특성에 대한 설명이 아닌 것은?

① 일정한 녹는점을 가진다.
② 고유의 색깔을 가지고 있다.
③ 대부분 강도와 경도가 크다.
④ 연성과 전성 등 가공성이 우수하다.
⑤ 전기 전도도는 우수하나 열전도성은 다소 부족하다.

15 다음이 설명하고 있는 미래의 제조 기술은?

사물 인터넷과 가상 물리 시스템을 기반으로 지능화된 설비와 공정이 생산 네트워크로 연결되고, 모든 생산 데이터와 정보를 실시간으로 공유하고 활용하여 최적화된 생산 운영이 가능한 공장

① 가내 수공업
② 공장 기계 공업
③ 제조 자동화 공장
④ 통신 제어 공장
⑤ 스마트 공장

16 다음 (   ) 안에 알맞은 말은?

자연환경의 불리함을 극복하고 편리하고 안락한 생활을 영위하기 위하여 인간 생활에 필요한 구조물과 시설물을 만드는 수단이나 활동을 (   )(이)라고 한다.

① 건설 기술
② 수송 기술
③ 제조 기술
④ 통신 기술
⑤ 정보 기술

17 건설 기술에서 '투입 → 과정 → 산출 → 피드백' 단계를 거치는 일련의 건설 과정과 이에 관여하는 다양한 요소를 통틀어 무엇이라고 하는가?

① 건설 기술 공정
② 건설 기술 관리
③ 건설 기술 장비
④ 건설 기술 사이클
⑤ 건설 기술 시스템

18 건설 구조물을 세우는 생산 과정을 바르게 나타낸 것은?

① 건설 시공 → 건설 설계 → 건설 기획
② 건설 기획 → 건설 설계 → 건설 시공
③ 건설 기획 → 건설 시공 → 건설 설계
④ 건설 설계 → 건설 기획 → 건설 시공
⑤ 건설 설계 → 건설 시공 → 건설 기획

19 제시문이 설명하고 있는 건설 기술은?

> 건설 구조물의 사용 목적, 건설 장소, 규모, 공사 시기 등 전반적인 흐름을 생각하여 건설 구조물에 대한 기본 계획을 세우는 것

① 건설 기획 ② 건설 시공
③ 건설 설계 ④ 건설 관리
⑤ 안전 관리

20 공공용 건축 구조물이 아닌 것은?

① 학교 ② 병원
③ 극장 ④ 박물관
⑤ 도서관

21 다음이 설명하고 있는 공사는?

> 본 공사를 시행하는 데 필요한 임시 시설이나 울타리, 공사용 동력, 용수 설비, 안전 설비, 작업장, 숙소 등의 설비를 세우는 공사

① 토 공사 ② 목 공사
③ 기초 공사 ④ 가설 공사
⑤ 마무리 공사

22 다음이 설명하고 있는 건설 기술의 특징은?

> 인간 생활의 편익을 향상시키기 위한 것으로, 많은 사람이 함께 사용하기 위한 목적으로 이용된다.

① 장기성 ② 일회성
③ 지역성 ④ 공공성
⑤ 종합성

23 최근의 건설 기술에 대한 설명으로 잘못된 것은?

① 컴퓨터의 이용
② 건설 기술의 패키지
③ 신기술과 신재료의 적용
④ 건설 기술 공유 정책의 강화
⑤ 건설 기술 정보망의 구축 및 활용

24 친환경 건설 기술에 대한 설명으로 가장 바르지 못한 것은?

① 지구 환경과 지역 환경을 보전한다.
② 자연 생태계에 미치는 영향을 최소화한다.
③ 주로 농촌, 어촌 등에 건축 구조물을 세운다.
④ 인간의 건강과 쾌적한 환경을 만드는 건설이다.
⑤ 자연 친화 건설, 생태 건축, 에너지 절약형 등을 종합한 건설을 말한다.

25 미래의 건설 기술에 대한 설명으로 바르지 못한 것은?

① 새로운 건설 기술, 새로운 공간이 조성될 것이다.
② 다양한 요구를 만족시키는 신소재가 개발될 것이다.
③ 인구의 감소로 인해 건설 기술 영역도 침체될 것이다.
④ 건설의 정보화에 따라 기술에 많은 변화가 있을 것이다.
⑤ 건축 구조물의 이용과 관리 형태도 자동화될 것이다.

26 미래 건설 기술 중 '건설의 자동화·기계화'에 대한 설명으로 바른 것은?

① 새로운 건설 재료의 개발
② 새로운 공간의 개발 및 수요 증가
③ 시공 기술의 기계화와 기술 집약화
④ 고부가 가치 기술 경쟁 체제로의 전환
⑤ 국토의 효율적 이용과 건설 영역의 확대

27 건설 모형에 대한 설명으로 바르지 못한 것은?

① 실제로 시공할 때 완성도를 기할 수가 있다.
② 구조물의 완성된 모양을 입체적으로 볼 수 있다.
③ 모형 제작을 통해 구조적인 결함을 바로잡을 수 있다.
④ 모형 제작을 통해 설계 내용의 오류를 바로잡을 수 있다.
⑤ 건설은 도면에 그려진 그림과 내용만으로는 이해할 수 있다.

28 건설 모형의 기능이 아닌 것은?

① 설계도 보완 ② 아이디어 확장
③ 설계 비용 절감 ④ 설계 시간 절감
⑤ 건설 구조물 철거

29 설계 시 주의 사항으로 보기 어려운 것은?

① 충분히 고민하고 대안을 세운 후 반영한다.
② 구상도의 내용이 충분히 반영될 수 있도록 한다.
③ 문제 해결에 필요한 요소가 반영될 수 있도록 한다.
④ 전통적으로 정해진 방법으로 설계하는 것이 중요하다.
⑤ 전체적인 비율이 지형에 맞게 건설 구조물 및 부속물을 설계한다.

30 실습 시 주의 사항으로 옳지 않은 것은?

① 재료 준비는 실습 단계마다 준비를 한다.
② 글루건을 사용할 때는 화상에 주의한다.
③ 칼 등을 사용할 때는 반드시 깔개를 사용한다.
④ 칼이나 톱을 사용하여 재료를 절단할 때는 베이지 않도록 주의한다.
⑤ 접착제를 사용할 때는 손이나 옷 등에 묻지 않도록 주의한다.

31 선의 종류와 용도 중 물체의 절단면을 나타내는 선을 무엇이라고 하는가?

① 해칭
② 지시선
③ 파단선
④ 외형선
⑤ 숨은선

32 알루미늄과 그 합금에 대한 설명으로 바르게 설명하지 못한 것은?

① 녹이 잘 슬지 않는다.
② 주조성과 내마멸성이 우수하다.
③ 가볍고 전기 · 열 전도성이 우수하다.
④ 전성과 연성이 좋아 가공하기 어렵다.
⑤ 창틀, 자동차, 비행기 부품 등에 이용된다.

33 '건설 기획'에 대하여 바르게 설명한 것은?

① 건설 설계에 따라 건설 구조물을 만들어 가는 활동으로 건설 관리가 함께 진행된다.
② 계획 설계, 기본 설계, 실시 설계 등의 단계를 통해 건설 구조물을 생산할 기본을 마련한다.
③ 구조물의 사용 목적, 규모와 예산, 의뢰자의 요구 조건, 대지 조건, 건설 시기와 공사 기간 등을 고려한다.
④ 건설 구조물이 완성되기까지의 세부 과정을 체계화하여 시공자가 이해하여 시공할 수 있도록 설계 도서로 나타내는 과정이다.
⑤ 설계 도면과 시방서에 따라 정해진 장소에서 정해진 기간 내에 최소의 비용으로 안전하고 합리적으로 건설 구조물을 만들어 나가는 활동이다.

34 계획 단계의 조건과 요구 사항을 바탕으로 배치도, 평면도 등의 도면을 작성하고, 구조, 재료, 공사비 등을 기본적인 설계 도서에 포함하는 건설 설계는?

① 계획 설계   ② 기본 설계
③ 실시 설계   ④ 마감 설계
⑤ 시공 설계

35 다음은 어떤 기술에 대한 설명인가?

> 자연에 있는 열 가지 재료를 다양한 방법으로 가공 · 처리하여 인간의 생활에 필요한 제품으로 변화하는 활동에 사용하는 기술

36 다음이 설명하고 있는 것은?

> 자연에 있는 여러 가지 재료를 다양한 방법으로 가공 · 처리하여 인간의 생활에 필요한 제품으로 변화하는 활동

37 다음의 빈칸 ㉠, ㉡에 알맞은 말은?

> 건설 기술은 공동생활 기반을 만드는 (㉠)와(과) 인간이 생활하는 데 필요한 능률적인 공간을 만드는 기술인 (㉡)(으)로 구분된다.

38 다음 빈칸에 알맞은 말은?

> 건설 구조물은 '기획 – (   ) – 시공'의 3단계를 거쳐서 완성된다.

39 구조물의 하중을 지탱하기 위해 목재, 벽돌, 철근 콘크리트, 철골 등을 사용하여 벽체, 기둥, 보, 바닥 등의 주요 구조물을 만드는 공사를 무엇이라고 하는가?

40 생산 기술의 개념 및 종류에 대하여 간략하게 서술하시오. (100자 이내)

41 최신 건설 기술과 발달 전망에 대하여 간략하게 서술하시오. (150자 이내)

42 '건설 기획'의 의미와 방법에 대하여 간략하게 서술하시오. (100자 이내)

수 행 활 동

수행 활동지 ❶ 제품의 재료, 설계, 공정의 과정 알아보기

단원	V. 생산 기술 시스템 01. 생산 기술의 이해
활동 목표	생산 기술을 이해하고, 하위 요소인 재료, 설계, 공정을 설명할 수 있다.

● 필기를 할 때 흔히 사용하는 연필의 재료, 설계, 제조 공정을 조사해 보자.

제조 공정	과제 해결 내용
재료 (원료)	흑연, 나무, 고무(지우개), 함석 등
설계 (도면)	
공정 (과정)	

공정(과정)

1단계 재료의 반죽	2단계 모양 성형	3단계 굽기	4단계 나무판에 홈 만들기	5단계 나무판 사이에 연필심 넣기	6단계 연필 모양대로 깎기	7단계 라벨 인쇄
연필심의 재료가 되는 흑연과 점토를 물과 반죽하여 혼합한다.	반죽된 혼합물질을 국수 뽑는 것과 같이 기다란 막대 형태로 뽑아 낸다.	막대를 1000℃ 이상되는 높은 온도의 가마에서 굽기를 하면 연필심이 된다.	두 장의 나무판에 연필심을 넣을 수 있는 반달형의 홈을 만든다.	홈에 연필심을 넣고 나무판 두 장을 접착시킨다.	연필심이 들어 있는 나무판을 육각 형태로 깎는다.	표면에 고운 색감을 입히고 라벨을 인쇄하면 연필이 완성된다.

※ 주의 사항

1. 연필은 일반적으로 사용하는 나무 연필을 대상으로 한다.
2. 설계는 표준화 규격 또는 각자의 손에 맞는 제품으로 할 수 있다(신제품 디자인).

단원	**V. 생산 기술 시스템** 05. 건설 기술 시스템과 생산
활동 목표	건설 기술 시스템의 의미를 이해하고, 토목 구조물의 생산 과정과 특성을 구체적으로 설명할 수 있다.

◯ 내 직업이 토목 설계 기획자라고 가정하고, 다음 문제를 해결해 보자.

> 토목 구조물은 도로, 항만, 댐, 교량 등과 같이 자연을 효과적으로 이용하여 인간이 보다 좋은 환경에서 생활하기 위하여 생활 환경을 정비하고, 자연 환경을 바꾸는 구조물이다. 이러한 토목 구조물은 규모가 크고 반영구적이므로 경제성, 효용성 등을 충분히 검토한 후에 건설해야 한다.

❶ 다음 각 토목 구조물의 문제점을 조사해 보고, 해결 방법을 제안해 보자.

구분	문제점	해결 방법 제안
도로		
항만		
교량		
공항		

❷ 위의 ❶에서 알 수 있는 공통된 문제점을 분석해 보고, 자신이 토목 건설 기획자의 입장에서 문제를 해결할 수 있는 정책을 제안해 보자.

공통된 문제점	
정책 제안	

정답과 해설

청소년기 발달의 이해

01 ②	02 ④	03 ③	04 ④	05 ①
06 ②	07 ⑤	08 ④	09 ③	10 ⑤
11 ②	12 ④	13 ⑤	14 ④	15 ⑤
16 ⑤	17 2차 성징			

18 • 자주성이 강하다.
  • 자신이 독특한 존재라는 것을 스스로 잘 이해한다.
  • 삶의 목표를 확실히 정한다.
  • 모든 일에 자신감을 가지고 주도적으로 일을 처리한다.
  • 자신을 유용한 사람이라고 생각하여 주변 사람과의 관계가 원만하다.

01 영양 상태와 건강 상태가 좋아지면서 성장 급등 시기가 점차 빨라지고 있다.

02 2차 성징과 청소년기의 성장 급등과는 연관성이 있어서 성조숙증으로 인해 2차 성징이 빨리 일어나면 성장판이 조기에 닫혀 키가 제대로 크지 못할 수 있다.

03 청소년들의 성장 시기가 점차 빨라지고 있으며, 일반적으로 여자가 남자보다 성장 급등 현상이 먼저 일어나고 있다. 하지만 성장 급등 현상은 개인차가 있다.

04 문제의 내용은 청소년들의 자기 중심성 중에서 '개인적 우화'를 다룬 것이다. 이는 자신은 남들과 달라서 어떠한 사고도 일어나지 않고 절대 다치지 않을 것이라고 생각해서 위험하거나 무모한 행동을 하기도 하는 특성을 일컫는다.

05 청소년기에 발달하는 가설적 사고는 문제 해결을 위해 가설을 세우고 차례로 시험하면서 정답의 범위를 단계적으로 좁혀 나가는 사고이다.

06 청소년기의 도덕성 발달 특징 중 사례를 통해 알 수 있는 것은 행동의 의도와 동기를 중요하게 생각한다는 것이다.

07 청소년기는 정서적 변화가 심하고, 감수성이 예민하며, 정서적으로 불안·초조해지기 쉬운 시기이다. 그러나 추상적 사고의 발달로 구체적인 사물에 대해 공포를 느낀다고 볼 수 없다.

08 청소년기에는 '나는 무엇인가', '무엇을 해야 하는가'와 같은 질문을 하며, 개인의 신체적 특징은 물론 능력·흥미·욕구·자신의 위치와 역할 및 책임에 대한 인식을 하게 된다. 이것을 자아 정체감이라고 한다.

09 자아 정체감은 자신이 누구이고, 무엇을 하는 사람이며 앞으로 어떻게 할 것인가에 대한 신념이다. 따라서 자아 정체감이 확립된 사람은 자신에 대한 가치와 자신감을 느끼며, 반면에 자아 정체감이 제대로 형성되거나 확립되지 못한 사람은 불안감과 자아 정체감의 위기를 느끼게 된다.

10 청소년기에는 경제 및 정서적으로 부모님으로부터 독립하기에는 이른 시기이다.

11 근육이 발달하고 몽정을 경험하는 것은 남자, 초경과 골반이 넓어지는 것은 여자에 해당한다.

12 성장 급등은 남자보다 2~3년 빨리 여자 청소년에게 먼저 보이기 시작한다.

13 도덕성이 높은 사람일수록 대체적으로 긍정적인 사고를 하는 경향을 보인다.

14 실제로는 아무도 자신을 보고 있지 않으나 주변 사람들이 자신만을 집중해서 보고 있다는 착각 속에서 보이지 않는 관중을 만들어 생각하게 되는 현상을 이야기한다.

15 단순히 주변의 조언이나 태도 등을 받아들인다고 자아 정체감이 완성되지는 않는다.

17 청소년기가 되면 성호르몬의 분비로 인해서 1차 성징에 따른 성 구분이 아닌 남녀를 구분 짓는 뚜렷한 성징이 나타나게 된다.

01 ④	02 ④	03 ④	04 ②	05 ⑤
06 ⑤	07 ②	08 또래 문화		09 동조

10 • 신체 접촉의 한계를 분명히 한다.
  • 서로 예의를 지키고 몸가짐을 바르게 한다.
  • 자신의 감정을 분명히 말하되 상대방의 의견도 존중해 준다.
  • 공개된 장소에서 만남을 가지고 학업에 소홀하게 되지 않도록 배려한다.

11 • 같은 또래끼리 함께함으로써 즐거움과 정서적 만족감을 얻는다.
- 비슷한 갈등과 고민을 이야기하며 마음의 위안과 안정을 얻는다.
- 함께 공부하면서 학습에 필요한 도움을 얻는다.
- 선의의 경쟁을 통해 인간관계의 기술을 배운다.
- 친구의 인정과 격려를 통해 긍정적 자아 정체감을 형성하게 된다.

01 청소년기는 또래 집단의 영향력이 매우 강한 시기이므로 친구 관계 역시 매우 중요하다. 특히 청소년기의 친구 관계는 학업에 도움을 주고받을 수 있고, 서로를 이해하고 지지해 주며, 원만한 대인관계를 유지하는 방법을 배울 수도 있고, 자아 정체감 발달에 도움이 되는 등 정서·성격·가치관 형성에 큰 영향을 미친다.

02 이성 교제 시 옷차림은 단정하게 하고, 공개된 장소에서 만나며, 데이트 비용은 각자 적절히 부담하고, 상대방의 동의 없이 신체 접촉을 하지 않으며, 건전한 집단 활동을 통해 자연스럽게 만나는 것이 좋다.

03 이성 친구는 물론 동성 친구와의 사이에서도 예절을 지키고 친구를 존중하며 진심으로 배려하는 태도는 좋은 친구를 만들기 위한 기본이다.

04 청소년들은 자기네들끼리의 강한 동조 현상을 보이고 가급적 성인의 규제나 통제는 피하려는 특성이 있다. 이는 청소년기 사회성 발달을 도와준다.

05 청소년기의 이성 교제는 부모님의 허락 하에 공개된 장소에서 만나는 게 바람직하다.

06 가까운 사이라 할지라도 금전적 거래는 하지 않는 게 좋다.

03 청소년기의 건강한 성 가치관 정립 → 17쪽

01 ④	02 ③	03 ⑤	04 ②	05 ②
06 ⑤	07 ③	08 ①	09 ①	10 ②
11 ⑤	12 ④	13 ⑤	14 ⑤	15 ①

16 ㉠ 난관, ㉡ 수정 **17** 고환

18 경구 피임약(먹는 피임약)

19 • 월경은 생리라고도 하며, 배란된 난자가 정자를 만나지 못하면 두꺼워진 자궁 내막의 혈관이 파열되면서 혈액의 질을 통해 몸 밖으로 나오는 현상이다.
- 월경 주기는 월경 시작한 날로부터 다음 월경이 시작하기 전날까지로 보통 28~35일 정도이다.

20 배란은 성숙한 난자가 한 달에 한 개씩 좌우 난소에서 교대로 배출되는 현상이고, 배란일은 다음 월경 예정일에서 14일 전쯤으로 예정일을 짐작할 수 있다.

21 사후 피임약으로 성관계 후 72시간 안에 먹어야 하고, 의사의 처방이 있어야 구입할 수 있으며, 고농축 호르몬이 포함되어 있어 함부로 먹는 것은 위험하다.

22 • 신체적 문제
각종 성 관련 질병에 감염되거나 원치 않은 임신이 될 수 있고, 만약이 임신이 되면 인공 임신중절 등의 가능성이 높아져서 성숙되지 않은 신체에 악영향을 미치게 된다.
- 정신적 문제
왜곡된 성의식 형성이 형성될 수 있어 성에 대한 공포나 두려움을 갖게 될 수 있고, 자신의 행동에 대한 잘못을 자신의 탓으로 돌리게 되면 자아 존중감이 저하될 수 있다. 특히 다른 사람(가해자 등)에 대한 부정적 이미지 형성으로 대인관계의 어려움을 겪게 된다.
- 사회적 문제
성과 사회에 대한 불신감이 형성되어 사회에 부정적인 시선을 갖게 되고, 더 나아가 비행과 범죄에 쉽게 노출될 수 있으며, 자신이 사회에 적응하기 어려워 학업을 중단하거나 직업 선택과 결혼 생활 등에서 문제 발생할 가능성이 매우 높다. 그러므로 청소년들이 성매매를 유인하는 환경에 노출되지 않도록 하고, 성매매가 인격을 말살하는 행위임을 간과하지 않도록 하여 성매매에 관여하거나 얽히는 일이 절대 생기지 않도록 성에 대한 올바른 가치관과 성의식을 가질 수 있도록 해야 한다.

23 • 경제적인 측면
임신을 하여 출산을 하면 이에 따른 육아 비용을 담당할 수 없게 되어 문제가 발생할 수 있다. 육아 비용은 10대가 불안정한 고용 상태에서 감당하기 어렵기 때문에 아이의 방치나 유기, 심지어 살해 등의 문제로 이어진다.
- 취업과 학업 측면
10대에 임신과 출산을 하여 부모가 되면 아이를 부양하기 위해 직업을 갖게 되면서 당연히 학업을 포기하게 되며, 학업을 중단한 상태에서 취업을 하게 되면 안정적이고 급여가 넉넉한 직업을 갖기 어렵게 되므로 힘이 들게 될 것이다.
- 10대 부모에 대한 부정적인 시선과 편견은 부담이 될 수 있다. 아직 부모가 되기에 준비가 덜 된 상태에서 부모의 역할을 감당하기에는 자신도 어려울 뿐 아니라 이를 지켜보는 주변의 시선도 부담이 될 수 있다.

01 성은 몸(生)과 마음(心)이 결합된 형태로, 신체적인 생명과 정신적인 사랑이 결합된 것이므로 소중한 것이다.

02 성에 대한 바람직한 의식은 상대방을 존중하고 이해하여 서로가 책임질 수 있는 행동을 하는 것이다. 성 행동은 상대방을 배려해야 하고, 성에 대한 욕구는 조절할 수 있도록 해야 한다.

03 부고환은 정자를 성숙시키고 저장하는 곳이고, 고환을 감싸 주는 것은 음낭이다.

04 착상은 정자와 난자가 만나 수정된 수정란이 수란관으로부터 자궁으로 이동하여 자궁 내벽에 자리 잡는 것으로, 정자가 자궁으로 이동하는 것이 아니다. 정자와 난자가 만나 수정란이 되어 자궁에 착상을 하게 된다.

05 그림에서 ㉠은 난소로 좌우에 한 개씩 있으며, 성호르몬을 분비하고 성숙된 난자를 생산하여 배출하는 곳이다.

06 난관은 난소와 자궁을 연결하는 관으로 배란된 난자가 이동하는 통로이며, ㉠은 난소이다.

07 배란은 성숙한 난자가 한 달에 한 개씩 좌우 교대로 배출되는 현상이고, 월경은 배란된 난자가 정자를 만나지 못하면 두꺼워진 자궁 내막의 혈관이 파열되면서 혈액이 질을 통해 몸 밖으로 나오는 현상이다.

08 임신은 난자가 자궁으로 가는 중에 정자와 만나 수정되면 수정란이 되어 자궁으로 이동한 후 자궁벽에 착상하여 성장하는 전 과정이다.

09 질은 분만 시 태아가 나오는 길이며, 자궁으로부터 분비물이나 월경 때 혈액이 나오는 길이기도 하다.

10 사정은 정액이 음경 속 요도를 거쳐 몸 밖으로 배출되는 현상이고, 몽정은 잠잘 때 등 무의식중에 정액이 배출되는 현상이다.

11 배란된 난자가 정자를 만나지 못하면 두꺼워진 자궁 내막의 혈관이 파열되면서 혈액의 질을 통해 몸 밖으로 나오는 현상이다.

12 성에 대해 궁금한 점은 전문가나 학교 보건 선생님들에게 상담을 하고 인터넷을 통해 무분별한 정보를 획득하지 않도록 한다.

13 배란은 성숙한 난자가 한 달에 한 개씩 좌우 난소에서 교대로 배출되는 현상이다.

14 10대 성매매의 경우 정신적으로 대인 기피증이 생기거나 대인관계에 문제가 발생할 수 있고, 직업 선택이나 결혼 생활에서도 문제가 발생할 확률이 높다.

15 콘돔은 남자의 음경에 씌우는 비닐 주머니로, 값이 싸고 단단하며 성병 예방에도 도움이 된다.

16 여성의 생식 기관 중 난관에서 정자와 난자가 만나 결합을 하여 수정란이 되고, 정자가 난자의 막을 뚫고 들어가는 현상을 수정이라고 한다. 임신은 난자가 자궁으로 가는 중에 정자와 만나 수정되면 수정란이 되어 자궁으로 이동한 후 자궁벽에 착상하여 성장하는 전 과정이다.

1단원 _ 대단원 정리 문제				→ 20쪽
01 ⑤	02 ④	03 ③	04 ④	05 ⑤
06 ②	07 ②	08 ④	09 ④	10 ⑤
11 ⑤	12 ⑤	13 ③	14 ③	15 ④
16 ③	17 ⑤	18 ③	19 ③	20 ③
21 ①	22 ①	23 ⑤	24 ③	25 ④
26 ③	27 ⑤	28 ④	29 ① – ㉠, ② – ㉡	
30 ④	31 ④	32 ⑤	33 ③	34 ①
35 ③	36 ④	37 ④	38 ③	

39 발달 과업　　　**40** 임신

41 루프 삽입, 콘돔, 월경 주기 이용법, 정관 수술, 피임약 복용 등

42 성적 자기 결정권

43 • 자기 자신에 대한 일관성 있는 이해와 인식
　• 자신이 다른 사람과 구별되는 독특한 존재임을 인식하는 것
　• 자기 성찰에 대한 답을 찾는 과정에서 형성되는 것
(위의 내용이 들어 있거나 표현은 다소 차이가 있으나 이를 의미하는 것은 정답으로 간주함)

44 • 성숙 수준이 비슷하므로 심리적 안정감과 정서적 지원을 받을 수 있다.
　• 소속감을 느끼게 되어 긍정적 자아 정체감 형성에 도움을 받을 수 있다.
　• 자신을 적절하게 표현하는 방법을 배워 사회성 발달에 도움을 받을 수 있다.

01 청소년기에는 경제 및 정서적으로 부모님으로부터 독립하기에는 이른 시기이다.

02 청소년기에는 신체적인 성장뿐만 아니라 정신적, 정서적으로도 큰 변화를 경험하게 된다.

03 부모와의 갈등은 청소년기에 더욱 심화되는 경향을 보인다.

04 질풍노도의 시기이며 발달 속도 역시 일정하지 않다. 구체적 대상이 있어야 사고할 수 있는 단계를 벗어나 추상적 사고가 가능하며, 2차 성장 급등기이기는 하나 신체적 성장 속도가 가장 빠른 시기는 생후 1년까지의 영유아기이다.

05 긍정적인 자아 정체감을 형성한 청소년일수록 다양한 분야에 관심을 보인다.

06 상대적 사고 과정에 대한 설명이다.

07 정서가 안정된 사람일수록 다른 사람들과 대등한 관계 속에서 원만한 인간관계를 유지하며 지낸다.

08 신체 각 부분의 성장 속도는 각각 다르며, 신체 부위 중 머리가 차지하는 비중이 줄어들고, 성장 급등 시기는 여자가 남자보다 2~3년 빨리 나타난다.

09 지적 수준과 신체 발달 속도는 관련이 거의 없다.

11 여자가 남자보다 2~3년 더 빨리 나타난다.

12 성장 속도가 각각 달라서 일시적인 불균형 상태가 나타나기도 한다.

13 이성 친구를 사귀면서 학업에 소홀하게 된다면 학생으로서는 부정적인 결과를 초래하는 것이 된다.

14 10대의 무분별한 성관계는 많은 부작용을 초래하므로 그러한 상황을 사전에 차단하는 것이 현명한 방법이다.

16 2차 성징에 대한 설명이다.

17 응급 피임약이라 할지라도 의사 처방전이 반드시 필요하다. 정자와 난자가 결합하는 것은 수정이며, 수정란이 자궁벽에 착상하여 자라는 전 과정을 임신이라고 한다. 우리나라에서 인공 임신 중절 수술은 특별한 상황을 제외하고는 금지되어 있다.

21 교사나 부모님과 같은 어른들로부터 성 관련 정확한 정보와 지식을 배우는 것이 바람직하다.

23 난자는 여성, 정자는 남성의 생식 세포이다. 여성은 난자를 출생하면서부터 가지고 태어나며 성숙한 난자는 생리 전 14일 경에 만들어지는데 이를 배란이라고 한다.

25 격렬한 운동은 오히려 통증을 악화시키므로 피하는 것이 좋다.

26 성 욕구가 대뇌의 작용으로 발생하긴 하나 얼마든지 조절할 수 있다.

27 월경 주기는 대략 28일~35일 정도이며, 영양 상태가 좋아지면서 초경 연령은 점차 빨라지고 있다. 월경 지속일수는 3~7일 정도로 생리가 진행되는 동안은 배란이 되므로 임신이 가능하다.

28 어린 청소년의 경우 태아뿐 아니라 산모의 건강에도 치명적일 수 있다.

31 너무 꽉 끼는 하의는 혈액순환을 좋지 않게 하므로 피하도록 한다.

32 성행위가 종족 보존의 본능에 해당하기는 하나, 그렇다고 본능에만 충실해서는 안 된다.

35 정자와 난자가 만나 수정이 되는 곳은 수란관(나팔관)이다.

36 상대방의 기분을 생각해서 거절하지 못할 경우 후회가 따르게 된다.

37 월경 주기란 월경 시작일부터 다음 월경 시작 전날까지를 말한다.

38 성폭력은 주로 주변의 아는 사람으로부터 당하는 경우가 많다.

39 발달 단계별 수행 과제로 각 단계마다 발달 단계를 고려한 알맞은 과업이 주어지게 된다.

01 청소년기 식생활 → 35쪽

01 ③	02 ①	03 ②	04 ⑤	05 ④
06 ①	07 ②	08 ④	09 ④	10 ③
11 ④	12 ①	13 ③	14 아미노산	

15 비타민 A

16 비타민 B₁, 비타민 B₂, 비타민 C

17 거식증

18 • 아침밥은 꼭 먹는다.
• 규칙적인 시간에 세끼 밥을 먹는다.
• 편식을 하지 않고 다양한 식품을 골고루 먹는다.

01 청소년기는 성장 급등기로 다양한 식품을 통한 충분한 영양 섭취가 중요하다.
㉠ 체중 조절을 위한 보조제는 신체에 안 좋은 영향을 줄 수 있으므로, 체중 조절이 필요한 경우 적절한 식이 조절과 운동을 하는 것이 효과적이다.
㉢ 자신의 입에 맞는 음식 위주로 섭취하다 보면 영양 불균형이 올 수 있으므로 다양한 식품을 골고루 섭취해야 한다.

02 영양소는 에너지 공급, 신체 조직 구성, 생리 기능 조절의 세 가지 역할을 한다. 탄수화물·지방·단백질은 우리 몸에 에너지를 공급하며, 지방·단백질·무기질·물 등은 우리 몸을 구성하는 주요 성분이 된다.

03 우리 몸의 생리 기능을 조절하는 영양소에는 단백질(효소와 호르몬을 만들어 생리 작용 조절), 무기질(체액과 혈액량 조절), 물(체온과 수분을 조절), 비타민(에너지 발생을 돕고 다양한 생리 조절 작용을 함)이 있다.

04 ㉠ ㉮는 지방으로 1g당 9kcal의 에너지를 낸다.
㉡ 잡곡류와 과일류에 많이 포함된 영양소는 탄수화물이며 지방은 돼지고기, 식물성 기름, 우유, 버터 등에 많이 포함되어 있다.

05 청소년기는 성장 급등기로 다양한 영양소를 골고루 충분히 먹을 필요가 있다. 그러나 지방과 탄수화물을 지나치게 많이 섭취할 필요는 없다. 청소년기에 필요량이 증가하는 영양소는 단백질과 무기질 및 비타민으로, 단백질은 신체 성장을 위해서, 무기질은 뼈·치아의 성장과 혈액 공급을 위해서, 비타민은 에너지 대사와 철분 흡수 등을 위해 충분히 섭취하는 것이 좋다.

06 위의 식품들은 탄수화물의 주요 공급원으로, 탄수화물은 체내에서 포도당으로 분해되어 흡수된다. ②는 물에 대한 설명이다. ③ 탄수화물은 1g당 4kcal의 에너지를 낸다. ④는 지방에 대

한 설명이다. ⑤ 탄수화물은 필요 이상 섭취하면 지방 형태로 저장되어 비만의 원인이 된다.

07 지방산은 포화 지방산(주로 동물성 기름)과 불포화 지방산(주로 식물성 기름)으로 구분된다. 불포화 지방산은 옥수수 기름, 올리브기름, 참기름, 들기름 등의 식물성 기름과 생선 기름 등에 많이 포함되어 있다. 생선은 동물이지만 EPA, DHA 등의 불포화 지방산 함량이 높다.

08 주로 식물성 기름에 많이 포함되어 있는 불포화 지방산은 심혈관 관련 질병을 예방하고 콜레스테롤 축적을 방지하며 피부 건강을 유지하는 기능을 하므로 적절히 섭취하면 건강에 도움이 된다.

09 설명은 나트륨에 대한 것으로, 나트륨은 결핍증뿐만 아니라 과잉증도 유발하므로 적절한 양을 섭취해야 한다.

10 밑줄 친 은서의 증상은 비타민 C의 부족 증상인 괴혈병이다. 따라서 비타민 C의 급원 식품인 채소(고추, 토마토, 시금치 등)와 과일류(딸기, 감귤 등) 등을 충분히 섭취해야 한다.

11 비타민 D는 칼슘의 흡수를 도와주는 영양소로, 음식을 통해 섭취할 수도 있고 햇볕을 쬐면 체내에서 합성된다.

12 비만을 예방하기 위해서는 식사 조절과 운동, 생활 습관을 개선하는 것이 중요하다. 열량을 제한하기 위해 무조건 지방을 줄이면 영양 불균형이 올 수 있으며 에너지가 소비되도록 적절한 활동과 운동을 하는 것이 체중 조절에 도움이 된다.

13 청소년들이 자주 마시는 탄산 음료나 가공식품에는 칼슘의 소변 배출을 촉진하는 인산 성분이 많이 들어 있어 체내 칼슘의 양을 줄이게 된다. 따라서 뼈와 근육이 성장해야 하는 청소년기에는 가공식품을 적게 섭취하도록 노력해야 한다.

14 아미노산은 단백질의 최종 분해산물로, 필수 아미노산은 체내에서 만들어지지 않으므로 반드시 단백질의 급원인 육류, 생선, 달걀, 우유 등의 식품을 통해 섭취해야 한다.

15 비타민 A는 지용성 비타민으로 부족할 경우 야맹증이나 성장 부진 등을 겪게 된다. 간, 달걀노른자, 녹황색 채소 등에 많이 포함되어 있다.

16 비타민 중 비타민 B₁, 비타민 B₂, 비타민 B₆, 비타민 B₁₂, 비타민 C 등은 물에 잘 녹는 수용성 비타민으로, 체내에서 이용 후 남은 양은 소변으로 배출되기 때문에 과잉증이 거의 없는 비타민이다.

17 청소년기에는 무조건 날씬해야 한다는 잘못된 신체상을 가지게 되기 쉽다. 이런 잘못된 신체상은 음식을 거부하는 거식증이나 한꺼번에 많이 먹고 구토를 하는 폭식증과 같은 심각한 식사 장애를 불러올 수 있으므로 자신을 소중하게 생각하고 긍정적인 신체상을 형성하는 것이 중요하다.

18 청소년기에는 성장 발달을 위해 각 식품군을 매일 골고루 먹어야 하며, 정상 체중을 바로 알고 알맞은 양을 먹는 것이 중요하다. 정답에 '아침 식사'를 하고, '규칙적'으로 '골고루' 먹는다는 내용 등이 포함되어 있으면 된다. 이 외에 '짠 음식과 기름진 음식을 적게 먹고, 수분은 음료수보다는 물로 보충한다, 위생적으로 조리된 음식을 먹는다.' 등의 내용이 포함되어도 된다.

02 개성은 살리고 타인은 배려하는 의생활 실천 → 40쪽

| 01 ⑤ | 02 ① | 03 ⑤ | 04 ① | 05 ⑤ |
| 06 ② | 07 ③ | 08 ① | 09 ⑤ | 10 ⑤ |

11 소속의 표현(신분의 표현)

12 자아 존중감(혹은 자존감)

13 재질   **14** 드레스 코드

15 • 노출이 심한 옷이나 지나치게 화려한 장신구는 피한다.
　　• 머리 모양이나 신발 등의 용모를 단정히 하고, 인사할 때는 모자를 벗고 예의를 갖춘다.

01 의복은 옷뿐만 아니라 모자, 장신구, 신발 등 몸에 걸치는 것을 모두 포함하는 말이므로 〈보기〉 모두가 의복에 해당된다.

02 소방복은 신체 보호, 속옷은 피부 청결, 방서복은 체온 조절, 상복은 예의 표현을 목적으로 한다.

03 경찰복, 군인복 등의 제복과 교복 등의 유니폼은 자신의 소속과 신분을 표현하기 위한 의복이다.

04 의복의 기능은 크게 신체 보호의 기능과 표현의 기능으로 나뉜다. ①번 상복은 예의를 표현하기 위한 의복이며, ②~⑤는 모두 신체 보호를 위한 의복이다.

05 청소년기에는 자신의 개성과 정체성을 표현할 수 있는 옷차림에 관심을 가지게 되는 시기이다. 그러나 청소년 시기라고 늘 자신의 개성을 표현하는 옷차림만 할 것이 아니라 상황과 때에 따라서 적절한 예의를 갖추는 옷차림이 무엇인지 관심을 가지고 그에 맞는 옷차림을 할 수 있어야 한다.

06 제복, 혼례복, 평상복 등은 각각 소속과 예의, 개성을 표현하기 위해 입는 옷이다. 소방복은 소방관이 업무를 수행할 때 신체를 보호하기 위해 입는 옷으로 신분을 표현하거나 예의를 표현하는 것과는 거리가 멀다.

07 ㉠은 가로선으로 안정감이 있고 넓어 보인다.
㉡은 세로선으로 위엄이 있고 길고 가늘어 보인다.
㉢은 사선으로 활동적인 느낌을 준다.
㉣은 곡선으로 귀엽고 부드러워 보이며 율동적이다.

08 디자인의 요소를 적절히 활용하면 체형의 단점을 보완하고 자신의 장점을 부각시킬 수 있다.
① 뻣뻣한 재질의 옷은 부피가 커 보이고 몸매가 덜 드러나서 마른 몸을 커버하기 좋다.
② 밝은 색은 체형을 확대되어 보이게 한다.
③ 광택 재질은 오히려 체형을 확대되어 보이게 한다.
④ 작은 무늬는 차분한 느낌을 준다.
⑤ 대비색은 강렬하고 역동적인 느낌을 준다.

09 키를 커 보이게 하려면 위아래 옷은 같은 계열의 색으로 배색하고 장식물과 장신구는 작은 것으로 한다. 윗옷은 허리선의 위치를 높게 하고 목둘레선 주위에 악센트를 주어 시선을 위로 향하게 하면 도움이 된다.
①은 상의가 길고, ②는 무늬가 크며, ③은 악센트가 아래쪽에 있고, ④는 벨트가 위아래로 길게 연결되는 시선을 중간에 끊기 때문에 키를 커 보이게 하는 데 도움이 되지 않는다.

10 현대 사회에서는 의복을 통한 표현의 기능이 점차 강조되고 있으므로, 타인을 배려하며 Time(때), Place(장소), Occasion(상황)에 적합한 옷차림을 해야 한다.

11 경찰복 · 군인복 등의 제복, 학생들의 교복, 같은 소속을 가진 사람들끼리 동일하게 입는 유니폼 등은 개인의 소속이나 신분을 표현하는 기능을 한다.

12 자아 존중감이란 자신이 가치 있는 존재이며 자신에게 주어진 일을 잘해낼 수 있다고 믿는 마음으로, 옷차림에도 영향을 준다.

13 의복 디자인의 요소에는 선 · 색 · 재질 · 무늬 등이 있으며, 재질은 옷을 구성하는 옷감의 부드러운 정도 · 두께 · 광택 등 표면의 느낌을 결정하는 중요한 요소이다.

14 드레스 코드는 주위에 대한 배려에서 비롯된 에티켓으로 사회의 다양한 장소와 기회, 또한 행사나 오락, 파티 등에서 각각 마땅하게 입어야 할 복장을 말한다.

15 어른을 뵈러 갈 때에는 나의 개성을 드러내기보다는 예의를 갖춘 단정한 옷차림이 좋다. 따라서 예의를 갖춘 단정한 차림이 적합하다는 내용을 서술하고, 그 예시로 지나치게 화려하거나 노출이 심한 옷차림은 자제할 것, 인사할 때는 모자를 벗어서 인사 예절을 갖춰야 한다는 내용 등이 포함되도록 서술한다.

01 ③ **02** ③ **03** ⑤ **04** ⑤ **05** ③

06 ① **07** ① **08** ③ **09** ③

10 ①–ㄴ, ②–ㄹ, ③–ㄱ, ④–ㄷ

11 • 솔기선의 무늬나 모양이 대칭으로 잘 맞는가?
   • 단 너비나 시접분이 충분한가?

12 • 1단계: 의복 목록표 작성 – 가지고 있는 옷을 종류별로 구분하고, 의복 상태에 따라 계속 입을 옷과 수선할 옷, 처분할 옷으로 구분하여 의복 목록표를 작성한다.
   • 2단계: 적절한 관리 및 처분·세탁, 수선, 리폼, 교환, 기부 등 적절한 관리와 처분을 한다.
   • 3단계: 의복 목록표에 따라 필요한 의복을 결정한다.

01 청소년기는 급격히 신체 성장이 일어나는 시기로, 몸을 지나치게 조여 성장을 방해할 수 있는 거들이나 코르셋 등의 보정 속옷은 피하는 것이 좋다.

02 의복을 고쳐 입거나 만들어 입으면 수선이나 제작 비용이 들지만 자신에게 잘 맞는 옷을 입을 수 있는 장점이 있다.

03 ㉠, ㉡, ㉢은 모두 기성복에 대한 설명이다. 기성복을 구매할 때에는 체형에 따라 몸에 맞지 않는 부분이 생길 수도 있으므로 구매 전에 직접 입어보고 착용감과 마름질 및 바느질 사항을 꼼꼼히 점검하는 것이 좋다.

04 기성복은 우리나라 국민의 체위를 기준으로 제작된 의류 치수 규격에 따라 키, 가슴둘레, 허리둘레, 엉덩이 둘레 등을 표시한다. 여성복 상의에는 '가슴둘레–엉덩이 둘레–키'의 순으로 신체 치수를 표시하며, 남성복 상의에는 '가슴둘레–허리둘레–키'를 표시한다.

05 상의는 '가슴둘레–허리둘레(여자는 엉덩이 둘레)–키'를 표시하며 하의의 경우에는 남녀 모두 '허리둘레–엉덩이 둘레'를 표기한다.

06 의복의 품질 표시는 의복 자체의 품질과 관련된 내용(신체 치수, 섬유 조성, 취급 방법, 공인 기호, 제조회사 등)을 표기하는 것이며 가격은 별도로 표기한다.

07 ② 모 혼방 제품, ③ 면 100% 제품, ④ 실크100% 제품, ⑤ 위생 가공·항균·방취 가공을 마친 제품에 표시할 수 있는 공인기호이다.

08 ① 세탁기 세탁도 가능하다.
② 혼방이란 섬유를 여러 가지 섞은 것을 말하는 것으로, 면 섬유 100%이므로 혼방 섬유를 사용하지 않았다.

④ 가슴둘레–엉덩이 둘레–키가 표시되어 있으므로 여성 상의이다.
⑤ 염소 표백을 할 수 없다고 표기되어 있다.

09 의복 마련 계획은 꼭 필요한 의복을 파악하여 잘 활용하기 위한 것이므로, 저렴한 옷을 구입하여 항상 유행에 앞서가고자 하는 의생활과는 거리가 있다.

10 다양한 의복 마련 방법의 장단점을 이해하고 적절하게 마련하는 습관을 기르는 것이 좋다.

11 기성복을 구입할 때에는 착용감, 마름질, 바느질 상태 등을 꼼꼼히 점검해야 한다. 문제의 그림은 마름질 상태를 나타내는 것으로 '모양이나 무늬가 잘 맞는다.', '시접이 충분하다.', '옷깃이 좌우 대칭이다.' 등을 설명하면 된다.

12 의복 마련 단계를 1단계인 '의복 목록표 작성', 2단계인 '관리 및 처분', 3단계인 '마련할 의복 결정'으로 구분하여 서술한다.

01 ③ **02** ④ **03** ③ **04** ④ **05** ⑤

06 ⑤ **07** ③ **08** ⑤ **09** 화, 노여움, 역정

10 • 몸이 좋지 않다고 하면서 그 자리를 피한다.
   • 목이 많이 아파서 담배를 피울 수 없다고 둘러댄다.
   • "난 전혀 관심이 없어."라고 단호하게 말한다.
   • 알레르기 반응이 심해 도저히 할 수 없다고 둘러댄다.
   • "우리 축구하러 갈까?"라고 하면서 관심을 다른 데로 돌린다.

01 우리나라 청소년의 고민 상담 중 가장 높은 비율을 차지하는 것은 공부(성적 및 적성 포함)로 거의 50% 정도를 차지하고 있다. 그 다음이 직업과 가정환경으로 나타났다.

02 스트레스 해소를 위해서는 학생 신분에 알맞은 취미나 여가 생활을 하는 것이 바람직하다.

03 청소년기의 뇌는 전두엽이 아직 미분화된 상태로서, 분노나 우울 등 감정적인 기복이 심하고 때로 불안정하여 주변 사람들을 당황시키기도 한다.

04 우리나라 청소년의 자살 원인 1위를 차지하는 것은 예나 지금이나 성적 및 진학 문제인 것으로 나타났다.

05 우유는 카페인 성분이 포함되어 있지 않으므로 중독성 물질에 해당되지 않으며, 오히려 필수아미노산과 칼슘 등 청소년의 성장 발달에 도움을 주는 영양소가 많이 함유된 식품에 해당한다.

06 청소년의 음주와 흡연은 대개 자존감이 낮은 학생들에게서 자행되는 경우가 많다. 따라서 자존감이 높은 사람은 오히려 청소년기의 음주나 흡연을 거부할 수 있는 힘을 가지게 된다.

07 청소년기에는 학업 못지않게 성장을 해야 하는 중요한 과업이 있으므로 수면 시간도 적절하게 확보하는 것이 중요하다.

09 분노란 화, 노여움, 역정 등의 단어로 대체될 수 있어 상호 비슷한 의미를 가지고 있다고 하겠다.

10 상황에 따라 다양한 대처 방법이 나올 수 있다.

05 쾌적한 주거 환경과 안전 → 51쪽

| 01 ⑤ | 02 ⑤ | 03 ① | 04 ③ | 05 ⑤ |
| 06 ⑤ | 07 ④ | 08 ① | 09 ③ | 10 ③ |

11 여름철에는 열 손실을 줄이고 열 효율을 높이기 위해서 에어컨과 선풍기를 같이 사용하며, 실내외 온도 차이는 5℃가 넘지 않도록 하는 것이 좋다.

12 • 결로
• 결로 예방을 위한 방법
 – 벽이나 천장 등에 단열재를 사용한다.
 – 외부와 내부를 창이나 문을 통해 기밀성을 유지한다.
 – 난방을 서서히 하여 실내 온도와 벽체 표면 온도 차이를 줄인다.
 – 환기를 수시로 하거나 환기 장치를 이용하기도 하여 환기가 잘 되도록 하는 것이 좋다.

13 새집 증후군은 집을 지을 때 사용하는 건축재나 가구, 벽지, 침구류, 카펫 등에서 유해 물질이 나와 두통, 기침, 가려움에서부터 현기증, 피로감, 집중력 저하 등이 나타나는 현상이다.

14 • 밤늦게 악기를 연주하지 않는다.
• 밤늦게 욕실에서 샤워를 하지 않는다.
• 실내에서 큰 소리로 음악을 듣거나 TV를 시청하지 않는다.

15 • 겨울철에 내복을 입도록 한다.
• 두꺼운 옷 한 벌보다는 얇은 옷을 여러 겹 겹쳐 입도록 한다.
• 여름철에 간편하고 편리한 쿨 맵시의 복장을 하도록 한다(예를 들면 노타이나 반팔 셔츠 차림).

01 쾌적한 실내 온도의 경우 겨울철은 20~25℃, 여름철은 24~26℃이며 습도는 겨울철 25~70%, 여름철은 20~60% 정도이다.

02 열 손실을 줄이기 위해 벽체나 천장 등에 단열재를 사용하고, 이중창·이중 유리·커튼 등을 설치하며, 창과 문에 문풍지를 이용하고 단열 필름을 부착한다. 여름철에는 열 효율을 높이기 위해서 에어컨과 선풍기를 같이 사용하며, 실내외 온도 차이는 5℃가 넘지 않도록 하면 열 손실을 줄일 수 있다. 창의 크기나 투명 유리 사용은 채광의 효과를 높일 수 있으나 열 손실을 줄이는 데 직접 관련이 적다.

03 결로 예방을 위해서는 단열재를 사용하고 외부와 내부를 기밀성을 유지하며 난방을 서서히 하여 실내 온도와 벽체 표면 온도 차이를 줄이도록 한다. 또한 환기를 수시로 하거나 환기 장치를 이용하기도 한다.

04 실내를 밝게 할 수는 있으나, 실내 공간에 분위기를 연출할 수 있는 것은 조명이다. 채광은 난방 효과와 살균 효과 등이 있고 능률적인 활동이 가능하게 하며 정신 건강에도 도움을 준다.

05 같은 크기의 창이라도 좌우로 긴 창보다 상하로 긴 창이, 측창보다 천창이, 투명 유리로 된 창이 효과가 크고 남향으로 된 창이 채광 효과가 우수하다.

06 채광량을 조절하기 위해 발, 커튼, 차양, 블라인드 등을 이용한다. 태양광 집열판은 투명한 유리판을 이용하여 태양열을 모을 수 있도록 만든 장치로, 요즘은 건물이나 주택 등에 집열판을 설치해서 태양광 에너지를 사용한다.

07 전반 확산 조명은 빛이 확산되어 눈부심이 적고 은은한 장점은 있지만, 밝기는 직접 조명보다 효율이 떨어진다.

08 자연 환기를 통하여 실내 공기를 쾌적하게 유지할 수 있을 뿐 아니라 온도와 습도도 조절이 가능하다. 인위적으로 하는 기계 환기는 환기팬, 배기 후드, 공기 청정기 등이 있으며, 환기구는 건물에 고정적으로 만들어서 자연적인 환기를 위한 것이다 (예 재래식 화장실의 환기구).

09 수분이 부족하면 호흡기 점막이 건조해 미세먼지나 황사 성분의 침투가 쉽기 때문에 실내에 가습기, 젖은 수건 등을 이용하여 적정 습도를 유지한다.

10 투명 유리는 소음이나 진동과는 관련이 없으며, 가전 기구의 에너지효율등급은 전기 사용과 관련이 있는 것이다. 가전 기구나 가구 아래 러그(부직포 등) 깔기 및 고무 바닥재(완충재)를 사용하여 흡음하도록 한다.

06 다양한 안전사고의 예방과 대책 → 55쪽

01 ①	02 ②, ③, ④		03 ③	04 ①
05 ②	06 ⑤	07 ②	08 ⑤	09 ③
10 ④				

01 어린이 안전사고가 가장 많이 발생하는 장소는 가정으로,

가정에서 생활하는 시간이 가장 많고 가정에서 안전사고가 발생할 물건들이 많기 때문이다.

02 어린이방 가구를 구매할 때 유리 제품은 피하는 것이 좋고, 선반이나 탁자 위에 움직이거나 떨어질 수 있는 물건을 올려놓지 않는다.

03 모서리 보호대를 설치하면 각이 진 모서리에 부딪쳐서 다치는 피해를 줄일 수 있다.

04 바닥 러그는 미끄럼을 방지할 수도 있지만 소음이 발생하지 않도록 하기 위해 주로 사용하는 제품이다.

05 교실에서는 가벼운 운동이나 놀이를 하는 경우도 위험할 수 있으므로 주의한다.

06 미세먼지의 주요 발생 원인은 자동차, 화력 발전소, 공장, 도시 근교의 불법 소각장, 건설 폐기물로 인한 경우가 대부분이다.

07 유리창 파손을 방지하기 위해 유리창 잠금 장치를 잠그도록 하고, 평소에 재난에 대비하여 집 근처에 대피하는 장소를 알아 두었다 대피하도록 한다.

08 볼케이노는 화산이다.

09 지진이 발생하면 밀집된 장소나 지하 주차장으로 대피하지 말고 탁자 아래로 몸을 숨겨 탁자 다리를 잡고 일단 피하는 것이 좋다. 흔들림이 멈추면 전기나 가스를 차단하고 출구를 확보하여 안전한 장소로 대피해야 한다.

10 모든 층의 버튼을 눌러 가장 먼저 열리는 층에서 내린 후 계단을 이용하여 밖으로 대피한다. 지진 시 엘리베이터는 절대로 타면 안 된다.

2단원 _ 대단원 정리 문제 → 57쪽

01 ③	02 ⑤	03 ④	04 ④	05 ③
06 ①	07 ④	08 ④	09 ④	10 ④
11 ①	12 ②	13 ④	14 ③	15 ④
16 ④	17 ④	18 ③	19 ①	20 ③
21 ③	22 ⑤	23 ⑤	24 ④	

25 식이섬유

26
		㉠필		㉡항			
①필	수	지	방	산			㉣각
	아		화		④소	㉢고	기
②현	미		제			지	병
③달	걀	노	른	자		⑤빈	혈
	산			⑥골	다	공	증

27 재질

28 둥근형 얼굴에 뚱뚱한 체형에 어울리는 디자인

29 ㉠ 빌려 입기(대여해서 입기)
㉡ 물려 입거나 교환해서 입기

30 ㉠ 간접흡연 ㉡ 3차 흡연

31 ㉠ 층간 소음 ㉡ 바닥 충격음

32 ㉠ 허리케인 ㉡ 사이클론

33 ㉠ 모서리 보호대 ㉡ 콘센트 안전덮개

34 • 뇌에 포도당 공급이 적어져 무기력해지고 집중력이 저하되어 학습 능률이 떨어진다.
• 또한 배고픔을 참지 못하여 인스턴트 식품을 간식으로 섭취하게 되거나 점심을 폭식하게 되어 소화 기관에 해로운 영향을 끼칠 수 있다.
• 아침 결식과 점심 폭식으로 당의 흡수량이 급격히 증가하면 살이 찌기 쉽고, 당뇨나 심혈관 질환 등이 유발될 수 있다.

35 청소년기의 비만은 성인 비만으로 이어질 수 있으며, 성인 비만은 성인병인 당뇨병·고혈압·심장병의 원인이 될 수 있다.

36 • 뇌를 각성시켜 불면증, 행동 불안, 정서 장애를 유발한다.
• 심장 박동수를 증가시켜 가슴 두근거림이나 혈압 상승이 일어난다.
• 철분 흡수를 방해하여 빈혈을 유발한다.
• 칼슘 흡수를 방해하여 성장을 저해할 수 있다.

37 • 규칙적인 식사를 하도록 한다.
• 건강에 대한 올바른 정보를 갖도록 한다.
• 긍정적인 신체상을 갖도록 하여 자신을 소중하게 생각하도록 한다.

38 • 목둘레선: 둥근형, 라운드형, 스퀘어형 등이 어울림
• 디자인할 때 고려할 점
 - 상의와 하의를 같은 다른 색이나 대비색으로 배색한다.
 - 풍성한 디자인의 옷감으로 너무 달라붙지 않도록 디자인한다.
 - 넓은 벨트나 큰 무늬의 디자인을 선택한다.
 - 따뜻한 색이나 풍성한 주름을 이용한다.

39 • 상대방에게 무안을 주지 않는 응답을 반복한다.
  – 술 마시면 실수할 것 같아.
  – 술을 마시면 다음날 몸이 아파서 힘이 들어.
  – 다른 탄산 음료를 마실게.
  • 효과적인 행동을 실천한다.
  – 화제를 바꾸거나 다른 행동을 제시한다.
  – 술을 마실 자리라면 미리 피한다.

40 • 결로 현상
  • 결로 방지법
  – 벽이나 천장에 단열재를 시공한다.
  – 적절한 온도와 습도를 유지한다.
  – 환기를 자주 하여 습기를 제거한다.

41 • 새집 증후군이란 집을 지을 때 사용하는 건축 자재나 벽지 등에서 나오는 유해 물질이 건강에 나쁜 영향을 미치는 현상으로, 두통·기침·가려움증·현기증·피로감·집중력 저하 등의 증상이 나타날 수 있으며, 오랜 기간 노출되면 호흡기 질환·심장병·암 등의 질병까지 유발될 수 있다.
  • 새집 증후군 예방법
  – 환기를 철저히 한다.
  – 친환경 소재를 이용하여 집을 짓는다.
  – 베이크 아웃을 실시한다. 베이크 아웃(bake out)은 건축 자재나 벽지 등에서 나오는 유해 물질을 막는 것이 목적으로 마치 빵을 굽는 것처럼 높은 온도로 집을 구워낸다는 비유적인 표현이다. 낮에 창문을 닫고 가구 등을 열어 놓은 상태로 높은 온도로(35℃ 정도) 집안의 공기를 올려 준 후 밤에 창문을 열어 환기를 시키는 것을 수차례 하여 새 집에서 나오는 유해 물질을 밖으로 내보내는 방법이다.

42 ㉠ 난방을 위해 창의 기밀성을 위해 유리창은 반투명 유리로 하였다.
  → 유리창은 투명 유리로 하는 것이 난방에는 유리하고, 이중 유리를 사용하는 것이 좋다.
  ㉡ 채광을 위해 남쪽으로 가로로 긴 창을 만들었으며, 채광량을 조절하기 위해 창에 블라인드를 설치하였다.
  → 같은 면적이라면 가로로 긴 창보다는 세로로 긴 창이 채광에 더 유리하다.
  ㉢ 환기를 위해 부엌에는 환기구를 설치하였으며, 실내에 쾌적함을 위해 공기 청정기를 따로 준비하였다.
  → 부엌에는 환기구가 아니라 배기 후드를 설치하는 것이 더 좋다.
  ㉣ 층간 소음을 줄이기 위해 탁자나 의자 밑을 손끼임 방지재로 감쌌다.
  → 의자나 탁자 밑에 코르크로 된 완충재를 붙인다.

01 필수 지방산은 우리 몸속에서 거의 합성되지 않거나 소량 합성되므로 식사로 섭취해야 하고, 성장과 피부 건강에 관여하며 콜레스테롤의 감소에 도움이 된다. 식물성 기름이나 등푸른 생선 속에 많이 함유되어 있고, 부족하면 성장 장애와 피부염의 원인이 된다.

02 단백질은 1g당 4kcal 에너지를 발생하고 아미노산으로 분

해되어 흡수된다. 신체 조직 구성(뼈, 근육, 내장, 혈액, 손톱, 발톱, 머리카락 등), 효소와 호르몬의 구성, 저항력 신장, 체내 기능 조절(수분 평형 유지)의 기능이 있으나, 뇌와 신경조직의 유일한 에너지원은 탄수화물이다.

03 산소를 운반하고 혈액의 주 성분인 헤모글로빈의 구성 성분으로 부족하면 빈혈이 생긴다. 철의 흡수를 돕기 위해 비타민 C를 함께 섭취해 주면 좋으며, 체내 흡수율이 낮아 동물성 식품과 같이 섭취하면 흡수율이 높아진다. 함유 식품은 동물의 간, 살코기, 달걀노른자, 짙은 녹색 채소(깻잎, 시금치) 등이 있다.

04 비타민 C는 결합 조직을 강화시키고 항산화제 역할을 하며 면역 기능을 높여 주므로 상처 회복에 도움을 주고, 철의 흡수를 도와준다. 함유 식품으로는 녹색 채소, 감자, 귤, 딸기, 레몬, 풋고추, 토마토 등이 있다.

05 칼슘은 무기질 중 가장 많은 양을 차지하며, 뼈와 이의 구성 성분, 근육의 수축이완 작용, 혈액 응고 작용을 한다. 결핍되면 구루병에 걸리거나 성인이 되면 골다공증과 골연화증이 발생할 수 있다. 함유 식품으로는 우유 및 유제품(치즈, 요구르트), 뼈째 먹는 생선(멸치, 뱅어포) 등이 있다.

06 비만은 당뇨병·지방간·고혈압의 원인이 될 수 있으며, 유전적 요인보다 후천적 요인(식습관, 육체적 활동, 스트레스 등)이 더 크게 작용한다. 비만을 예방하기 위해서는 규칙적인 운동(유산소 운동 권장)과 균형 잡힌 식사가 중요하고, 단백질과 식이섬유가 함유된 음식 섭취를 권장한다(생선, 잡곡류, 채소류). 피해야 할 음식으로는 튀긴 음식, 볶은 음식, 패스트푸드, 스낵류, 가공식품 등이 있다.

07 의복의 기능은 신체 보호 기능(체온 조절, 신체 보호, 능률 향상, 청결 유지)과 자기 표현 기능(직업이나 지위 표시, 신분 표시, 예의 표현, 개성 표현)으로 구분할 수 있다.

08 일상복(평상복)은 일상생활에서 입는 옷으로, 세탁과 손질이 쉬운 옷감이 좋다. 편안한 디자인으로 입고 벗기 쉬운 단순한 디자인으로 하며, 가족 구성원을 고려하여 노출이 심한 옷은 피한다.

09 작업복은 작업 환경에 적합하고 신체를 보호할 수 있는 안전한 옷을 입는 것이 좋으므로 의사들의 가운은 진료에 도움을 주고 의사의 직업을 잘 나타내 주는 것이 좋다. 장례식장에서는 흰색이나 검은색 옷을 착용하고, 음악회에는 학생이 교복을 입는 것이 좋으며, 속옷으로 정전기 방지를 위해서는 란제리류를 입는다. 운동복은 땀 흡수가 좋고 세탁에 잘 견디는 것이 좋다.

10 작업복은 일의 능률을 올릴 수 있도록 디자인하며 용구를 넣을 주머니가 있으면 좋다. 잠옷은 신체의 결점을 감추는 것이 아니고 편안해야 하며, 교복은 소속감을 나타내는 제복으로서

임의로 변형하지 말아야 한다. 평상복으로 잠옷을 입는 것은 예의에 어긋나며, 운동복은 두껍고 질기면 활동이 불편하다.

11 속옷은 자신의 체형이나 치수에 맞는 것을 선택해야 하고, 예복은 사회적 규범이나 예의를 고려하여 상황에 맞는 것을 선택한다. 잠옷이 몸에 꼭 맞으면 혈액순환이 잘 안되고 잠자리가 불편하며, 평상복이 자신의 체형을 강조하거나 작업복 디자인이 유행에 민감한 것은 중요하지 않다.

12 사선은 활동적인 느낌으로 각도가 크면 세로선에 가깝고 각도가 작으면 가로선에 가깝다. 곡선은 여성적인 느낌이며, 유사색의 배색은 무난하고 온화한 느낌을 주고, 광택이 있고 뻣뻣한 재질은 체형을 더 크게 보이므로 뚱뚱한 사람은 피하는 것이 좋다. 무늬가 작은 것은 작은 사람에게 어울린다.

13 동일색이나 유사색 배색은 부드럽고 안정된 느낌으로 통일감을 주어 분단된 느낌이 들지 않고, 보색이나 대비색 배색은 활기차고 생기나며 강렬한 느낌이나 배색하기 어렵기도 하다.

14 키가 크면 큰 옷깃과 큰 무늬의 옷을 선택하는 것이 좋고, 뚱뚱하면 뻣뻣한 옷감이나 너무 얇게 비치는 감은 피하는 것이 좋으며, 마른 체형이라면 수평선을 이용하거나 윗옷이 풍성한 옷을 선택하는 것은 디자인을 잘 고른 것이다. 그러나 마른 체형이 짙은 색의 명도나 채도가 낮은 옷을 선택하면 더 말라보이고, 작아 보이려고 상의를 짧게 입고 바지를 길게 입는 것은 오히려 키가 커 보이므로 잘못된 디자인 선택이다.

15 키가 큰 사람은 상하의와 반대되는 색이나 강조되는 색의 넓은 벨트를 착용하면 작아 보인다. 키가 작은 사람은 상의와 하의를 동일한 색으로 배색하고, 허리선을 높게 하는 볼레로 스타일을 입고 얼굴이나 목 부분을 강조하여 시선이 위로 가도록 하는 것이 좋다.

16 교복에 대한 설명으로 등하교할 때 입는 것이 좋다.

17 청소년의 스트레스는 성장 급등과 2차 성징의 출현, 극심한 감정 기복 등 정상적인 발달 과정에서 오는 스트레스뿐만 아니라 외모, 성격, 진로 문제, 부모 · 가족 간의 갈등, 또래와의 문제, 학습 부진 등에서 오는 스트레스도 크다. 실제 우리나라 청소년은 학업과 성적, 적성, 진로, 외모와 건강 등에 대한 고민과 스트레스가 많은 것으로 나타났다.

18 자살 충동을 암시하는 행동들에는 다음과 같은 행동이 있다.
- 아끼던 물건을 다른 사람에게 준다.
- 자살과 관련된 말이나 행동, 농담, 낙서 등을 하는 일이 많아졌다.
- 약을 사 모으거나 자살과 관련하여 인터넷 검색을 자주 한다.
- 무력감과 절망감을 호소하며, 잠을 잘 못 자거나 반대로 마구 먹는다.
- 자살을 암시하는 말(끝낼 거야, 더는 못 하겠어 등)을 자주 한다.

- 자살과 관련하여 구체적인 계획을 세운다.
- 오랫동안 괴로워하거나 침울했던 사람이 급격히 평온해진다.

19 청소년에게 중독을 일으키는 약물의 종류는 담배(니코틴), 커피 · 콜라 · 홍차 · 코코아 등(카페인), 술(알코올), 수면제, 신경안정제류, 마약류 등이 있다.

20 창의 크기와 방향은 채광에 영향을 주고, 바닥이나 천장에 흡음재를 설치하는 것은 소음을 예방하기 위한 것이며, 커튼이나 발 · 블라인드는 채광량을 조절하기 위한 것이다.

21 채광을 위해 창의 크기가 같다면 세로로 긴 창이 채광 효과가 더 우수하며, 겨울철의 난방은 20~25℃가 유지되도록 한다.

22 화장실이나 욕실에서는 바닥의 물기로 인하여 넘어지는 경우가 많다.

23 자연재해 중 기상재해는 풍해, 수해, 해일, 설해, 한해, 냉해 등이 있고, 지질재해에는 지진과 화산 활동 등이 있다.

24 학교에서는 책상 아래로 들어가서 피하다가 운동장으로 대피하며, 승강기에 타고 있을 때는 즉시 내려서 계단을 이용하여 대피한다.

25 식이섬유는 분해 효소가 없어 소화 흡수되지 않으나 장의 기능을 도와 변비를 예방하고, 지방과 포도당의 흡수를 지연시켜 콜레스테롤의 농도를 낮추어 준다(성인병 예방). 함유 식품은 도정하지 않은 곡류나 채소, 과일 등이다.

01 청소년기 균형 잡힌 자기 관리 → 71쪽

01 ④	02 ③	03 ③	04 ④	05 ②
06 ⑤	07 ③	08 ⊙ 중요도 ⓒ 긴급도		

09 ⊙ 생활 자원 ⓒ 조정

10 ⊙은 노동(의무) 생활 시간이며 일, 학습, 육아 등이 해당된다.
ⓒ은 여가(사회·문화적) 생활 시간이며 봉사 활동, 취미 생활, 여가 활동 등이 해당된다.

01 생활 자원의 종류는 물적 자원(주로 인간이 소유하고 관리하며 사용할 수 있는 자원으로 돈, 옷, 책 등) 과 인적 자원(주로 사람이 가지고 있는 특성이나 능력으로 개인의 능력, 체력, 기술, 시간, 협동심, 친밀감 등)으로 나뉜다.

02 시간 자원은 어떻게 사용하느냐에 따라 그 가치가 달라지는 대표적인 인적 자원이다.

03 생리적(필수) 생활 시간이란 생명과 건강을 유지하고 에너지를 재생산하기 위한 시간으로 수면, 식사, 목욕 등을 하는 시간이다.

04 교제, 여행, 여가 생활 등은 여가(사회·문화적) 생활 시간에 속하며, 자기 발전과 자아실현을 위해 개인이 자유롭게 사용하는 시간으로 봉사 시간, 취미 생활 시간 등이 해당된다. ①, ②, ⑤는 노동(의무) 생활 시간, ③은 생리적(필수) 생활 시간에 대한 설명이다.

05 시간 관리는 자신이 해야 할 행동의 방향을 세우고(목표 정하기), 목표에 따라 할 일의 목록을 만들고, 우선순위를 정해(계획) 실천에 옮기고, 문제 발생 시 계획을 수정하는 과정(실행하기)을 거쳐 마지막으로 결과에 대한 만족 여부를 평가하고, 다음 계획에 반영하는 과정으로 이루어진다.

06 효율적인 시간 관리란 시간 계획을 세워 해야 할 일과 하고 싶은 일을 균형 있게 배분하고, 시간을 최대한 의미 있게 효과적으로 사용하는 것이다.

07 시간 관리를 위한 ABCD 법칙에 따르면 해야 할 일을 중요도와 긴급도에 따라 구분하고 중요하고 긴급한 일부터 중요하지 않고 긴급하지 않은 일 순서로 처리해야 한다. 오늘 가장 먼저 해야 할 일은 생신이 지나기 전에 할머니께 전화를 드리는 일이다.

08 시간 관리를 위한 ABCD 법칙은 해야 할 일을 중요도와 긴급도라는 두 축을 이용하여 A, B, C, D의 4가지 영역으로 나누고 ABCD 순서대로 일을 처리하도록 하고 있다.

09 자기 관리는 자신이 가진 생활 자원을 잘 관리하는 것으로, 청소년기에는 시간 자원을 잘 관리하여 그 가치를 높이는 습관을 기르는 것이 중요하다. 시간 자원을 관리할 때는 계획을 세워 시간을 배분하고, 조정이 필요한 경우 조정을 거쳐 수행한 후 평가 및 피드백 과정을 반복함으로써 체계적으로 관리할 수 있다.

10 생활 시간은 크게 생리적(필수) 생활 시간, 노동(의무) 생활 시간, 여가(사회·문화적) 생활 시간으로 구분할 수 있으며, 세 가지 생활 시간이 필요에 맞게 적절히 배분되어야 한다.

02 의복 재료에 따른 세탁과 관리 → 77쪽
03 창의적이고 친환경적인 의생활

01 ⑤	02 ⑤	03 ②	04 ⑤	05 ④
06 ④	07 ③	08 ②	09 ①	10 ④
11 ⑤	12 ⑤	13 ④	14 ①	15 ④
16 ④	17 ①	18 ①	19 ②	20 ④

21 쿨맥스

22 ⊙ 물빨래를 할 수 없다.
ⓒ 손으로 비틀어 짤 수 없다.
ⓒ 다림질 온도는 80~120℃이다.
ⓔ 드라이클리닝을 할 수 있다.
ⓜ 그늘에서 뉘어서 건조시킨다.

01 ① 잠옷에는 어느 정도의 신축성이 필요하지만 폴리우레탄 섬유만으로 만들면 땀이나 분비물을 흡수할 수 없어서 적합하지 않다.
② 쿨맥스 소재는 속옷보다는 운동복에 더 적합하다.
③ 교복은 활동하기 편리하고 세탁에 잘 견딜 수 있어야 하므로 드라이클리닝을 해야 하는 견 섬유는 적합하지 않다.
④ 운동복은 가볍고 신축성이 좋으며 땀이 잘 배출되는 폴리에스테르(쿨맥스)로 만드는 것이 좋다. 면 섬유나 모 섬유는 흡습성이 좋지만 땀을 흡수하면 옷이 무거워지고 땀이 잘 마르지 않는 단점이 있다.
⑤ 교복은 자주 입는 옷이기 때문에 세탁과 관리가 편한 면 섬유나 면 섬유와 폴리에스테르의 혼방 섬유를 사용하는 것이 일반적이다.

02 섬유는 크게 천연 섬유와 인조 섬유로 나뉜다. 천연 섬유에는 면, 마, 견, 모 섬유 등이 있으며 인조 섬유에는 레이온·아세테이트와 같은 재생 섬유, 나일론·폴리에스테르와 같은 합성

섬유가 있다.

03 각각 모 섬유는 동물의 털에서, 면 섬유는 목화씨에 붙어있는 솜에서, 마 섬유는 식물의 줄기에서, 아세테이트 섬유는 식물성 펄프나 린터(짧은 면 섬유)에서 원료를 얻는다.

04 마 섬유는 마 식물의 줄기 껍질에서 얻는 섬유로 흡습성이 크고 구김이 잘 생기며 물에 젖으면 더 강해진다. 또한 면 섬유보다 뻣뻣하고 열전도성이 좋아 시원한 느낌이 나서 여름철 의복으로 많이 사용된다.

05 모 섬유는 동물성 섬유로서, 알칼리 세제에 약하고 습기와 열에 의해 줄어들기 때문에 반드시 드라이클리닝해야 한다. 물빨래를 해야 하는 경우에는 알칼리 세제가 아닌 모 섬유 전용 세제(중성 세제)를 사용해야 한다.

06 표는 천연 섬유를 식물성 섬유와 동물성 섬유로 구분한 것이다. 식물성 섬유는 흡습성이 좋고 물과 알칼리 세제에 강해 물빨래가 가능하지만 구김이 잘 생기는 단점이 있다. 동물성 섬유도 마찬가지로 흡습성이 좋지만 알칼리 세제에 약해서 드라이클리닝이 필요하며, 식물성 섬유에 비해 구김이 덜 생기고 광택이 좋다.

07 인조 섬유는 석유 등의 원료에서 뽑아낸 섬유로, 식물에서 얻는 목재 펄프 등을 원료로 하는 재생 섬유와 석유계 원료를 이용하는 합성 섬유가 있으며, 천연 섬유보다 튼튼하고 신축성이 좋으며 구김이 잘 생기지 않는다.
㉠ 자연에서 직접 얻어지는 섬유는 천연 섬유이다.
㉣ 인조 섬유는 대부분 흡습성이 좋지 않아서 옷으로 만들 때에는 천연 섬유와 혼방하여 사용한다.

08 나일론은 인류 최초의 합성 섬유로 탄성이 좋고 마찰에 강하며 질겨 우산, 수영복, 양말, 스타킹, 방수복, 스키복 등 우리 생활에 널리 사용된다.

09 식물성 펄프를 약품에 용해하여 재생시켜 만든 레이온 섬유는 광택이 좋고 외관이 매끄러우며 흡습성이 좋아서 정전기가 잘 생기지 않기 때문에 견 섬유 대신 의복의 안감으로 널리 사용된다.

10 드라이클리닝은 물 대신 유기용제를 사용하는 세탁 방법으로 물세탁에 비해 세탁 비용이 비싸고 수용성 오염의 제거가 어려우며 유기용제가 환경에 안 좋은 영향을 미친다는 단점이 있다. 그러나 지용성 오염이 잘 제거되며 의복의 형태가 변형되거나 수축, 탈색되는 일이 적어 고급 섬유 제품의 세탁 방법으로 적당하다.

11 한 벌의 옷을 만들기 위해서는 물·석유·화학약품 등이

사용되며, 이 과정에서 이산화탄소 등의 많은 화학 물질이 배출되기 때문에 의복을 재활용하면 이를 줄일 수 있다.

12 재사용은 더 이상 입지 않는 옷을 다른 사람에게 물려주거나 필요한 사람에게 기증하여 다시 사용하게 하는 것이다.

하향 재활용 (down-cycling)	• 일반적인 재활용(recycling)을 의미 • 다 쓴 제품을 원래 제품보다 가치가 떨어지는 상품으로 재활용하는 방식 • 버려진 면 제품으로 기계를 닦는 공업용 걸레를 만드는 것과 같은 예가 이에 해당
상향 재활용 (up-cycling)	• 창의적인 아이디어를 더해 재활용을 거치면서 오히려 가치가 상승하는 상품으로 재활용하는 방식 • 버려진 페트병 조각으로 축구 유니폼을 만드는 것과 같은 예가 이에 해당

13 공그르기는 홑옷의 단을 접어서 실밥이 보이지 않게 바느질하는 방법이다. 바늘을 접은 솔기 사이로 넣어 뽑으면서 바닥의 올을 2~3개 뜨는 것을 반복한다. 단 처리에 많이 사용하며, 안에서도 실 땀이 단 속으로 들어가기 때문에 겉에서나 안쪽에서 잘 보이지 않게 된다.

14 박음질은 옷감을 튼튼하게 꿰맬 때 사용한다.

15 단춧구멍을 만들 때는 버튼홀 스티치를 사용한다. 두 천을 이어놓은 솔기 부분이 뜯어진 경우 얇은 천은 홈질로 간단히 수선할 수 있고, 두꺼운 천이나 천을 튼튼하게 고정하려면 박음질이 적당하다.

16 패스트 패션은 유행에 맞춰 바로 만들어내는 옷으로 소재보다는 디자인을 우선시 하고 가격이 저렴한 것이 특징이다. 빠르게 기획·제작하여 유통시키므로 소비자는 최신 유행의 옷을 저렴하게 살 수 있고, 업체는 빠른 회전으로 재고 부담을 줄일 수 있다는 장점이 있다. 그러나 자원 낭비가 심하고 환경 오염을 가속화시킨다는 문제점이 있다.

17 환경과 미래를 생각하는 의생활 방법으로는 대표적으로 재사용과 재활용을 실천하는 것이 있다. 재사용(reuse)은 더 이상 입지 않는 옷을 다른 사람에게 물려주거나 필요한 사람에게 기증하여 다시 사용하게 하는 것이다. 재활용(recycling)은 낡거나 오래된 옷을 수선이나 리폼을 통해 새롭게 고쳐 쓰는 것이다.

18 ② 한쪽 면에 접착 처리가 되어 있는 비즈 등의 장식은 핫픽스라고 하며 열을 가하여 천에 부착한다.
③ 펠트나 두꺼운 천에 자수로 무늬를 낸 것은 와펜이라 한다.
④ 스터드에 대한 설명이다.
⑤ 자수에 대한 설명이다.

19 펠트나 두꺼운 천에 자수로 무늬를 낸 의복용 장식품은 와펜이다.

20 ・방안자: 제도나 천에 직선을 표시할 때 사용
・다리미: 전사지나 핫픽스 등을 붙일 때 사용
・직물용 접착 테이프: 밑단이나 솔기 등을 바느질 없이 붙일
때 사용
・쪽가위: 실밥을 정리할 때 사용

21 쿨맥스 소재는 피부에서 나오는 땀을 빨아들여 옷 바깥으
로 신속하게 배출하기 때문에 땀을 즉시 발산해서 피부를 시원
하게 건조시켜 편안한 느낌을 준다. 또한 곰팡이나 악취 발생에
대한 저항력도 우수하며, 섬유 자체의 수축률이 낮고 세탁도 간
편해 여름철 야외 스포츠 의류로 자주 사용된다.

22 섬유 취급 표시 기호로, 그 내용은 다음과 같다. ㉠ 물빨래
를 할 수 없다. ㉡ 손으로 비틀어 짤 수 없다. ㉢ 다림질 온도는
80~120℃이다. ㉣ 드라이클리닝을 할 수 있다. ㉤ 그늘에서 뉘
어서 건조시킨다.

04 청소년기 합리적인 소비 생활 → 82쪽

01 ④	02 ③	03 ①	04 ①	05 ①
06 ②	07 ②	08 ④	09 ②	10 ②
11 ⑤	12 ④	13 ③	14 ⑤	

15 모방 소비(동조 소비)   16 충동

17 아이언맨   18 재래시장

01 인터넷 및 금융 시장의 발달로 전자상거래가 활발하게 이
루어지고 있다.

02 청소년들은 미숙하고 충동적이며 비합리적인 소비자 행동
을 하기 쉽다. 반면에 자유롭게 쓸 수 있는 돈이 증가하면서 소
비자로서의 역할이 증대되는 시기이기도 하다. 그러나 소비 생
활에 대한 지식이나 경험이 적고 또래 집단의 영향을 많이 받으
므로 유행에 민감하고 광고에 현혹되기 쉽다. 또한 대중매체의
영향과 우리 사회의 물질주의적 성향으로 인해 상품의 브랜드를
중시하여 과시적 소비를 하는 경향이 나타나기도 한다.

03 자신의 욕구, 경제 능력, 구매 시기, 구매 장소, 대금 지불
방법 등을 고려하는 시기는 구매 단계이다.

04 대안의 평가 단계로, 수집한 정보를 가지고 대안들을 비
교·평가하여 우선순위를 정한다.

05 구매 계획표를 작성할 때는 용도별, 계절별, 품목별로 분류
하여 충동 소비나 자원을 낭비하지 않도록 계획하는 것이 중요
하다. 구매 계획표를 작성하면 필요한 물건을 빠짐없이 구매할
수 있고, 시간을 절약할 수 있으며, 충동 소비를 방지할 수 있다.

06 개인적 원천의 정보는 자신의 과거 경험이나 친구, 친지, 주
변 사람들로부터 얻은 소비자 정보로 주관적인 판단에 의한 정
보이며, 전문성이 부족할 수 있다.

07 친구들을 따라 모방 소비나 동조 소비를 하는 경향을 보이
며 상품에 대해 정확하게 판단하기 어렵다.

09 개인적 원천의 정보에 해당한다.

10 판매원의 설명과 TV의 광고는 상업적 원천의 정보에 해당
한다.

11 정보의 탐색에 해당하는 단계로 상품에 대한 정보를 수집
하는 단계이다.

12 구매 의사 결정 과정 중 대안 평가 단계는 구매할 제품이
나의 예산과 맞는지, 원하는 디자인이나 색상인지, 치수나 크기
등이 맞는지 등을 비교하고 대안을 찾는 단계이다.

13 상품에 따라 백화점 이외의 것도 품질이 우수한 경우가 많
으므로 선택에 유의한다.

14 충동 소비를 막기 위해 구입 전에 꼭 필요한 것인지 몇 번
이고 확인하고 구매를 결정해야 한다.

15 친구나 연예인의 옷이나 머리 모양을 따라 하는 것을 모방
소비, 또는 동조 소비라고 한다.

16 충동 소비는 자신의 재정 상태와 제품의 필요성과 관계없
이 충동적으로 구매하는 행동을 의미한다.

17 반드시 중립적 원천의 정보만 신뢰할 수 있는 것은 아니다.

05 청소년기 책임 있는 소비 생활 실천 → 87쪽

01 ③	02 ②	03 ④	04 ④	05 ⑤
06 ③	07 ②	08 ④	09 ④	10 ③
11 ③	12 ④	13 ①	14 소비자 집단 소송	

02 소비자 문제 발생 시 가장 먼저 구입 장소에 가서 이의 신
청을 하는 것부터 시도해야 한다.

03 판매자와 원만하게 해결 가능할 때는 굳이 법적인 절차까
지 밟을 필요는 없다.

04 피해 보상을 받을 권리는 상품이나 서비스의 이용으로 인하여 입은 피해에 대하여 신속하고 공정한 절차에 의해 적절한 보상을 받을 권리를 말한다. 소비자는 이 권리의 보장을 위하여 기업의 피해 보상 창구나 소비자 단체, 한국소비자원, 정부 내의 해당 기관 등에 신속한 피해 보상과 구제를 요청할 수 있다.

05 소비자 기본법에 규정되어 있는 소비자 권리는 안전할 권리, 알 권리, 선택할 권리, 의견을 반영할 권리, 피해 보상을 받을 권리, 교육을 받을 권리, 단체 조직 및 활동의 권리, 안전하고 쾌적한 환경에서 소비할 권리이다.

09 보상금을 목적으로 의도적인 악성 민원을 제기하는 소비자는 블랙 컨슈머로서 건전하지 못한 소비자라고 볼 수 있다.

10 소비자의 선택할 권리는 다양한 상품과 서비스를 강요받지 않고 자유롭게 선택할 수 있는 권리이다.

11 소비자 문제 해결에서 중요한 것은 소비자의 적극적인 태도라 볼 수 있다.

12 소비자 문제가 발생하면 가장 먼저 상품을 구입한 장소나 기업의 소비자 상담실에 교환, 수리, 환불 등의 보상을 요구한다.

13 리콜(Recall)이란 어떠한 제품에 대한 하자가 발생하였을 경우, 그 제품의 제작자나 수입업체가 무상 수리 등 그에 따른 일련의 조치를 취하는 제도를 말한다.

3단원 _ 대단원 정리 문제　　　　→ 89쪽

01 ②	02 ⑤	03 ⑤	04 ③	05 ②
06 ④	07 ④	08 ④	09 ③	10 ③
11 ②	12 ②	13 ②	14 ⑤	15 ④
16 ③	17 ⑤	18 ③	19 ④	20 ②
21 ⑤	22 ①	23 ①	24 ③	

25 ①-㉠, ②-㉢, ③-㉡

26 소속의 표현(신분의 표현)

27 자아 존중감(혹은 자존감)

28 폴리우레탄

29 ① 물세탁하지 말 것
　　② 옷걸이에 걸어서 그늘에서 건조할 것

30 의복을 재활용하면 경제적일 뿐만 아니라 의복 쓰레기의 양을 줄임으로써 자원을 절약하고 환경도 보호할 수 있다.

31 세탁 후 옷이 줄어든 이유는 모 섬유가 습기, 열, 압력에 의하여 서로 엉키고 줄어드는 성질인 축융성 때문이다. 따라서 모 섬유의 경우에는 드라이클리닝을 하는 것이 좋으며, 물세탁을 해야 하는 경우 모 섬유 전용 세제를 사용해야 줄어드는 것을 방지할 수 있다.

32 다른 사람에게 물려주거나 기부한다, 중고물품을 거래하는 벼룩시장 등에서 판매한다.

33 똑딱단추(스냅 단추)/벌어지는 교복 블라우스 여미기, 동전지갑, 면 생리대 등에 활용하기 좋다.

34 과잉 소비를 촉진하여 에너지와 자원이 낭비되고 환경 문제를 야기할 수 있을 뿐만 아니라, 나아가 빈부 격차와 삶에 대한 불만족을 유발할 수 있다.

35 환경을 생각하고 지구 반대편의 사람들까지 배려하는 착한 소비(윤리적 소비 또는 지속 가능한 소비)

---

01 시간은 보이지도 않고 잡을 수도 없지만 누구에게나 똑같이 하루 24시간씩 주어진다. 시간은 저축할 수 없으며, 사용하지 않아도 저절로 사라지기 때문에 어떻게 사용하느냐에 따라 가치가 달라지는 인적 자원이다.

02 인적 자원은 주로 사람이 가지고 있는 특성이나 능력을 포함하는 개념으로 개인의 능력, 체력, 기술 등과 같은 개인적 자원과 협동심, 친밀감 등의 대인적 자원이 포함된다.

03 여가(사회 · 문화적) 생활 시간은 개인이 자유롭게 사용하는 시간(봉사 활동, 여가 활동 등)으로 제시문의 지원이의 생활에서는 나타나지 않았다.

04 ㉠은 면 섬유이다. 양모 대용으로 사용되는 인조 섬유는 아크릴이다.

05 ㉡은 모 섬유로서 모 섬유는 습기, 열, 압력에 의하여 서로 엉키고 줄어드는 성질인 축융성이 있다. 이 성질을 이용하여 펠트 제품을 만들 수 있다.

06 ㉢은 모 섬유의 소재가 되는 동물의 털(대표적으로는 양의 털)이다. 모직물은 가볍고 보온성이 뛰어나기 때문에 주로 겨울용 코트에 사용된다.

07 열전도성이 좋아 시원한 섬유는 마 섬유이다. 견 섬유는 열전도성이 낮아서 서늘한 날씨에도 착용하기 적합하다.

08 천연 섬유는 마찰이나 힘 등에 약하고, 특히 식물성 섬유의 경우에는 구김이 잘 가는 단점이 있다. 합성 섬유는 흡습성이 낮은 대신 튼튼하고 신축성이 좋으며 구김이 잘 생기지 않는다.

09 아크릴 섬유는 합성 섬유이지만 우수한 보온성과 탄성 등 모 섬유와 비슷한 성질을 가지고 있어서 모 섬유의 대용으로 널리 사용된다.

10 청바지는 데님으로 만든다. 데님은 보통 청색과 흰색 실을 교직하여 능직으로 짠 비교적 두꺼운 면직물로, 강하고 내구력이 좋다. 청바지를 만들 때에는 활동성을 위해 폴리우레탄과 같이 신축성이 좋은 섬유를 1~5% 정도 혼방하여 사용한다.

11 아세테이트는 광택과 촉감이 견 섬유와 유사하여 스카프나 안감 등이 많이 사용된다. 하지만 강도가 약하여 커튼으로는 적합하지 않다.

12 폴리에스테르 섬유는 가장 널리 사용되는 합성 섬유 중 하나로 강도가 크고 탄성이 좋지만 흡습성이 좋지 않아 단독으로 사용하기보다는 천연 섬유와 혼방하여 사용한다. 견 섬유 대용으로 많이 사용하는 것은 레이온과 아세테이트이며, 열전도성이 좋아 시원하며 흡습성이 큰 섬유는 마 섬유이다. 흡습성이 좋지 않고 햇빛에 누렇게 변하는 대표적인 섬유는 나일론이다.

13 물세탁은 물과 세제, 그리고 물리적인 힘이 필요하다. 가정에서 손쉽게 할 수 있어 경제적이고 수용성 오염이 잘 제거되며 세탁 효과가 좋은 반면, 옷의 색상이나 모양이 변하고 손상될 수 있으므로 주의가 필요하다.

14 두 가지 이상의 섬유가 혼방된 경우 다림질 가능 온도가 낮은 섬유를 기준으로 다리는 것이 안전하다.

15 의복은 보관 중에 형태가 변형되거나 곰팡이와 해충 등에 의해 손상될 수 있다. 섬유는 빛, 열, 습기 등에 약하므로 세탁한 옷은 완전히 말리고 습기 없는 밀폐된 공간에 직사일광을 피해서 보관하며 장마철이 지나면 거풍을 해준다. 드라이클리닝한 옷은 비닐 커버를 벗겨서 보관하고, 모 섬유나 견 섬유로 만들어진 의복은 방충제를 넣어 보관한다.

16 산소계 및 염소계 표백제 모두 사용 불가능하다. 손세탁 시 30℃에서 중성세제만 사용해야 하며, 드라이클리닝을 권장하고 있다. 다림질을 할 때에는 면직물을 덮고 80~120℃ 온도에서 다린다.

17 ① 실크 마크, ② 오가닉 인증 마크, ③ 순모 마크, ④ 순면 마크, ⑤ 울 혼방 마크
모와 아크릴이 섞여 있으므로 울 혼방 마크를 사용한다.

18 ⊙은 하향 재활용, ⓒ은 상향 재활용이다. 하향 재활용(down-cycling)은 일반적인 재활용(recycling)의 의미이다. 다 쓴 제품을 원래 제품보다 가치가 떨어지는 상품으로 재활용하는 방식으로, 가령 버려진 면 제품으로 기계를 닦는 공업용 걸레를 만드는 것이다. 상향 재활용(up-cycling)은 창의적인 아이디어를 더해 재활용을 거치면서 오히려 가치가 상승하는 상품으로 재활용하는 방식으로, 버려진 페트병 조각으로 축구 유니폼을 만드는 것 등이 예이다.

19 동조(모방) 소비란 연예인이나 친구의 소비를 따라서 하는 행동을 말한다.

20 필요한 상품에 대한 정보를 수집하는 단계는 정보 탐색 단계이다.

21 단체 조직 및 활동의 권리로 소비자 스스로의 권익을 증진하기 위하여 단체를 조직하고 이를 통하여 활동할 수 있는 권리와 관련이 깊다.

22 소비자 문제가 발생하면 일반적으로 구매한 장소나 기업의 소비자 상담실에 먼저 보상을 요구하고, 해결되지 않을 경우 소비자 단체, 한국소비자원 분쟁조정위원회, 법원에 문제 해결을 의뢰할 수 있다.

23 보기는 리콜 제도에 대한 설명이다. 집단 소송은 다수의 소비자가 집단으로 소송을 제기하여 손해 배상을 요구하는 제도이다. 단체 소송은 소액 제품 구매 후 피해를 본 소비자들이 다수인 경우, 피해자들 개개인이 직접 해당 기업에 소송을 제기하기 어렵기 때문에 이를 묶어 일괄적으로 소비자 단체에서 소송을 제기하는 제도이다. 청약 철회권은 방문 판매, 통신 판매, 다단계 판매 등의 특수 판매로 상품을 구매한 경우 일정 기간 이내에는 구매한 상품을 취소할 수 있는 권리이다. 옴부즈맨 제도는 잘못된 행정에 대해 민원 조사관인 옴부즈맨이 행정을 감찰할 수 있는 제도이다.

24 상품의 기능, 용도, 사용 방법, 사용 시 주의사항, 보관 방법 등을 알려주는 정보를 사용 정보라 한다.

25 마 섬유는 섬유 중 가장 높은 온도로 다릴 수 있으며, 수분을 주면서 다린다. 모 섬유는 섬유가 다리미에 직접 닿아 손상되는 것을 방지하기 위해 젖은 면직물을 덮어 다린다. 합성 섬유는 높은 온도로 다릴 경우 녹을 수 있으므로 낮은 온도에서 다린다.

26 경찰복 · 군복 등의 제복, 학생들의 교복, 같은 소속을 가진 사람들끼리 동일하게 입는 유니폼 등은 개인의 소속이나 신분을 표현하는 기능을 한다(교복의 표현적 기능을 서술하면 됨).

27 자아 존중감이란 자신이 가치 있는 존재이며 자신에게 주어진 일을 잘해낼 수 있다고 믿는 마음으로, 옷차림에도 영향을 준다. 자아 존중감이 높은 사람은 자신을 있는 그대로 표현할 줄 알기 때문에 값비싼 옷이나 유행에 연연하지 않고도 자신의 개성을 잘 살려 긍정적인 옷차림을 할 수 있다.

28 폴리우레탄은 신축성이 우수하여 수영복, 운동복, 스타킹 등 잘 늘어나야 하는 의류에 널리 사용된다.

29 ① 물세탁 금지 표시이며, 물에 손상되기 쉬운 섬유나 드라이클리닝을 해야 하는 섬유의 취급 표시 기호이다.
② 건조 방법을 나타내는 기호로 빗금 표시는 그늘을 의미한다.

30 의복을 재활용하면 경제적일 뿐만 아니라 의복 쓰레기의 양을 줄임으로써 자원을 절약하고 환경도 보호할 수 있다. 한 벌의 옷을 만들기 위해서는 물 · 석유 · 화학약품 등이 사용되며, 이 과정에서 이산화탄소 등의 많은 화학 물질이 배출되기 때문이다(의복 재활용의 이점을 설명할 때 가시적인 장점으로 쓰레기의 감소를 언급하고 이를 토대로 사회적, 환경적인 영향으로 연결하여 서술하면 됨).

31 옷이 줄어든 원인이 되는 모 섬유의 축융성을 설명하고, 세탁 방법으로 드라이클리닝을 제시해야 한다.

32 재사용은 더 이상 입지 않는 옷을 다른 사람에게 물려주거나 필요한 사람에게 기증하여 다시 사용하게 하는 것을 말한다. 따라서 다른 사람에게 기부를 하거나 새로운 판매를 통해 필요한 사람에게 전달하는 방법이 있다.

33 오목한 부분과 볼록한 부분이 맞물리게 되어 있어서 겉에서 보이지 않는 장점이 있으므로 의복에서 벌어지는 부분이나 간단한 소품 등에 활용할 수 있다. 겉옷이나 튼튼한 여밈이 필요한 곳에는 부적합하다(단추 이름과 적절한 사용 예시를 적으면 됨).

34 제시된 그림은 과시 소비(좌)와 과소비(우)에 대한 내용이다. 과소비나 과시 소비는 과잉 소비의 일종으로 소비를 촉진하여 에너지와 자원이 낭비되고 환경 문제를 야기할 수 있을 뿐만 아니라, 나아가 빈부 격차와 삶에 대한 불만족을 유발할 수 있다(과잉 소비의 사회적 문제점을 자원 낭비와 개인의 소비가 사회적 소비에 미치는 영향을 서술하면 됨).

35 보기는 윤리적 소비(착한 소비)의 예로 볼 수 있다. 윤리적 소비란 소비자가 상품이나 서비스 등을 구매할 때 윤리적인 가치 판단에 따라 의식적인 선택을 하는 것, 또는 윤리적으로 올바른 선택을 하는 것을 말한다. 소비의 일부가 환경, 인권 등 공익을 위해 사용되도록 하여 소비자의 구입을 불러일으키는 것을 코즈 마케팅이라고 한다. 최근에는 윤리적 소비에 대한 소비자의 인식이 높아지면서 코즈 마케팅을 하는 기업들이 늘어나는 추세이다(환경, 인권, 공익 등 지구촌을 생각하는 윤리적 소비, 혹은 착한 소비의 개념을 설명하면 됨).

IV 기술과 발명의 이해, 그리고 표준화

01 기술의 발달과 사회 변화 → 106쪽

01 ④　**02** ⑤　**03** ①　**04** ③　**05** ⑤

06 ①　**07** ⑤　**08** ⑤　**09** ⑤　**10** ⑤

11 ②　**12** ㉠ 필요, ㉡ 자원, ㉢ 기술

13 정보 통신

14 (1) 제조 기술, 건설 기술, 수송 기술, 정보 통신 기술, 생명 기술
　　(2) ① 제조 기술: 기계, 도구, 자동차, 로봇, 나사, 볼트 제조 등
　　　　② 건설 기술: 빌딩, 공장, 주택, 도로, 다리, 항구, 공항 등 건설
　　　　③ 수송 기술: 자동차나 비행기, 선박 등의 운행 기술, 도로 교통 시스템, 운행 위치 및 속도 조절 시스템 등
　　　　④ 정보 통신 기술: 전화, 인터넷, 인공위성 등의 통신 시스템 등
　　　　⑤ 생명 기술: 의약품 개발, 인공 장기 개발, 인공 수정, 조직 배양, 동식물 복제 등

15 (1) 긍정적인 영향
　　　• 전기 기기의 발달로 가사 노동 부담 탈피
　　　• 위생적인 생활 가능
　　　• 빠르고 편안한 여행 가능
　　　• 난치병 치료 및 수명 연장
　　　• 사물 인터넷 발달로 편리한 생활 가능
　　　• 재택근무 가능
　　(2) 부정적인 영향
　　　• 인간의 존엄성 경시
　　　• 개인 정보 유출
　　　• 인터넷 및 게임 중독
　　　• 교통수단의 발달로 사고 증가

16 • 지능형 로봇: 교육, 의료, 돌봄, 안전 등 다양한 분야의 융 · 복합화를 통해 지능화된 서비스 제공
　　• 자율 주행 자동차: 실시간 교통 정보를 활용하여 최적의 경로를 찾고, 도로 상황에 따른 적절한 판단과 통제를 통해 목적지까지 스스로 주행
　　• 헬스 케어: 질병을 예측하고 실시간 진단 및 치료를 통해 인간의 건강한 삶과 수명 연장
　　• 스마트 공장: 3D 프린터, 스마트 공장의 증가에 따라 1인 기업이 늘고 소비자와 생산자의 구분이 없는 경제 시대

- 빅데이터와 인공 지능: 대용량 자료에서 가치 있는 정보를 추출하고 인간의 행동을 예측하여 창의력과 생산성을 향상
- 증강 기술: 가상과 현실이 접목된 증강 현실 기술은 교육, 문화, 게임 등에 활용되고, 신체 증강 기술은 장애와 인체의 한계를 극복하는 데 활용
- 사물 인터넷(IoT): 첨단 의료, 스마트 공장, 지능형 스마트 홈 등 인간과 사물, 사물과 사물 간의 정보 소통을 통한 지능형 서비스 제공
- 친환경 에너지: 태양광, 풍력, 연료 전지 등 신·재생 에너지원의 개발로 온실 가스 감축

01 기술은 생산성, 실용성, 실천성의 특성을 가진다.

02 인터넷 기술의 발달로 인해 인간이 사고하는 영역이 지역 중심의 좁은 관계에서 전 세계로 확장되었다.

03 그 외에 인간 소외, 개인 정보 유출, 인터넷 및 게임 중독, 기술 만능주의, 기후 변화 등의 부정적 영향이 있다.

04 인터넷 등 통신 기술이 발달에 따라 네트워크로 사람, 데이터, 사물 등 모든 것을 연결한 사회를 초연결 사회라고 한다.

05 사냥과 채집에 의존하던 인류는 농업 기술의 발달과 함께 정착 생활을 하게 되었다. 농경 사회에서는 가정이 경제 활동의 기본 단위로의 역할을 하였다.

06 액티브 하우스는 에너지 생산, 패시브 하우스는 에너지 절약, 인텔리전트 건물은 최첨단 자동 제어 건물을 뜻한다.

07 기술의 발달로 다양한 직업에서 여러 첨단 기술을 사용하게 된다.

08 친환경 에너지인 태양광, 풍력, 연료 전지 등 신·재생 에너지 자원의 개발로 온실 가스를 감축할 수 있다.

09 공동체의 기능을 회복하고 기계가 아닌 인간이 중심이 되는 기술 발달이 요구된다.

10 스마트 홈은 사용자의 개입을 최소화하는 무인화, 사용자의 활동 패턴을 자동으로 분석하는 지능화, 각 기기들이 서로 연결되어 정보를 주고받는 통합화의 형태로 이루어진다.

11 지능형 전력 시스템과 패턴 학습을 통한 에너지 절감 기술은 '경제적인 삶', 스마트 기기를 이용한 원격 제어 기술은 '편리한 삶', 가정용 스마트 기기와 모바일 기기의 연동 기술은 '즐거운 삶'에 해당된다.

16 미래 기술의 예를 들고, 일상생활에 적용되는 상황을 최대한 구체적으로 설명한다.

02 기술의 발달과 안전한 생활 → 110쪽

01 ② **02** ① **03** ② **04** ③ **05** ③
06 ⑤ **07** ⑤ **08** ④ **09** ① **10** ②
11 ① **12** 안전사고

13 규격 제품 사용, 문어발식 배선 금지, 전선의 피복 상태 확인, 누전 차단기 설치, 멀티 탭의 용량 확인 등

14
- 계단: 한 계단씩 오르기, 뛰지 않기, 난간에서 미끄럼 타지 않기
- 복도: 뛰지 않기, 안전 난간 넘지 않기, 장난 금지
- 출입문, 현관: 손발이 끼지 않도록 하기, 되도록 당겨서 열기, 발로 차지 않기
- 교실: 의자 빼지 않기, 위험한 장난 금지, 창문 타고 넘지 않기
- 승강기: 강제로 문 열지 않기, 위아래로 뛰지 않기, 문에 기대지 않기
- 급식실: 식사 도구로 장난치지 않기, 두 손으로 식판 잡기, 조심히 걸어 다니기, 뜨거운 물 조심하기
- 실험실: 공구나 기계를 다루는 실습실, 약품을 다루는 화학실에서 안전 규칙 지키기, 장난치지 않기

01 지진 사고는 태풍과 해일 같이 사회에서 일어나는 자연 재난 사고이다.

02 '안전디딤돌'은 재난 문자와 재난 뉴스를 확인하고 국민 행동 요령에 따라 대처할 수 있도록 재난안전 정보를 제공하는 정부 재난 안전 대표 앱(app)이다.

03 전선 피복 밖으로 노출된 금속류에 전기가 흘러 감전되는 사고로 자칫 목숨을 잃을 수도 있다.

05 승하차 시에는 출입문 중앙을 피하고 안전선 밖에서 기다린다.

06 중독 사고는 상한 음식, 의약품이나 유해 물질의 관리 소홀로 발생하는 사고이다.

07 안전사고 발생 시 가장 먼저 환자 상태 파악 및 기본 처치를 하고 119에 도움을 요청한다.

08 진동이 멈추면 안내 방송에 따라 건물 밖으로 대피한다.

09 상처를 손으로 닦으면 손에 있는 병원균이 침투하여 상처를 더 악화시킬 수 있으므로 조심해야 한다.

10 화재 시에는 승강기에 갇힐 수 있으므로 승강기를 절대 타지 않으며, 좁은 통로에서는 절대 뛰지 않아야 한다.

11 응급 처치의 일반 원칙은 '현장 조사 → 우선 순위에 의한 조치 → 환자 상태 파악과 기본 처치 → 119에 도움 요청 → 주위의 협력 → 환자의 안정 → 보온 유지와 음료 준비 → 증거물과 소지품 보존 → 기록 → 운반'의 순서로 이행한다.

03 기술적 문제 해결하기 → 114쪽
04 발명의 이해

01 ①	02 ②	03 ②	04 ⑤	05 ①
06 ①	07 ②	08 ②	09 ③	10 ③
11 ③	12 ⑤	13 ④		

14 해결책 탐색하기

15 • 기존 제품의 기능, 용도, 모양 등을 개선하여 인간에게 더욱 편리한 제품으로 재탄생할 수 있도록 함
• 새로운 제품의 발명에 영향
• 개선된 제품이나 새로운 제품이 다른 여러 산업 발전에 기여

16 발견은 옛날부터 존재했던 것을 찾아내는 활동이며, 발명은 지금까지 없었던 것을 새롭게 만들어 내는 활동을 말한다. 발견은 재료, 법칙, 현상, 원리 등을 찾아내는 과학적 활동이며, 발명은 물건, 방법, 물품 등을 만들어 내는 기술적 활동이다.

17 더하기 기법이란 현재 사용하고 있는 물건의 기능이나 용도, 방법 등을 두 가지 이상 결합하는 기법을 말하다. 예를 들면 지우개 달린 연필, 다용도 칼, 롤러스케이트, 라이트 펜, 스마트폰 등이 있다.

01 기술적 문제가 발생했을 경우 발생 문제를 이해한 후 여러 가지 방법을 적용하여 그 해결책을 탐색하고, 기술적 활동을 통하여 아이디어를 제품으로 만든 후 사용하여 보고 오류가 있으면 수정하여 완성품을 만드는 과정이 필요하다.

02 여름에 밖에서도 시원하게 다닐 수 있는 방법으로 모자 안에 선풍기를 달거나 미니 선풍기를 목걸이 형태로 만드는 등의 여러 아이디어를 내어 토론하는 과정이 해당된다.

03 전기를 사용하는 기존 이동 장치(오토바이, 자동차, 전철 등) 보다는 기능과 속도 등이 떨어지나 개인이 휴대하고 다니며 언제 어디서나 탈 수 있도록 하였다.

04 아이디어 실현 과정은 제품의 구체적인 모양과 부품의 위치, 동작 원리 등을 설계하거나 재료를 가공하여 도면대로 시제품을 만드는 과정을 말한다.

05 부가 가치의 상승으로 가격이 올라가는 경우가 많지만 부품을 줄이고 단순한 기능의 적용으로 가격이 내려갈 수도 있다.

06 기술적 문제가 발생했을 때 문제를 이해한 후 여러 가지 방법을 적용하여 해결책을 탐색하고, 기술적 활동을 통하여 아이디어를 제품으로 만들어 사용해 보고 오류가 있으면 수정·보완하여 완성품을 만드는 과정이 필요하다.

07 구리와 원심력은 발견에 해당한다.

08 생산 과정에서 새로 만들어 낸 가치가 매우 높은 제품을 생산할 수 있다.

09 교과서는 나무를 이용하여 책을 만드는 부가 가치에 속한다. 글자를 이용하여 부가 가치를 더한 제품은 소프트웨어(프로그램을 만드는 것)을 예로 들 수 있다.

10 발가락 양말은 반대로 하기 기법에 속한다.

11 컵의 재료를 다른 것으로 대체한 것은 재료 바꾸기 기법에 속한다.

12 접이 의자, 주름 물통, 포개지는 식탁, 접히는 파라솔은 모두 크게 또는 작게 하기 기법이지만, 빛이 나는 볼펜은 더하기 기법에 속한다.

13 연금술 계통, 불로장생약, 영구 기관 개발 등의 발명은 에너지 보존 법칙에 어긋나기 때문에 발명으로 보지 않는다.

14 기술적 문제가 발생했을 경우 발생 문제를 이해한 후 여러 가지 방법을 적용하여 그 해결책을 탐색하는 과정이 필요하다. 예를 들어, '여름에 햇빛을 피하기 위해 모자를 썼는데 더 덥다'는 문제를 이해한 후 '모자 안쪽에 선풍기를 달면 어떨까?'라고 생각하는 것은 해결책 탐색하기의 한 예가 된다.

16 ① 발견: 예전부터 존재했던 것을 찾아내는 활동의 내용 서술(재료, 현상, 법칙, 원리 등)
② 발명: 기존에 없던 것을 새로 만들어 내는 활동의 내용 서술(물건, 물품, 방법 등)

17 두 가지 이상의 기능, 용도, 방법을 결합하여 만든 제품의 예를 든다.

01 ②	02 ④	03 ②	04 ③	05 ⑤
06 ③	07 ①	08 ①	09 ⑤	10 ②

11 진보성　　　　　**12** 지식 재산권

13 ① 산업상 이용 가능성: 출원 발명은 산업에 이용할 수 있어야 한다.
　　② 신규성: 출원하기 전에 이미 알려진 기술이 아니어야 한다.
　　③ 진보성: 선행 기술과 다른 것이라 하더라도 그 선행 기술로부터 쉽게 생각해 낼 수 없는 것이어야 한다.

14 ① 영화나 음악, 소프트웨어, 사진 등을 불법으로 내려받는 행위
　　② 불법으로 내려 받기 한 사진이나 음악을 블로그나 카페의 배경으로 사용하는 행위
　　③ 소프트웨어를 친구에게 빌려주거나 인터넷에 공유하는 행위
　　④ CD 음악을 MP3 파일로 변환하여 저장하는 행위
　　⑤ 타인의 독후감 파일을 내려 받은 후 학교 숙제로 제출하는 행위

01 (㉠ 특허)는 발명가가 (㉡ 발명)을 통하여 새로운 제품을 개발하였을 때 다른 사람이 그 기술을 이용하여 물건을 만들거나 판매하지 못하도록 발명가에게 일정 기간 동안 (㉢ 독점적) 권리를 가질 수 있게 하는 (㉣ 제도)이다.

02 동일한 발명으로 같은 날 다른 시간에 출원한 경우, 합의로 해결이 안 되었을 경우에는 둘 모두 특허를 거절한다. 또한 먼저 출원한 사람의 특허가 거절되면 그 다음으로 출원한 사람에게 특허권을 받을 기회가 돌아간다.
특허 신청 날짜가 다르면 먼저 출원한 사람에게 특허권을 가질 수 있는 기회(선출원주의)가 돌아간다.

03 우리나라는 출원서를 특허청에 먼저 출원한 사람과 특허청에 먼저 도달시킨 사람에게 특허권(선출원주의와 도달주의)을 주며, 특허 권리를 얻은 국가에서만 그 권리를 인정하는 제도(속지주의)를 택하고 있다.

04 인간의 지식적인 활동에서 얻어지는 창작물을 보호하는 권리를 지식 재산권이라고 한다. 지식 재산권은 자신이 생산한 창작물에 대한 권리를 침해하는 행위를 사전에 막고 자신의 창작물에 대해 일정 기간 동안 재산권을 보호해 주는 역할을 한다.

05 실용신안권은 LED 램프 전화기, 전기 자동차 등 기존에 발명된 물건의 기능과 용도를 개선한 발명에 대한 권리를 보호한다.

06 의료 행위는 특허 대상이 안 되지만 음식의 조리법은 특허 대상에 해당된다.

특허 명세서는 상세하고 정확하게 적어야 하며 특허의 권리는 다른 사람에게 임대 및 매매가 가능하다.

08 상표권은 등록일로부터 10년간 권리가 보장되고, 10년마다 갱신할 수 있다.

09 출원 발명은 산업에 이용할 수 있어야 하며(산업상 이용 가능성), 출원하기 전에 이미 알려진 기술(선행 기술)이 아니어야 하고(신규성), 선행 기술과 다른 것이라 하더라도 그 선행 기술로부터 쉽게 생각해 낼 수 없는 것이어야 한다(진보성).

10 발명은 문제 파악 및 확인, 선행 기술 조사, 아이디어 실현, 발명품 완성의 순서로 이루어지며, 특허는 출원 서류 작성, 특허 출원 신청, 특허 심사, 특허 등록의 과정으로 이루어진다.

11 출원 발명은 산업에 이용할 수 있어야 하며(산업상 이용 가능성), 출원하기 전에 이미 알려진 기술(선행 기술)이 아니어야 하고(신규성), 선행 기술과 다른 것이라 하더라도 그 선행 기술로부터 쉽게 생각해 낼 수 없는 것이어야 한다(진보성).

13 산업상 이용 가능성, 신규성, 진보성에 대한 내용을 포함해야 한다.

01 ⑤	02 ①	03 ⑤	04 ④	05 ⑤

06 ①　　　**07** ① – ㉣, ② – ㉢, ③ – ㉠, ④ – ㉡

08 한국발명진흥회　　**09** 3D 프린터　　**10** 스케치

11 ① 확산적 사고 기법

마인드맵	• 생각 지도로 표현(그림이나 단어 사용) • 중심 주제 → 주제 → 부 주제 → 세부 주제로 표현 • 종류, 기능, 용도, 재료, 가격, 색상 등으로 분류
브레인스토밍	• 6명 내외 모둠 구성 • 사회자와 기록자 선정 • 자유로운 발표 분위기 조성 • 되도록 많은 대안 발표 • 타인의 의견 비판 금지 • 유사 아이디어 분리 및 정리
스캠퍼	• 7가지 탐구 질문 사용 　– 대체하기(Substitute)　– 결합하기(Combine) 　– 조절하기(Adjust)　　– 변경하기(Modify) 　– 다르게 활용하기(Put to Other Uses) 　– 제거하기(Eliminate) 　– 재배열하기(Reverse · Rearrange)

② 수렴적 사고 기법

평가 행렬법	• 산출한 아이디어를 평가 기준에 따라 평가한다. • 각각의 아이디어별 점수를 기록하여 상위 2~3가지 아이디어를 선정한다. • 최상의 아이디어를 선정하거나 아이디어 결합 후 최종 아이디어를 선정한다. • 시간이 많이 걸릴 수 있으므로 현재의 상황과 조건을 고려한다.

PMI	• 세 가지 평가 기준 사용
	  – 긍정적인 면(Plus) – 부정적인 면(Minus)
	  – 흥미로운 점(Interesting)
	• 부정적인 면이 적고, 긍정적인 면과 흥미로운 점이 많은 아이디어 선정

ALU	• 세 가지 평가 기준 사용
	  – 강점(Advantage) – 약점(Limitation)
	  – 독특한 특성(Unique Qualities)
	• 약점이 적고, 강점과 독특한 점이 많은 아이디어 선정

12

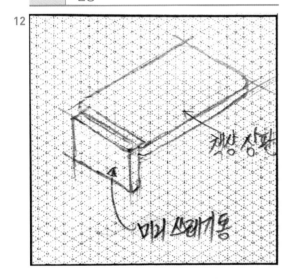

01 확산적 기법에 해당하는 기법을 말한다. 〈보기〉의 ㉠, ㉡, ㉣은 창출한 아이디어 중 가장 창의적인 아이디어로 만들어 가는 수렴적 기법에 속한다.

02 PMI 기법은 부정적인 면이 적고 긍정적인 면과 흥미로운 점이 많은 아이디어를 선정하는 기법이다.

03 브레인스토밍 기법은 되도록 많은 대안을 발표하며, 타인의 의견을 비판하지 않으면서 유사 아이디어를 분리하고 정리하는 기법이다.

05 구상한 제품의 아이디어를 스케치할 때는 주로 등각투상도나 사투상도로 그린다. 제시된 내용은 등각투상법에 대한 설명이다.

06 지금까지의 설계는 제도 용구를 사용하여 사람이 직접 그리는 방법을 많이 사용하였으나 지금은 주로 컴퓨터에 설계 응용 프로그램을 설치하여 설계하고 있다.

09 3D 프린터의 발명으로 제조 분야, 건설 분야, 요리 분야, 의료 분야에 많은 변화와 영향을 미치게 되었다.

10 어떤 대상을 형태나 특징 따위를 개략적으로 그리는 그림을 말하며, 프리핸드(freehand) 스케치라고도 한다.

11 확산적 사고 기법과 수렴적 사고 기법이 중복되지 않도록 한 가지씩 서술 및 설명하도록 한다.

12 주변의 여러 가지 물건을 등각투상도 용지 위에 스케치하여 나타낸다.

07 표준의 이해   → 126쪽
08 생활 속 불편함, 표준화로 해결하기

01 ②	02 ②	03 ⑤	04 ②	05 ③
06 ②	07 ③	08 ①	09 ①	10 KS

11 표준 특허   **12** ① 표준, ② 표준화

13 ① 소비자 관점: 제품의 호환성을 통한 비용 감소, 최저 품질 보장을 통한 소비자 보호, 안전, 환경, 건강 확보
② 생산자 관점: 생산 및 관리 효율 증대, 기술 혁신의 가속화를 통한 경쟁력 확보
③ 국가 관점: 국제 표준(표준 특허)을 통한 경쟁력 확보, 무역 장벽 제거를 통한 무역의 세계화에 기여

14 • 제약된 특정 표준으로 제작되어야 하므로 제품의 다양성 감소
• 생산의 자동화로 인한 고용의 감소
• 동일 제품 관련 발명 활동 위축

15 형광등, 건전지, 콘센트, 스테이플러 철침, 복사 용지 등은 어느 회사 제품을 사용해도 크기가 같아서 불편함이 없다.

16 ① 교과서 크기: 책장, 가방, 서랍 등 정리 불편 해소
② 충전기 케이블: 제조사에 따라 충전기 케이블 잭의 다름으로 인한 불편 해소
③ 휴대 전화 충전지 크기: 새로운 휴대 전화에 사용할 수 없어 재활용하지 못하는 불편 해소

01 KS는 Korea Industrial Standards(한국산업표준)의 약자이다.

02 소비자는 제품의 호환성을 통한 비용 감소, 최저 품질 보장을 통한 소비자 보호, 안전, 환경, 건강 확보 등의 이점이 있다.

03 ① 소비자 관점: 제품의 호환성을 통한 비용 감소, 최저 품질 보장을 통한 소비자 보호, 안전, 환경, 건강 확보
② 생산자 관점: 생산 및 관리 효율 증대, 기술 혁신의 가속화를 통한 경쟁력 확보

③ 국가 관점: 국제 표준(표준 특허)을 통한 경쟁력 확보, 무역 장벽 제거를 통한 무역 세계화에 기여

04 과도한 표준화는 제품의 다양성을 저해할 수도 있으며, 표준으로 지정된 제품 생산의 자동화는 제품의 품질과 생산성을 향상시킬 수 있지만 고용의 감소로 이어질 수도 있다.

05 넓이의 국제 표준은 m^2를 사용한다.

06 표준화는 공개를 원칙으로 한다.

07 교과서 크기가 다르면 가방, 책상 서랍이나 책장 등에 정리할 때 불편한 점이 많다.

08 TV 크기는 시청하는 장소에 따라 크기가 다양하여야 하므로 크기를 표준화하는 것은 현실성이 없다.

09 쓰레기 종류별로 색깔을 적용할 대상을 제작하고, 색깔 적용 후 표준을 완성한다.

10 한국산업표준(Korea Industrial Standards)은 산업 표준화법에 의거하여 산업 표준 심의회의 심의를 거쳐 기술 표준원장이 고시함으로써 확정되는 대한민국 표준을 말한다. 기본부터 정보 부문까지 21개 부문으로 구성되며, 제품 표준, 방법 표준, 전달 표준으로 구분한다. 한국산업표준에서 정한 품질 기준 이상의 제품(또는 서비스)을 지속적으로 생산(또는 제공)할 수 있는 시스템 등을 심사 후 합격하면 KS 표시 인증을 부여한다.

11 여러 기업에서 해당 특허 제품을 만들 때에는 국제 표준을 따라야 하며, 해당 표준을 사용하는 모든 기업들은 특허권자에게 상표 사용료 지불하여야 한다.
표준 특허를 가지고 있는 기업은 해당 표준 기술로 만들어지는 모든 제품을 통해 큰 이익을 얻을 수 있으며, 특허 분쟁에서도 유리하다.

15 규격에 따라 크기나 모양이 동일하여 어느 회사 제품을 사용하여도 사용상에 문제가 없는 예를 제시하면 된다.

16 크기나 모양이 다양해서 불편한 점이 있는 제품을 예를 들도록 한다.

4단원 _ 대단원 정리 문제 ➔128쪽

01 ④	02 ④	03 ④	04 ①	05 ②
06 ③	07 ①	08 ③	09 ⑤	10 ②
11 ③	12 ⑤	13 ②	14 ③	15 ④
16 ③	17 ④	18 ③	19 ①	20 ④
21 ②	22 ③	23 ②	24 ②	25 ④
26 ②	27 ④	28 특허	29 도달주의	

30 문제 이해하기 → 해결책 탐색하기 → 아이디어 실현하기 → 평가하기

31 ① 뜻: 부가 가치란 생산 과정을 거쳐 새로 만들어 낸 가치(인건비+이자+이윤)로 특정 재료를 가공하여 제품을 만들었을 때 물건의 가치가 더해지는 것을 말한다.
　② 제품
　　• 나무로 책상이나 종이, 화장지 등을 만든다.
　　• 철로 철조망, 압핀, 철판 등을 만든다.

32

같은 날 다른 시간에 출원한 경우	• 출원인들이 서로 합의하도록 하여 합의 결과 하나의 대상에게만 특허 권리를 준다. • 서로 합의가 안 되었을 경우에는 모두의 특허를 거절한다.
특허 신청한 날짜가 다를 경우	• 먼저 출원한 사람에게 특허권을 가질 수 있는 기회가 돌아간다(선출원주의). • 먼저 출원한 사람의 특허가 거절되면 그 다음으로 출원한 사람에게 특허권을 가질 수 있는 기회가 돌아간다.

33 ① 특허권: 전기 세탁기, 전기 청소기
　② 실용신안권: 탈수기+세탁기, 청소기+걸레
　③ 디자인권: 원통, 타원형 등의 모양
　④ 상표권: 통돌이, 동글이, 공기방울, 은나노

01 기술은 미래 지향적이어야 한다.

02 정답 외에 재택근무 가능, 식량 고갈 문제 해결, 빠르고 편안한 여행 가능, 난치병 치료 및 수명 연장, 사물 인터넷 발달로 편리한 생활 가능, 전기 기기의 발달로 가사 노동 부담 탈피 등이 있다.

03 스마트 홈은 사용자의 개입을 최소화하고, 기기들이 사용자의 활동 패턴을 자동으로 기록하고 학습해 그에 따른 서비스를 제공하며, 기기들이 서로 연결되면서 하나의 명령으로 모든 기기가 그 명령에 적합한 반응을 하게 되는 환경을 추구한다.

04 기술의 발달에 따라 지식의 생성 및 소멸이 가속화되는 경향을 보인다.

05 나머지는 가정에서 일어나는 안전사고에 해당한다.

06 문제의 설명은 전기 사고에 해당하며 감전이나 누전 사고로 이어진다.

07 식판을 옮길 때는 주변 상황에 따라 균형을 잃어 음식물이 쏟아질 염려가 있으므로 두 손으로 옮기는 습관을 가져야 한다.

08 기술적 문제 해결로 기존의 제품 개선이 활발해진다.

09 아이디어 실현 과정은 제품의 구체적인 모양과 부품의 위치, 동작 원리 등을 설계하거나 재료를 가공하여 도면대로 시제품을 만드는 과정을 말한다.

10 구리와 원심력은 발견, 나머지는 발견에 해당한다.

11 발견은 옛날부터 존재했던 것을 찾아내는 활동이고, 발명은 지금까지 없었던 것을 새롭게 만들어 내는 활동이다.

12 기존 제품에서 사용하고 있는 기능이나 용도 등을 다른 제품에도 적용할 수 있도록 하는 아이디어 빌리기 기법에 해당한다.

13 '세면대를 포함한 소변기'는 더하기 기법에 해당하는 것으로, 구멍 뚫린 벽돌은 빼기 기법에 해당한다.

14 어떤 물건에서 일부 기능이나 용도, 방법, 재료 등을 빼는 기법으로 씨 없는 수박, 좌식 의자, 무선 마우스, 구멍 뚫린 벽돌 등이 있다.

15 특허는 신규성, 진보성, 산업상 이용 가능성이 있어야 하며, 단순한 발견이나 자연 법칙을 거스르는 아이디어나 특허의 조건을 만족했다 하더라도 공공의 질서를 해치는 발명은 특허가 불가능하다.

16 자연에 존재하여 찾아 낼 수 있는 것이나, 만들고자 하는 것이 비현실적인 것은 특허를 받을 수 없다. 예를 들어 외부에서 에너지를 투입하지 않아도 계속하여 작동할 수 있는 영구 기관 개발(에너지 보존의 법칙 위배), 사람이 늙어도 죽지 않는 불로장생 약 개발, 쇳덩이로 금을 만들겠다는 연금술 계통 등의 불가능한 발명은 지양하도록 한다.

18 각 나라의 특허는 해당 국가에만 효력이 있으므로 다른 나라에서 권리를 행사하려면 그 나라에서 다시 특허 신청을 하여 특허 권리를 얻어야 한다.

19 제품 이름, 회사 이름 등이 상표권에 해당한다.

20 〈보기〉의 ⓒ, ⑩, ⑭은 자유로운 분위기에서 최대한 많은 아이디어를 다양하게 생산하는 확산적 기법에 속한다.

23 어느 회사의 제품이든 상관없이 기존에 설치된 기기와 부품과 호환되기 때문에 사용자에게 편리함을 제공할 뿐만 아니라 비용도 절감시켜 준다.

24 과도한 표준화는 제품의 다양성을 저해할 수도 있으며 표준으로 지정된 제품 생산의 자동화는 제품의 품질과 생산성을 향상시킬 수 있지만 고용의 감소로 이어질 수도 있다.

25 표준 특허는 특허 분쟁에서도 승패를 좌우하는 가장 큰 핵심 특허이며, 해당 특허 제품을 만들 때에는 해당 국제 표준을 따라야 한다. 그리고 해당 표준 기술로 만들어지는 모든 제품을 통해 큰 이익을 얻을 수 있다.

26 트럭, 버스, 자가용 등 자동차는 용도와 이용 목적에 따라 크기가 달라야 한다.

27 ICT 국가 표준은 방송, 통신, 전파, 정보 등에 사용되는 보편적인 기술을 누구나 사용할 수 있도록 한 표준을 말한다.

29 우리나라는 출원서를 특허청에 먼저 출원한 사람과 특허청에 먼저 도달시킨 사람에게 특허권(선출원주의와 도달주의)을 주며, 특허 권리를 얻은 국가에서만 그 권리를 인정하는 제도(속지주의)를 택하고 있다.

31 특정 재료를 가공하여 인간에게 유용한 제품을 만들어 가치가 상승된 예를 든다.

32

같은 날 다른 시간에 출원한 경우	합의가 되었을 때와 되지 않았을 때의 예를 들어 설명한다.
특허 신청한 날짜가 다를 경우	선출원주의에 대한 내용을 기술한다.

V 생산 기술 시스템

01 생산 기술의 이해 → 141쪽

02 제조 기술 시스템과 생산 과정

01 ④	02 ②	03 ②	04 ④	05 ③
06 ①	07 ③	08 ②	09 ⑤	10 ①
11 ④	12 ③	13 ②, ③	14 ⑤	15 ①
16 ②	17 ②	18 ①	19 ④	

20 재료　21 제조 기술 시스템　22 가공 공정

23 압축 성형　　24 프레스

01 제조 기술에 대한 설명으로 재료를 가공·처리하여 제품으로 변화하는 활동이 중심이다.

02 생산 기술은 산업 대부분을 포함한다.

03 제품 설계는 제품 기획에서 선정된 사양을 기초로 목표로 하는 성능이나 기능을 구현한다.

04 시험과 검사 공정은 제품을 완성한 후 품질을 관리하는 공정이다.

05 제품 설계 단계는 도면에 선택한 아이디어를 구체적으로 나타낸다.

06 제품 기획 단계에서는 시장 요구 조사 및 소비 트렌드를 파악한다.

08 제품 설계 과정: 제품 기획 → 개념 설계 → 제품 설계 → 시제품 제작 → 시제품 시험 및 평가 → 제품의 생산 설계 및 생산

09 기계화는 또 다른 영역의 숙련도가 필요하고, 숙련도를 신장시킨다.

10 효율적으로 제품을 생산하기 위해서 '투입 → 과정 → 산출 → 되먹임' 단계를 거친다.

11 제작도는 물품을 제작할 목적으로 그린 도면이다. 완성된 구상도를 바탕으로 제품의 모양, 크기, 구조, 재료, 부품의 조립 방법 등과 같이 제품을 만들 때 필요한 정보를 나타내며, 조립도, 부품도, 상세도 등이 있다.

12 제작도 중에서 상세도에 대한 설명이다.

13 도면에 가는 실선으로 표현하는 것은 치수선, 치수 보조선, 지시선, 해칭, 파단선 등이 있다.

14 외형선은 물체의 외형을 나타내는 선으로 굵은 실선으로 나타낸다.

15 해칭은 단면도에서 물체의 절단면을 나타내는 선으로 가는 실선으로 나타낸다.

16 정투상법의 제3각법을 표현한 그림이며, ㉠는 물체의 정면을 표현한 것이다.

17 압연 가공은 회전하는 2개의 롤러 사이에 재료를 통과시켜 재료의 소성 변형을 이용해서 판재, 형재, 관재 등을 성형하는 방법이다.

18 단조 가공은 재료를 두들겨서 성형하는 방법으로 가장 오래된 가공 공정 중의 하나이다.

19 인발 가공의 대표적인 제품으로 파이프 관 등이 있다.

20 재료에는 목재, 플라스틱, 금속 재료 등 우리 생활에서 쉽게 접할 수 있는 다양한 종류가 있다.

21 효율적으로 제품을 생산하기 위해서는 제조 기술 시스템이 체계적이어야 한다.

22 가공 공정은 원재료의 모양이나 특성을 변화시켜 최종 부품이나 제품에 가까운 형태로 만드는 공정이다. 가공 공정에는 성형 공정, 성질 향상 공정, 표면 처리 공정 등이 있다.

23 압축 성형은 열경화성 수지 같은 플라스틱 재료를 예열하여 틀(MOLD)에 넣고 금형을 서서히 닫으며 압력을 가하여 만드는 가공법이다.

24 자동차의 모양을 찍어 내는 공정으로, 큰 힘을 가할 수 있는 프레스 기계로 철판을 눌러서 자동차의 몸체(차체)를 만든다.

03 제조 기술의 특징과 발달 전망 → 147쪽

04 제조 기술 문제, 창의적으로 해결하기

01 ⑤	02 ④	03 ③	04 ③	05 ⑤
06 ⑤	07 ③	08 ④	09 ③	10 ④
11 ①	12 ④	13 ③	14 파티클 보드	

15 스마트 공장

01 제조 기술은 각각의 원재료를 가공 · 변형하여 새로운 제품을 만들어 냄으로서 제품의 부가 가치를 높인다.

02 중세 초기에는 가내 수공업의 형태에서 중기 이후 물품의 수요 증가로 공장제 수공업 형태로 발전하였다.

03 제조 기술의 생산 방식의 변화는 가내 수공업의 형태에서 공장제 수공업 형태로 발전하고, 공장제 기계 공업 후 공장자동화를 거쳐 무인화 공장으로 반전하고 있다.

04 목재는 건조되면서 수축되어 갈라지거나 뒤틀리기 쉽다.

05 합판은 나뭇결이 서로 직각이 되도록 교차시켜 단판을 홀수로 붙여 만든다.

06 탄성이 좋은 고무도 플라스틱의 한 종류이다.

07 금속은 일반적으로 녹는점이 높고 일정하다.

08 주철은 단단하고 압축에 잘 견디지만 충격에 약하여 잘 깨진다. 또한 주조성이 좋고 녹이 잘 슬지 않는다.

09 청동은 구리와 주석의 합금으로 주조성과 내마멸성이 우수하여 기계부품 재료로 많이 쓰인다.

10 전성과 연성은 가공성에 긍정적 영향을 준다.

11 열경화성 플라스틱은 페놀 수지, 아미노 수지, 에폭시 수지, 멜라민 수지 등이 있다.

12 좋은 성능을 유지하면서 적은 비용으로 제작이 가능한 것은 아이디어 구상 시 경제성에 해당된다.

13 실습 중에 다른 학생과 잡담을 하거나 다른 학생의 작업을 방해하지 않는다.

14 파티클 보드는 재질이 고르며, 소리를 잘 흡수하는 성질이 있어 가구, 칸막이, 실내 장식재 등에 쓰인다.

15 스마트 공장은 제품의 기획, 생산, 유통 시스템을 통합하고 제조 전 단계를 실시간 자동 생산 체계를 구축하여 고객 요구에 대한 대응과 환경 적응성을 높인 유연 생산 체계이다.

05 건설 기술 시스템과 생산 → 151쪽

01 ①	02 ④	03 ④	04 ⑤	05 ③
06 ②	07 ③	08 ②	09 ③	10 ⑤
11 ④	12 ④	13 ④	14 ④	15 ④, ⑤
16 기본 설계	17 설계			

18 • 건설 과정의 효율적인 공사 추진을 위해 목표 및 방법을 설정한다.
   • 사업주가 직접 행하는 것으로 만들고자 하는 건설 구조물의 목적을 이해한다.
   • 주어진 장소, 규모, 예산 및 환경 문제, 경제성 등을 고려하여 건설 구조물의 기본 계획을 세우는 것이다.
   • 의뢰자의 요구 조건, 대지 조건, 공사 시기 및 기간, 사후 관리 등을 고려한다.

01 건설 기술은 인간 생활에 필요한 구조물과 시설물을 만든다.

02 건설 기술 시스템은 사람의 생활공간 등을 안전하고 쾌적하게 하기 위하여 설계하며, '투입 → 과정 → 산출 → 되먹임' 단계를 거치는 같은 일련의 건설 과정과 이에 관여하는 다양한 요소를 가진다.

03 건설 구조물이 완성되는 과정은 기능성, 안정성, 내구성, 경제성 등을 추구하여 기획 및 설계하고 작성된 도면에 따라 정해진 장소에서 시공하여 완성된다.

04 본 공사를 시행하는 데 필요한 임시 시설이나 설비를 세우는 공사를 가설 공사라 한다.

05 건설 구조물의 사용 목적, 건설 장소, 규모, 공사 시기 등 전반적인 흐름을 생각하여 건설 구조물에 대한 기본 계획을 세우는 것을 건설 기획이라고 한다.

06 건설 시공 과정에서 공사를 경제적 · 능률적으로 진행하고, 건설 구조물의 품질을 향상하려면 다양한 시공 기술과 합리적인 시공 계획 및 공사 관리가 필요하다.

07 기초 공사는 상부 구조물의 하중을 지반에 전달하고, 구조물을 안전하게 지지하는 구조 부분을 만드는 공사이다.

08 기본 설계는 설계자의 구상을 구체적으로 도면으로 표현하는 과정으로 계획 설계에서 표현한 것을 도면(배치도, 평면도, 입면도, 단면도, 투시도 등)으로 작성한다.

09 가설 공사에는 울타리, 공사용 동력, 용수 설비, 안전 설비, 작업장, 숙소 등이 있다.

10 지정은 기초 공사에 해당이 된다.

11 배관 공사는 안전하고 쾌적한 공간과 능률적인 이용이 가능하도록 시설을 하는 설비 공사이다.

12 조적 공사는 돌, 벽돌, 콘크리트 블록 등을 쌓아 올려서 벽을 만든다. ⑩ 벽돌 구조, 블록 구조

13 인간이 생활을 영위하는 데 필요한 쾌적하고 유용한 공간이 되는 구조물을 만드는 것을 말한다.

14 최근의 건축물들은 고층화, 대형화와 더불어 예술성과 창의성을 함께 갖추고 있다.

15 일체식 구조란 건물 전체의 주체 구조를 일체가 되게 만드는 구조이다.

16 계획 설계에서 표현한 것을 도면(배치도, 평면도, 입면도, 단면도, 투시도 등)으로 작성

17 건설 구조물의 생산 과정을 나타낸 것이다.

18 건설 기획은 건설 과정의 효율적인 공사 추진을 위해 목표 및 방법을 설정하는 활동으로 건설 구조물의 목적 이해를 바탕으로 장소, 규모, 자원, 문제 등을 고려하여 기본 계획을 세우는 내용이 포함되어야 한다.

06 건설 기술의 특징과 발달　→ 155쪽

01 ②	02 ⑤	03 ①	04 ②	05 ③
06 ⑤	07 ③	08 ①	09 ③	10 ②
11 ⑤	12 ③	13 ②	14 ⑤	15 ②
16 ③				

01 일회성에 대한 설명으로 건설 구조물은 규격화, 대량 생산하는 데 한계가 있고, 한 번 건설된 것은 고치거나 해체하기 어려우므로 계획과 시공이 정확하게 이루어져야 한다.

02~04

특성	내용
공공성	인간 생활의 편익을 향상시키기 위한 것으로, 많은 사람이 함께 사용하기 위한 목적으로 이용된다.
지역성	지역에 따라 자연환경이나 문화, 전통 등이 다르므로, 건설 구조물의 규모와 용도, 형태 등이 달라진다.
종합성	다양한 학문과 기술이 상호 결합되어 이루어지는 종합 기술이므로, 각 분야의 조화를 고려한다.
일회성	규격화, 대량 생산하는 데 한계가 있고, 한 번 건설된 것은 다시 고치거나 해체하기 어려우므로 계획과 시공이 정확히 이루어져야 한다.
장기성	대부분 규모가 크고, 비용과 기간이 많이 들며, 오랜 기간 동안 사용하게 되므로 장래를 예측하여 설계·시공해야 한다.
경제성	많은 자본과 노동력이 투입되기 때문에 경제성이 있는지 충분히 검토해야 한다.

05 중세 시대에는 도시가 발달하면서 다양한 건설 기술도 발달하게 되었으며, 유럽에서는 뾰족한 모양의 탑과 아치, 둥근 모양의 천장이 특징인 고딕 건축 양식이 발전하였다.

06 현재의 건설 기술은 자동화, 지능화, 정보화, 초고층화가 주류를 이루고 있으며, 해양, 우주, 지하 개발에 대한 관심이 높아지고 있다.

07 온돌을 이용한 난방과 자연과 조화를 이루는 한옥은 우리나라 전통 건축물로 오늘날에도 세계의 찬사를 받고 있다.

08 건설 기술은 다양한 학문과 기술이 상호 결합되어 이루어지는 종합 기술이므로, 각 분야의 조화를 고려하는 종합성을 가지고 있다.

09 친환경 건설 구조물은 장소에 구애를 받지 않고 건축한다.

10 건설 기술의 특징 중 '대부분 규모가 크고, 비용과 기간이 많이 들며, 오랜 기간 동안 사용하게 되므로 장래를 예측하여 설계·시공해야 한다.'는 내용은 장기성을 의미한다.

11 이집트 시대에는 내세적인 종교 관념에 의해 신전이나 피라미드와 같은 종교 건물이 지어졌다. 또한, 그리스 인들은 신도 인간과 같이 지상에서 살고 있다고 믿어 돌로 신전을 세웠다.

12 사람과 자연, 혹은 환경이 조화되며 공생할 수 있는 도시 체계를 갖춘 도시를 생태 도시라고 한다.

13 중세 유럽에서는 뾰족한 모양의 탑과 아치, 둥근 모양의 천장이 특징인 고딕 건축 양식이 발전하였다.

14 근대의 산업 혁명으로 인해 인구의 도시 집중 및 팽창으로 도로, 수로, 교량 등 실용적 건설 기술이 발달하였다.

15 건설 기술은 인간의 다양한 수요에 부응하는 기술 개발을 통한 부가 가치가 높은 산업으로 변화될 것이다.

16 건설의 자동화·기계화는 노동력의 전문화·안전성 확보를 위한 시공 기술의 기계화와 기술 집약화 추진과 관련 있다.

07 건설 기술 문제, 창의적으로 해결하기 → 158쪽

01 ⑤	**02** ⑤	**03** ⑤	**04** ④	**05** ④
06 ①	**07** 건설 모형			

01 건설 모형은 건설될 구조물을 미리 보거나 완성된 모양을 관찰할 수 있도록 여러 가지 재료를 이용하여 만든 것이다.

02 건설 모형은 유실되었거나 역사적으로 가치 있는 구조물을 모형으로 제작·복원하여 보존할 수 있다.

03 조형 계획에 대한 설명이다. 배치 계획은 건폐율, 용적률, 일조, 통풍, 채광, 사생활 등을 고려한다.

04 구조 계획은 건설 구조물의 뼈대에 대해 계획하는 것으로 시공성, 내구성, 경제성 등을 고려한다.

05 다양한 방법으로 해결할 수 있도록 창의성을 발휘해 본다.

06 실습 전 재료 준비를 철저히 해 제작 시 차질이 발생하지 않도록 한다.

07 건설 모형은 도면에 그려진 그림과 내용만으로는 이해하기 어려운 구조물의 완성된 모양을 입체적으로 볼 수 있다.

5단원 _ 대단원 정리 문제 → 159쪽

01 ②	**02** ④	**03** ①	**04** ②	**05** ②
06 ④	**07** ④	**08** ④	**09** ①	**10** ①
11 ②	**12** ③	**13** ①	**14** ⑤	**15** ⑤
16 ①	**17** ⑤	**18** ②	**19** ①	**20** ③
21 ④	**22** ④	**23** ④	**24** ③	**25** ③
26 ③	**27** ⑤	**28** ⑤	**29** ④	**30** ①
31 ①	**32** ④	**33** ③	**34** ②	
35 제조 기술		**36** 제조		
37 ㉠ 토목(기술), ㉡ 건축(기술)				

38 설계 **39** 골조 공사

40 ① 생산 기술의 개념
- 인간 생활에 유용한 물건을 만드는 기술로, 넓게 보면 산업의 대부분을 포함한다.
- 생산 기술은 간단한 생활 용품에서 산업 용품, 건설 구조물에 이르기까지 각종 제품을 생산하여 우리 생활을 편리하게 하고 삶의 질을 높여준다.
- 우리의 의식주 생활과 일상생활에 매일 필요한 유용한 제품은 모두 자연에서 얻은 원료를 창의적인 노력과 기술을 통하여 변환시켜 만든 것이다.

② 생산 기술의 종류
- 제조 기술: 우리가 매일 이용하는 제품을 만드는 기술
- 건설 기술: 댐, 항만, 부두, 주택 등의 구조물을 만드는 기술
- 생명 기술: 동식물의 품종 개발, 신약 개발 등 생명체를 대상으로 하는 기술

41 • 신기술과 신재료의 적용으로 현대에는 대규모의 초고층 인텔리전트 빌딩이 많이 건설되고 있으며, 고도화된 건설 기술과 고성능의 건설 재료가 필요하다.
- 컴퓨터를 이용한 건설 기계의 자동화와 로봇화는 생산성 향상을 가져왔다.
- 건설 기술이 패키지화되어 설계, 시공 등 건설 과정을 일괄 작업하여 효과를 높이는 공사 관리 기술이 향상되었다.
- 건설 기술 정보망의 구축 및 활용으로 기존 시설물의 유지·보수와 관련된 기술 수준이 향상되고 있다.
- 세계 각국에서 건설 기술 보호 정책이 강화되고 있으며, 기술 집약형 건설 기술의 해외 이전을 기피하고 있는 것은 문제이다.

42 • 건설 과정의 효율적인 공사 추진을 위해 목표 및 방법을 설정한다.
- 사업주가 직접 행하는 것으로 만들고자 하는 건설 구조물의 목적을 이해한다.
- 주어진 장소, 규모, 예산 및 환경 문제, 경제성 등을 고려하여 건설 구조물의 기본 계획을 세우는 것이다.
- 의뢰자의 요구 조건, 대지 조건, 공사 시기 및 기간, 사후 관리 등을 고려한다.

01 재료에는 목재, 플라스틱, 금속 재료 등 우리 생활에서 쉽게 접할 수 있는 다양한 종류가 있다.

02 시제품 제작 단계는 다양한 방법으로 제품을 제작하여 결점 등을 파악하고자 한다.

03 가공 공정에는 성형 공정, 성질 향상 공정, 표면 처리 공정이 있다.

04 제품 설계 과정: 제품 기획 → 개념 설계 → 제품 설계 → 시제품 제작 → 시제품 시험 및 평가 → 제품의 생산 설계 및 생산

05 구상도는 등각투상법이나 사투상법으로 형태로 치수를 대략적으로 나타낸다.

06 효율적으로 제품을 생산하기 위해서는 제조 기술 시스템이 체계적이어야 한다.

07 제작도의 설명으로 조립도, 부품도, 상세도 등이 있다.

08 숨은선은 물체의 보이지 않는 부분을 나타내는 선으로 파선으로 나타낸다.

09 정투상법의 제3각법을 표현한 그림이며, ㉠는 물체의 윗면을 표현한 것이다.

10 단조 가공은 재료를 두들겨서 성형하는 방법으로, 가장 오래된 가공 공정 중의 하나이다.

11 제조 기술은 지역 경제를 활성화시키고, 개인과 국가 경제에 이바지하는 경제적 특징을 가진다.

12 집성재는 가구, 실내 장식 재료, 대형 구조물의 보, 기둥 등에 이용된다.

13 플라스틱은 열과 압력을 가해 용융시킨 후 제품을 제작한다.

14 금속은 일반적으로 전기 전도도와 열전도성이 우수하다.

15 스마트 공장은 제품의 기획, 생산, 유통 시스템을 통합하고, 제조의 모든 단계에서 실시간 자동 생산 체계를 구축하여 고객 요구에 대한 대응과 환경 적응성을 높인 유연 생산 체계이다.

16 건설 기술은 인간 생활에 필요한 구조물과 시설물을 만든다.

17 건설 기술 시스템은 사람의 생활공간 등을 안전하고 쾌적하게 하기 위하여 설계하며, '투입 → 과정 → 산출 → 되먹임' 단계를 거치는 일련의 건설 과정과 이에 관여하는 다양한 요소를 가진다.

18 건설 구조물은 기능성, 안정성, 내구성, 경제성 등을 고려한 기획과 이를 토대로 한 설계, 그리고 설계 도면에 따라 정해진 장소에서 시공하여 완성된다.

19 건설 기획은 구조물의 용도, 규모와 예산, 대지 조건, 건설 시기와 공사 기간 등을 고려하여 기본 계획을 세우는 과정이다.

20 극장, 백화점, 대형 할인점 등은 상업용 시설로 분류된다.

21 가설 공사는 울타리, 공사용 동력, 용수 설비, 안전 설비, 작업장, 숙소 등 임시 시설 등을 세우는 것을 말한다.

22 일회성에 대한 설명으로 건설 구조물의 대표적인 특성이다.

23 최근 건설 기술의 문제점 중 하나는 세계적으로 건설 기술 보호 정책이 강화되고 있다는 것이다.

24 친환경 건설 구조물은 장소에 구애받지 않고 건축한다.

25 건설 기술은 인간의 다양한 수요에 부응하는 기술 개발을 통한 부가 가치가 높은 산업으로 변화될 것이다.

26 노동력의 전문화와 안전성 확보를 위한 시공 기술의 기계화와 기술 집약화 추진

27 건설 모형은 건설될 구조물을 미리 보거나 완성된 모양을 관찰할 수 있도록 여러 가지 재료를 이용하여 만든 것이다.

28 건설 모형은 유실되었거나 역사적으로 가치 있는 구조물을 모형으로 제작 · 복원하여 보존할 수 있다.

29 다양한 방법으로 해결할 수 있도록 창의성을 발휘해 본다.

30 재료 준비를 철저히 해 제작할 때 차질이 발생하지 않도록 한다.

31 해칭은 단면도에서 물체의 절단면을 나타내는 선으로 가는 실선으로 나타낸다.

32 전성과 연성은 가공성에 긍정적 영향을 준다.

33 건설 구조물의 사용 목적, 건설 장소, 규모, 공사 시기 등 전반적인 흐름을 생각하여 건설 구조물에 대한 기본 계획을 세우는 것을 건설 기획이라고 한다.

34 기본 설계는 설계자의 구상을 구체적으로 도면으로 표현하는 과정으로, 계획 설계에서 표현한 것을 도면(배치도, 평면도, 입면도, 단면도, 투시도 등)으로 작성한다.

35 제조 기술에 대한 설명으로 재료를 가공 · 처리하여 제품으로 변화하는 활동이 중심이다.

36 우리가 사용하는 다양한 제품은 자연에서 얻어진 재료를 가공하고 조립하는 등의 제조 과정을 거쳐 생산된다.

37 토목 기술은 자연을 효과적으로 이용하기 위하여 자연환경을 개량하거나 생활환경을 더 좋게 하기 위한 시설물을 계획하고 시공하는 것을 말한다. 건축 기술은 인간이 생활을 영위하는 데 필요한 쾌적하고 유용한 공간이 되는 구조물을 만드는 것을 말한다.

38 건설 구조물의 생산 과정을 나타낸 것이다.

39 철근 콘크리트 공사, 철골 공사, 조적 공사 등이 대표적인 공사이다.

40 생산 기술의 일반적 개념 이해를 측정하는 문제로 예시에 나타난 것처럼 다양한 재료를 변환시켜 유용한 물건 제작을 통해 우리 생활에 영향을 주고 내용으로 구성하는 것이 좋다.

41 최신 건설 기술은 신기술 · 신재료의 적용과 컴퓨터를 이용한 건설 기술의 정보망 구축과 활용, 건설 기술이 패키지로 발전하고 있다는 내용이 포함되어야 하며, 건설 기술의 보호 정책 강화와 기술 이전 기피 등의 문제점을 추가하는 것이 좋다.

42 건설 기획은 건설 과정의 효율적인 공사 추진을 위해 목표 및 방법을 설정하는 활동이다. 건설 구조물의 목적을 이해하고, 장소, 규모, 자원, 문제 등을 고려하여 기본 계획을 세우는 내용이 포함되어야 한다.

수행	활동지 ❶	청소년기의 특성 알아보기

단원	I. 청소년기 발달의 이해 01. 청소년기 발달과 긍정적 자아 정체감 형성
활동 목표	청소년기 남녀 신체 발달의 특징과 차이점을 파악할 수 있다.

● 청소년기는 2차 성징과 함께 성장 급등 현상을 보이게 된다. 이때 남자와 여자에서 나타나는 발달의 공통점과 차이점을 더블 버블맵에 글과 그림을 이용하여 정리하고, 청소년기란 무엇인지 정의해 보자.

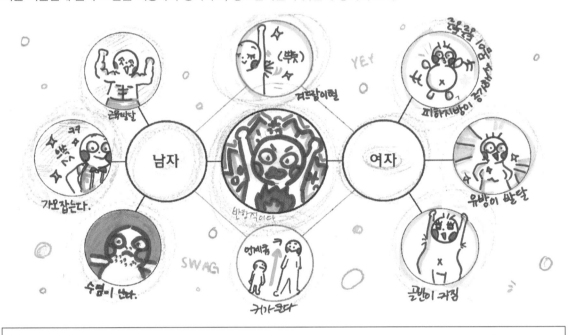

청소년기는 (나를 알아가는 과정이다.   )

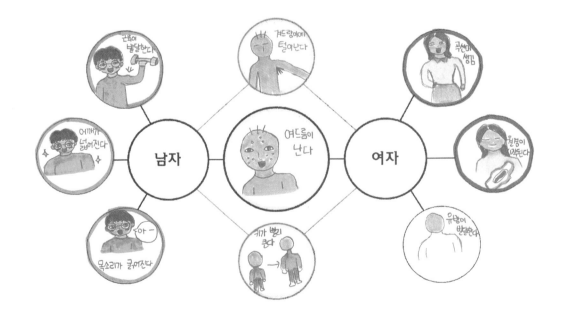

청소년기는 (남자와 여자가 확실히 구분되는 어른이되는 과정이다.   )

청소년기 성적 발달의 특성 알아보기

단원	**I. 청소년기 발달의 이해** 01. 청소년기 발달과 긍정적 자아 정체감 형성
활동 목표	청소년기 남녀 신체 발달에 따른 2차 성징과 생리 현상을 설명할 수 있다.

◯ 동영상을 시청한 후 청소년기의 신체 발달에 따른 2차 성징과 생리 현상에 대해 정리해 보자.

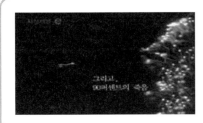

- 동영상 제목: 18cm의 긴 여행
- 출처: EBS(지식채널e)
- 영상 주소:
  http://www.ebs.co.kr/tv/show?prodId=352&lectId=1177649
  https://www.youtube.com/watch?v=6A9g8lPw-BE

❶ 남성과 여성의 생리 현상에 대해 설명해 보자.

① 남성의 생리 현상

사정	정자가 정액과 함께 음경을 통해서 배출되는 현상
몽정	잠을 자는 동안 무의식적으로 일어나는 사정 현장

② 여성의 생리 현상

배란	좌우 난소에서 번갈아가며 한 달에 한 개씩 성숙한 난자가 배출되는 현상
월경	임신이 되지 않으면 두꺼워진 자궁 내막의 모세혈관이 파열되면서 혈액이 난자와 자와 함께 몸 밖으로 배출되는 현상
월경 주기	월경이 시작된 첫날부터 다음 월경이 시작되기 전날까지를 말함
월경 시 몸 관리	몸이 피곤하기 쉬우므로 격한 운동이나 정신적 긴장 및 자극적인 음식을 피하고, 몸을 따뜻하게 하여 충분한 수면을 취하도록 한다.

❷ 다음 그림을 보고 수정과 착상에 대하여 설명해 보자.

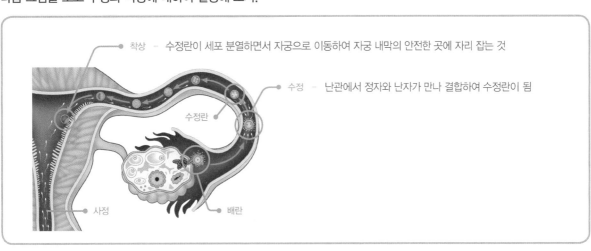

착상 - 수정란이 세포 분열하면서 자궁으로 이동하여 자궁 내막의 안전한 곳에 자리 잡는 것

수정 - 난관에서 정자와 난자가 만나 결합하여 수정란이 됨

나의 사춘기 선언문 만들기

단원	**I. 청소년기 발달의 이해** 01. 청소년기 발달과 긍정적 자아 정체감 형성
활동 목표	자신의 사춘기 검사를 해보고, 청소년기를 잘 보내기 위한 자신의 다짐을 선언문으로 작성해 본다.

○ 청소년기를 사춘기라고도 하는데, 이 시기를 잘 보내야 성숙한 어른으로 성장할 수 있다. 나의 사춘기 검사를 해 보고, 사춘기 선언문을 만들어 보자.

항목	예	아니오	결과 해석
1. 부모님은 나를 잘 이해하지 못한다.			0~2개
2. 예전보다 자주 거울을 본다.			
3. 엄마가 잔소리를 하면 신경질이 난다.			사춘기가 멀었음
4. 혼자 있고 싶을 때가 많다.			3~4개
5. 부모님보다 친구들과 있는 것이 더 좋다.			이제 곧 사춘기가 시작됨
6. 옷차림에 신경을 많이 쓴다.			
7. 연예인이나 운동선수의 팬클럽에 가입했다.			5~8개
8. 친구들과 휴대 전화 연락을 많이 한다.			현재 사춘기
9. 형제와 다투는 일이 많아졌다.			9~10개
10. 좋아하는 이성 친구가 있다.			
합 계	개	개	사춘기의 절정

• _____ 의 사춘기 선언문

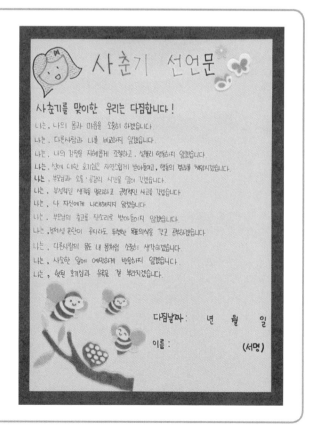

단원	I. 청소년기 발달의 이해
	02. 건강한 친구 관계 만들기

활동 목표	청소년기 이성 교제에 대한 찬반 입장을 참고하여 자신의 생각을 정리해 본다.

● 다음은 '청소년기의 이성 교제가 바람직한가?'라는 주제에 대하여 찬성과 반대 입장을 정리한 것이다. 글을 읽고 질문에 답하시오. [논술형 문제]

찬성	반대
가. 자신과 다른 특성을 갖고 있는 이성 친구들을 이해하는 데 도움이 된다. 이성 친구와의 만남을 통해 남녀의 다른 점을 이해할 수 있고, 이성을 호기심의 대상이 아니라 동료나 협력자로 여기게 되며, 서로 존중하고 신뢰를 쌓을 수 있다. 나. 우리가 내면적으로 성장하는 데 도움이 된다. 이성 친구와 좋은 인간관계를 유지하는 방법을 알게 되고, 이성에 대한 예의를 배우게 된다. 또한 이성과의 만남과 그에 따른 반응을 통해 자신의 본래 모습에 대한 이해를 높일 수 있다. 다. 서로 다른 특성을 가진 이성들과 사귀는 경험을 통해 자신에게 어울리는 미래의 배우자를 선택하는 안목을 키워 나갈 수 있다.	가. 이성 교제에 지나치게 집착할 경우 일상생활에 지장을 줄 수 있고, 학업 등 자신이 해야 하는 일들을 소홀히 하게 된다. 또한 청소년기에 우정을 쌓는 것은 매우 중요한 일이다. 그런데 이성 친구에게 과도한 집착을 보이는 경우 동성 친구들에게는 소홀해지는 경우가 많다. 나. 남녀의 신체적, 심리적 차이를 인정하고 존중하지 않은 채 사귀다보면 서로 정신적인 스트레스와 갈등만 쌓이게 된다. 또한 이성 교제 중 충동적인 성적 행동으로 인한 임신 가능성도 무시할 수 없다. 다. 이성 교제를 하면서 과도한 용돈을 지출하게 된다. 데이트 비용이나 각종 기념일을 챙기게 되면서 용돈이 턱없이 부족해지고 경제적으로 큰 부담이 된다.

❶ 찬성과 반대 입장의 의견을 요점 정리하시오.

찬성 의견의 요점	반대 의견의 요점
가. 이성친구를 이해하는 데 도움이 된다. 나. 성숙한 인격 형성에 도움이 된다. 다. 자아 성찰에 도움이 된다. 라. 정서적으로 안정되고 삶의 활력을 얻는다. 마. 배우자 선택을 위한 안목을 키울 수 있다.	가. 일상생활을 소홀히 할 수 있다. 나. 지나친 신체 접촉으로 심리적 불안, 임신 등의 문제를 야기할 수 있다. 다. 이성의 특수성을 이해하지 못한 갈등으로 인해 스트레스가 생긴다. 라. 과도한 용돈 지출로 인해 경제적 부담이 생긴다. 마. 동성 친구와의 관계가 소홀해질 수 있다.

❷ 주제에 대한 자신의 최종 입장을 이유와 함께 쓰시오.

나는 청소년기에 이성에 대한 호기심과 더불어 친밀한 관계를 형성하고자 하는 마음이 생기는 것은 정상적인 과정이라고 생각한다. 따라서 이성 교제를 하되 반대 측에서 주장하는 문제점이 발생하지 않도록 노력하는 자세가 필요하다고 생각한다. 왜냐하면 청소년기의 이성 교제는 성 역할의 학습과 이성과의 조화로운 인간관계를 위한 경험을 제공하고, 서로의 인격을 성숙하게 하는 장점이 있기 때문이다. 그러나 이성에 대한 관심이 지나칠 경우 학업에 소홀해지기 쉽고, 다른 친구와 폭넓게 사귀는 데 방해가 되며, 지나친 신체 접촉으로 인해 임신 등의 문제점을 발생시킬 수 있으므로 이에 대한 노력이 필요하다.

단원	II. 청소년기 식 · 의 · 주 생활문화와 안전 01. 청소년기 식생활
활동 목표	청소년의 식생활 실태 점검과 영양소 분류 등을 통해 식생활의 문제점을 분석하고 해결 방안을 생각해볼 수 있다.

⬤ 다음은 중학교 학생이 1일 섭취한 음식의 예를 적어 놓은 것이다.

식사 시간	섭취한 음식	비고
아침 7시	물 한 잔	
10시(쉬는 시간)	비스킷	
12 : 30	잡곡밥, 쇠고기 미역국, 고등어 무 조림, 멸치 볶음, 김치, 사과 주스(가당 주스)	학교 급식
17 : 30	햄버거, 콜라	편의점
22 : 00	라면	집

❶ 위 학생이 이러한 식사를 지속적으로 하여 식습관이 형성된다면 이 중학생의 식생활에서 어떤 문제점이 생길 수 있는지 나열해 보고, 이런 문제점을 해결하기 위한 방법을 제시해 보자.

	식생활의 문제점	해결 방법
1	아침 결식	• 일찍 일어난다. • 저녁에 늦게 자지 않는다. • 밤늦게 야식을 먹지 않는다.
2	간식 섭취	• 우유 섭취를 권장한다. • 소화되기 쉬운 과일과 야채를 먹는 것이 좋다.
3	저녁에 인스턴트 식품 섭취	• 인스턴트 식품이나 가공식품의 섭취를 줄인다. • 탄산 음료 섭취를 줄인다. • 저녁은 모든 영양소가 포함된 식사가 되도록 한다.
4	늦은 저녁의 야식	• 밤늦게 먹지 않는다. • 야식의 경우 소화가 잘되는 것으로 먹고, 자기 직전에 먹지 않는다.

❷ 위 학생이 먹은 음식에 들어 있는 대표적인 영양소를 분류해 보자.

식품이나 음식	영양소	식품이나 음식	영양소
비스킷	탄수화물	김치	비타민, 무기질
콩밥	탄수화물, 단백질	사과 주스	비타민, 무기질, 탄수화물
쇠고기 미역국	단백질, 비타민, 무기질	햄버거	탄수화물, 단백질, 비타민, 무기질
고등어 무 조림	단백질, 지방, 비타민, 무기질	콜라	탄수화물
멸치 볶음	단백질, 지방	라면	탄수화물, 지방

❸ 위 식단에서 가장 부족한 영양소는 무엇인지 생각해 보고, 이를 보충하기 위해 섭취해야 할 식품을 적어보자.

위와 같은 식사를 통해서 부족한 영양소는 칼슘이다. 비타민이나 무기질이 들어 있는 야채나 김치를 섭취하기는 하였으나 우유 및 유제품의 섭취가 부족하므로, 우유 · 치즈 · 아이스크림 등의 유제품을 섭취하는 것이 좋다.

단원	Ⅱ. 청소년기 식 · 의 · 주 생활문화와 안전 02. 개성은 살리고 타인은 배려하는 의생활 실천 / 03. 의복 마련 계획과 선택
활동 목표	나의 체형과 상황에 맞는 옷차림을 디자인의 원리를 이용하여 디자인해보고, 의복 구매 계획을 세워볼 수 있다.

◯ 봄에 체험학습을 가려고 할 때 나의 체형과 상황에 맞는 옷차림을 디자인의 원리를 이용하여 디자인해 보고, 의복 구매 계획에 따른 구매 계획을 세워 보자.

❶ 나에게 어울리는 옷을 디자인해 보자.

나의 체형을 분류하고 아래 사항의 디자인 원리에 적합하도록 설명했는지 체크한다.

디자인의 원리 설명(나의 체형에 맞는 디자인의 원리를 설명)

① 체형

키가 큰 체형	키가 작은 체형	뚱뚱한 체형	마른 체형
• 위아래 옷을 다른 색으로 배색하거나 허리에 벨트 등의 장식을 한다. • 장식물과 장신구 등은 큰 것을 활용하고, 윗옷은 허리선이 낮은 것을 선택한다. • 상하의를 다른 색이나 장신구로 분할한다.	• 위아래 옷은 같은 계열의 색으로 배색하고, 장식물과 장신구는 작은 것으로 한다. • 윗옷은 허리선의 위치를 높게 하고, 목둘레선 주위에 악센트를 주어 시선을 주도록 한다. • 프린세스 라인과 같이 세로로 선이 들어간 원피스로 키를 커 보이게 한다.	• 광택이 없는 중간 두께이면서 부드러운 재질의 옷감을 선택한다. • 세로선과 짙은 계열 색상을 활용한다. • 어두운 색으로 부피를 줄이거나, 너무 크거나 너무 타이트한 옷은 피하는 것이 좋다.	• 너무 얇은 재질보다는 힘 있는 재질의 옷감을 선택한다. • 부피감이 있어 보이도록 밝고 따뜻한 색상을 선택한다. • 밝은 색상의 여유 있고 풍성한 스타일로 마른 체형을 커버하도록 한다.

② 얼굴형

둥근 목둘레선은 얼굴을 둥글게, 뾰족하고 깊은 목둘레선은 얼굴을 갸름하게 보이게 하므로 얼굴형과 같은 형태의 목둘레선은 피하는 것이 좋다. 각진 얼굴형의 경우 둥근 목둘레선을 선택하면 분위기를 부드럽게 해준다.

둥근형 얼굴	역삼각형 얼굴	긴 얼굴	각진 얼굴
스퀘어 목둘레선, V자형 목둘레선, 보트형 목둘레선	U자형 목둘레선, 하이 목둘레선	둥근 목둘레선, 라운드 목둘레선,	라운드 목둘레선, 스칼렙 목둘레선

타원형 　 둥근형 　 역삼각형 　 사각형 　 긴형

❷ 의복 구매 계획을 세워 보자.

나에게 어울리는 디자인을 고려하여 체험학습 시 입고 갈 기성복을 구매한다.

기성복 구매의 장점		① 장점 • 맞춤복에 비해 가격이 저렴하다 • 손쉽게 구매할 수 있다.
		② 단점 • 개성과 취향을 살리기 어렵다. • 치수가 정확하게 맞지 않을 수 있다. • 디자인을 고려하여 신중하게 골라야 한다.
구매 장소	인터넷 쇼핑몰	① 장점 • 유통비가 절약되어 가격이 싸다 • 구매 시간과 장소의 구애를 받지 않는다. • 다양한 상품을 비교할 수 있다.
		② 단점 • 옷의 형태나 질감(촉감)을 확인할 수 없다 • 옷의 치수가 정확하지 않는다. • 판매업자에 대한 신뢰성이 떨어진다.
제품 선택 시 고려할 사항	• 입고 벗기 편한지 착용감을 살펴본다(너무 끼거나 불편하지 않은지, 어깨 너비와 품, 소매통 등에 여유가 있는지 등). • 마름질이 바르게 되었는지 살펴본다(좌우 대칭이 되는지, 시접 분량이 적당한지 등). • 바지나 치마는 앉아 보아서 너무 끼거나 불편한지 본다. • 바느질이 튼튼한지 살펴본다(바느질, 단춧구멍, 지퍼 등). • 품질 표시를 보고 확인한다(치수, 섬유 혼용률, 세탁법, 품질 인증 마크 등 확인).	

교실의 쾌적한 실내 환경 유지하기

단원	II. 청소년기 식 · 의 · 주 생활문화와 안전 05. 쾌적한 주거 환경과 안전
활동 목표	쾌적한 실내 환경 요소를 파악하고 이를 위해 할 수 있는 일을 설명할 수 있다.

○ 학교 교실의 쾌적한 실내 환경을 위해 우리가 할 수 있는 일을 찾아보자.

❶ 우리 학교의 교실 실내 환경의 현재 상태에 대한 설명이다. 쾌적한 실내 환경을 위해 개선하기 위한 방법을 찾아보자.

교실 내 환경	현재 실태	개선해야 할 점
실내 열 환경	• 난방을 축열기로 하여 반대쪽은 춥다.	• 국부 난방은 한쪽만 난방이 되므로 축열기 옆에 모이지 않도록 한다.
	• 에어컨으로 냉방을 한다.	• 에어컨과 선풍기를 같이 사용하여 냉방을 하는 것이 효과적이다.
실내 빛 환경	• 남향은 투명 유리라 햇빛이 강하게 들어오면 칠판의 글씨가 잘 보이지 않는다.	• 투명 유리일 경우, 유리창에 선팅을 하거나 채광량을 조절하기 위해 커튼이나 블라인드 등을 사용해야 한다.
실내 공기 환경	• 남쪽으로 유리창이 있고 반대편에 유리창은 적다.	• 바람이 들어오는 쪽과 마주 보게 창이나 문을 만들어 둔다.
	• 창과 문으로만 환기를 한다.	• 환기를 위해 공기 청정기를 설치하거나 자주 환기를 하는 것이 좋다.
실내 소리 환경	• 학교 앞이 큰 도로가 있어 자동차 소리가 들린다.	• 도로 쪽으로 방음벽을 설치하거나 나무를 심는다.
	• 수업 중 교실 출입문을 여닫을 시 큰 소리가 난다.	• 출입문에 도어체크를 설치하는 것이 좋다.

❷ 학교에서 우리 교실의 쾌적한 환경을 유지하기 위해서 할 수 있는 일을 적어보자.

교실 내 환경	우리가 실천할 수 있는 일
실내 열 환경	• 겨울철에 내복 입기 • 겨울철 축열기 옆에 모이지 않기 • 축열기 주변을 깨끗이 하기 • 건조할 때는 젖은 수건을 널어놓기
실내 빛 환경	• 유리창을 깨끗하게 닦기 • 유리창 주변에 물건을 쌓아 두지 않기 • 조명등 갓을 깨끗하게 청소하기 • 채광량을 조절하기 위한 커튼이나 블라인드를 깨끗하게 닦기
실내 공기 환경	• 환기를 자주 하기 • 실내 청소를 깨끗하게 하기 • 실외화를 신고 실내 출입을 하지 않기 • 실내화를 신고 밖으로(운동장) 외출하지 않기
실내 소리 환경	• 실내에서 큰 소리 지르지 않기 • 출입문 여닫을 때 조용히 하기 • 실내에서 지나친 장난을 하지 않기 • 출입문을 발로 차지 않기

수 행 활 동 정 답

수행 활동지 ❶ 나의 생활 시간을 점검하고 관리해 보기

단원	**III. 청소년기 자기 관리와 소비 생활** 01. 청소년기 균형 잡힌 자기 관리
활동 목표	하루 생활 시간을 분류하고, 나의 생활 시간을 점검하고 관리할 수 있다.

❶ 아래 청소년 통계 그래프를 보고 괄호 안에 들어갈 생활 시간 분류 내용을 적어보자.

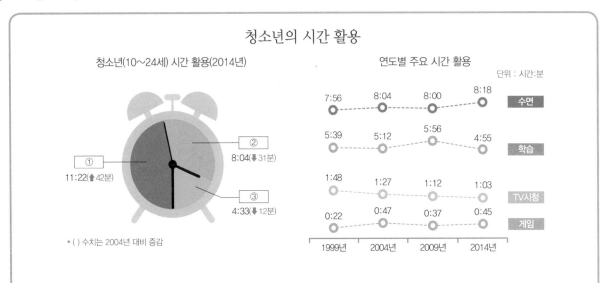

청소년의 시간 활용

청소년(10~24세) 시간 활용(2014년)

연도별 주요 시간 활용
단위 : 시간:분

① 11:22(↑42분)
② 8:04(↓31분)
③ 4:33(↓12분)

* ( ) 수치는 2004년 대비 증감

수면: 7:56 / 8:04 / 8:00 / 8:18
학습: 5:39 / 5:12 / 5:56 / 4:55
TV시청: 1:48 / 1:27 / 1:12 / 1:03
게임: 0:22 / 0:47 / 0:37 / 0:45

1999년   2004년   2009년   2014년

2014년 청소년은 하루 24시간 중 생존에 꼭 필요한 (① 생리적(필수)) 생활 시간에 11시간 22분(47.4%)을 사용하며, 주어진 일을 하는 (② 노동(의무)) 생활 시간에 8시간 4분(33.6%), 자유로운 시간인 (③ 여가(사회 · 문화적)) 생활 시간에 4시간 33분(19.0%)을 사용하는 것으로 나타났다.

〈출처〉 통계청 · 여성가족부, 2016 청소년 통계, 2016.

❷ 나의 일상생활 시간 사용 내용을 적어보고 각 내용을 위의 생활 시간 분류 중 어디에 해당하는지 해당 번호에 체크해 보자.

오전/오후	시간	시간 사용 내용	생활 시간 분류		
오전	7:00 ~ 7:50	자리 정리, 씻기, 아침 식사	①	②	③
	7:50 ~ 8:10	버스 타고 등교	①	②	③
	8:10 ~ 8:30	자습, 조회	①	②	③
	8:30 ~ 12:30	오전 수업(쉬는 시간 30분 포함)	①	②	③
오후	12:30 ~ 1:00	점심 급식	①	②	③
	1:00 ~ 1:30	친구 만나기, 매점 가서 오후 간식 사기	①	②	③
	1:30 ~ 4:10	오후 수업, 방과 후 특기적성 수업(쉬는 시간 20분 포함)	①	②	③
	4:10 ~ 4:30	종례, 청소	①	②	③

	4:40 ~ 5:00	버스타고 하교	①	②	③
	5:00 ~ 5:30	방 정리, 옷 갈아입기, 가방 풀기	①	②	③
	5:30 ~ 6:00	SNS 및 메일 확인	①	②	③
	6:00 ~ 7:00	가족들과 저녁 식사, 쉬기	①	②	③
	7:00 ~ 9:00	온라인 강의 듣기	①	②	③
	9:00 ~ 10:00	학교 과제 하기	①	②	③
	10:00 ~ 11:00	음악 듣기, 책읽기, 웹 서핑하기	①	②	③
	11:00 ~ 11:30	하루 일과 블로그에 올리기	①	②	③
	11:30 ~ 12:00	가방 싸기, 잘 준비	①	②	③
오전	자정 ~ 아침 7:00	취침	①	②	③
총 소요시간			9시간 20분	11시간 20분	3시간 20분

❸ 나의 생활 시간 사용 내용을 보고 객관적인 시각에서 잘된 점과 반성할 점, 개선하고 싶은 점을 적어보자.

① 잘된 점: 인터넷 사용 시간이 적절함

② 반성할 점: 가족과 함께 하는 시간이 부족함

③ 개선 방안: 저녁 먹은 이후에 가족과 대화하는 시간을 30분 정도 늘릴 예정임

섬유에 따른 의복 관리 방법 알아보기

단원	Ⅲ. 청소년기 자기 관리와 소비 생활 03. 의복 재료에 따른 세탁과 관리
활동 목표	섬유의 특성을 이해하고, 섬유의 특성에 따라 적절한 의복 관리 방법을 적용할 수 있다.

⚫ 다음 민희와 민수의 의복 관리 사례를 보고 질문에 답해보자.

> 한번 세탁했을 뿐인데 옷이 너무 작아졌어.

민희는 새로 산 스웨터를 입고 친구를 만나 점심을 먹었다. 집에 돌아와 보니 식사 중 음식을 흘렸는지 새 옷에 얼룩이 생겨 있었다. 민희는 스웨터를 세탁기에 넣었다가 주말에 가족들 세탁물과 함께 세탁하였다.

그런데 세탁 후에 보니 얼룩도 제대로 지워지지 않았고 스웨터의 크기가 줄어 있었다.

민수는 작년 봄에 입었던 재킷을 꺼내는데 옷의 군데군데 작은 구멍이 나있고 곰팡이가 나 있었다. 작년 봄 마지막으로 입었을 때 별다른 오염이 없어보여서 그대로 깨끗한 비닐 커버를 씌워 옷장에 잘 보관했는데 무엇이 문제였는지 알 수가 없었다. 민수는 아끼던 재킷을 더 이상 입을 수 없게 되어 매우 속상했다.

> 작년에 입고 잘 보관해두었는데 왜 구멍이 난걸까?

❶ 민희의 스웨터는 어떤 섬유로 만들어졌을지 추측해 보고, 그렇게 추측한 이유를 써보자. 그리고 민희의 의복 관리 과정 중 잘못된 점을 2가지만 적어보자.

추측한 섬유명	모 섬유
추측한 이유	천연 섬유 중 모 섬유는 물, 알칼리, 물리적 힘을 받으면 엉키면서 수축하는 축융성을 가지고 있으므로 물세탁으로 인해 수축될 수 있는 섬유로 추측할 수 있다.
민희의 의복 관리 과정 중 잘못된 점	① 옷에 생긴 부분적인 오염은 바로 제거해야 하는데 그렇게 하지 않았다. ② 의복의 '의류 취급 표시'를 확인하지 않아서(드라이클리닝을 해야 할) 울 스웨터를 물세탁하였다. 즉, 의복의 '의류 취급 표시'를 확인하지 않아서 섬유와 의복의 특성에 맞지 않는 세탁 방법을 사용하였다.

❷ 민수의 스웨터는 어떤 섬유로 만들어졌을지 추측해 보고, 그렇게 추측한 이유를 써보자. 그리고 민수의 의복 관리 과정 중 잘못된 점을 2가지만 적어보자.

추측한 섬유명	천연 섬유(면 섬유, 마 섬유, 견 섬유, 모 섬유 모두 정답으로 인정)
추측한 이유	천연 섬유는 적절하게 관리하지 않았을 경우 벌레가 먹거나 곰팡이가 번식하기 쉽기 때문이다.
민수의 의복 관리 과정 중 잘못된 점	① 옷을 장기적으로 보관할 때는 반드시 적절한 방법으로 세탁한 후에 보관해야 하는데, 그렇게 하지 않았다. ② 의복을 장기적으로 보관할 때는 습기가 없는 곳에 바람이 잘 통하도록 비닐 커버를 벗겨 보관하며, 천연 섬유로 만들어진 옷일 경우에는 방충제를 함께 넣어 보관해야 한다.

수행 활동지 ③ 소비자 정보의 중요성 알아보기

단원	**Ⅲ. 청소년기 자기 관리와 소비 생활** 04. 청소년기 책임 있는 소비 생활 실천
활동 목표	소비자 정보를 분석해 보면서 소비자 정보의 중요성을 이해할 수 있다.

❶ 개인적 원천의 정보: 직접 경험해 본 것을 평가해 보자(느낀 점, 구입 장소, 가격, 맛 등).

종류	식품과 관련된 정보(개인적 경험)
식품 에너지바	• 다른 과자보다 가격은 조금 비싸지만 청소년기 영양 섭취에 도움이 되는 영양소가 들어 있어 먹었을 때 건강해지는 것 같았다.
운동화 (N** 사)	• 평소 신고 싶었던 것으로 가격은 일반 운동화보다 비싸지만 편하다. • 인터넷으로 구입하였는데 백화점에서 산 친구보다 싸게 구입했다.

❷ 중립적 원천의 정보: 원료, 품질, 영양 함량 등을 객관적으로 분석해 보자.

식품명		식품과 관련된 정보(객관적이고 정확한 정보)		
마시는 빙수	용량	100ml		
	원재료	정제수, 프락토 올리고당, 혼합탈지유, 탈지분유, 유청퍼미에이드, 딸기농축과즙, 합성향료, 정제소금 등		
	주요 영양소	나트륨, 탄수화물, 당류, 단백질		
	포화지방 함량	0g	나트륨 함량	10mg
	섭취 시 열량	65kcal	가격	400원
	보관 방법	냉동보관(−18℃)		
초코파이	용량	39g		
	원재료	밀가루, 백설탕, 물엿, 쇼트닝, 식물성유지, 코코아분말, 합성향료,유화제, 젤라틴, 산도조절제, 계란, 밀, 돼지 고기함유		
	주요 영양소	나트륨, 탄수화물, 당류, 지방, 포화지방, 단백질		
	포화지방 함량	4.1g	나트륨 함량	90mg
	섭취 시 열량	171kcal	가격	200원
	보관 방법	직사광선을 피해 온습도가 낮은 곳에 보관		

❸ 상업적 원천의 정보: 상품의 판매를 목적으로 한 광고를 분석해 보자.

상품명	*** 크림(TV 홈쇼핑 광고 제품)	광고 내용	일주일만 꾸준히 저녁에 바르고 자면 주름이 펴지고 미백 효과도 있다.
신뢰할 수 있는 부분	거의 없음	과장된 부분	과연 있던 주름이 펴지고 얼굴도 하얗게 변할 수 있을 까? 만약 그렇다면 우리 인체에 유해한 물질이 함유 된 것은 아닐까?

올바른 소비자 역할 알아보기

단원	Ⅲ. 청소년기 자기 관리와 소비 생활 05.청소년기 책임 있는 소비 생활 실천
활동 목표	합리적인 구매 의사 결정 단계를 설명하고, 책임있는 소비 행동을 위해 해야 할 일을 개인·기업·정부 차원에서 제시할 수 있다.

❶ 윤호는 클래식 기타를 구입하려고 한다. 윤호가 따라야 할 합리적인 구매 의사 결정 과정의 단계와 유의사항을 빈 칸에 적어보자.

합리적 의사 결정 과정의 단계명	단계별 특징 및 유의사항
[문제 인식] 단계	• 구매의 필요성을 느낀다. 　– 나에게 꼭 필요한가? 　– 충동 소비는 아닌가?
[정보 탐색] 단계	• 필요한 상품에 대한 정보를 수집한다. 　– 어디서 구매할 수 있는가 　– 가격은 적당한가?
[대안 평가] 단계	• 상품을 비교·평가한다. 　– 나의 예산과 맞는지, 원하는 디자인이나 색상인지, 치수나 크기 등이 맞는지 등을 비교하고 대안을 찾는다.
[구매] 단계	• 상품을 선택하여 구매한다. 　– 나에게 가장 적당한 상품을 선택한다. 　– 지불 방법을 신중하게 결정하고 영수증을 꼭 받는다.
[구매 후 평가] 단계	• 구매 결과를 평가한다. 　– 구매한 물건이 불만족스러운 경우에 어떤 행동(환불, 교환, 수리 등)을 할 것인지 결정한다.

❷ 다음 자료를 토대로 책임 있는 소비자 사회를 만들기 위해 개인, 기업, 정부가 해야 할 일을 각각 1가지 이상 적어보자.

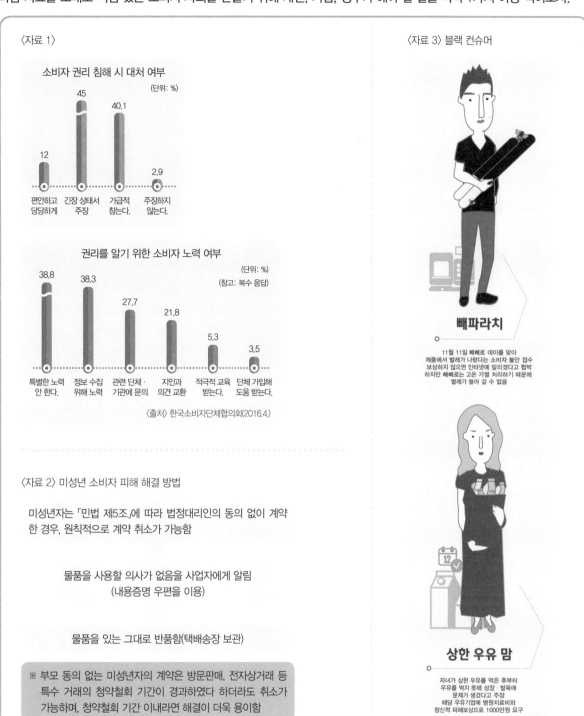

〈자료 1〉

소비자 권리 침해 시 대처 여부
(단위: %)

12 — 편안하고 당당하게
45 — 긴장 상태서 주장
40.1 — 가급적 참는다.
2.9 — 주장하지 않는다.

권리를 알기 위한 소비자 노력 여부
(단위: %)
(참고: 복수 응답)

38.8 — 특별한 노력 안 한다.
38.3 — 정보 수집 위해 노력
27.7 — 관련 단체·기관에 문의
21.8 — 지인과 의견 교환
5.3 — 적극적 교육 받는다.
3.5 — 단체 가입해 도움 받는다.

〈출처〉 한국소비자단체협의회(2016.4.)

〈자료 2〉 미성년 소비자 피해 해결 방법

미성년자는 「민법 제5조」에 따라 법정대리인의 동의 없이 계약한 경우, 원칙적으로 계약 취소가 가능함

물품을 사용할 의사가 없음을 사업자에게 알림
(내용증명 우편을 이용)

물품을 있는 그대로 반품함(택배송장 보관)

※ 부모 동의 없는 미성년자의 계약은 방문판매, 전자상거래 등 특수 거래의 청약철회 기간이 경과하였다 하더라도 취소가 가능하며, 청약철회 기간 이내라면 해결이 더욱 용이함

〈자료 3〉 블랙 컨슈머

빼파라치

11월 11일 빼빼로 데이를 맞아 제품에서 벌레가 나왔다는 소비자 불만 접수 보상하지 않으면 인터넷에 알리겠다고 협박하지만 빼빼로는 고온 가열 처리하기 때문에 벌레가 들어 갈 수 없음

상한 우유 맘

자녀가 상한 우유를 먹은 후부터 우유를 먹지 못해 성장·발육에 문제가 생겼다고 주장 해당 우유기업에 병원치료비와 정신적 피해보상으로 1000만원 요구

〈출처〉 http://www.visualdive.com

개인	소비자의 권리뿐만 아니라 의무도 지킨다, 윤리적 소비에 관심을 갖는다 등
기업	소비자들이 안심하고 사용할 수 있는 물건을 만든다, 환경을 생각하는 제품을 만든다, 소비자를 존중하고 공정한 태도로 대한다 등
정부	소비자를 보호할 수 있는 제도들이 안정적으로 시행될 수 있도록 노력한다, 소비자를 위한 교육을 확대한다, 사회적으로 책임있는 소비 문화가 정착될 수 있도록 제도적·재정적 지원을 한다 등

수행 활동 정답

수행 활동지 ❶ 기술의 발달이 가져올 직업의 변화 예측하기

단원	IV. 기술과 발명의 이해, 그리고 표준화 01. 기술의 발달과 사회 변화
활동 목표	기술의 발달에 따른 직업의 변화를 예측하고, 그 이유를 설명할 수 있다.

⭕ 내 직업이 구직자에게 일자리 정보를 제공하는 구직 상담사라 가정하고 다음 문제를 해결해 보자.

많은 전문가들은 미래 사회에서는 현재 존재하고 있는 대부분의 직업이 사라지고 새로운 직업이 생겨날 것으로 예측하고 있다. 다음은 미래의 일자리 관련 기사이다.

> 우리나라에서도 산업용 로봇들이 다수의 공장에서 일한지 오래되었고, 최근에는 성능이 뛰어난 로봇이 의사나 증권 분석가 등 전문 분야에서도 활용되고 있다. 로봇에 의한 일자리가 늘어나면서 경기는 침체되고 수많은 실업자들이 발생할 것으로 예상된다. 반면에 기술의 혁신으로 새로운 일자리가 많이 생겨날 것이라고 전망하는 사람도 있다. 기술 혁신이 우리 모두에게 풍요로움을 가져다주려면 변화에 적응하려는 노력이 반드시 필요하고, 인간이 기계를 어떻게 사용할 것인가에 대한 해결책을 찾는 노력이 필요할 것이다.
>
> 〈출처〉 한겨레신문(2016. 3. 21.)

》 다음 표의 직업들 중 미래에 사라질 확률과 이유를 예측해 보자. 또 미래에 생겨날 직업에는 어떤 것이 있는지 알아보고 발표해 보자.

직업	사라질 확률(%)	이유
요리사	85	요리 로봇 발명
보안 전문가	10	정보 보안의 중요성으로 관련 인력 필요
교사 · 교수	50	인터넷 및 로봇 강의 활용
통역사	95	동시통역 이어폰 발명
경기 심판	99	로봇 심판의 활용
단순 제조공	95	로봇이나 3D 프린터로 대치
프로그래머	10	코딩의 중요성과 로봇 조종
의사	50	인공 지능(AI)의 활용으로 정확한 진단 가능
운전 기사	99	자율 주행 자동차가 운전자 대체
미래에 생겨날 직업	환경 기술자, 날씨 조정 관리자, 로봇 수리 전문가, 3D 프린터 수화 전문가, 가상 현실 공간 디자이너, 우주 여행 관련 직업, 감정 치료사 등	

레오나르도 다빈치의 아이디어 세계 알아보기

단원	Ⅳ. 기술과 발명의 이해, 그리고 표준화 03. 기술적 문제 해결하기
활동 목표	기술적 문제 해결 과정을 이해하고, 제품의 부품과 작동 원리를 설명할 수 있다.

● 내가 레오나르도 다빈치가 되었다 가정하고 다음 문제를 해결해 보자.

> 레오나르도 다빈치(1452~1519)는 르네상스 시대의 이탈리아를 대표하는 천재적 미술가 · 과학자 · 기술자 · 사상가이다. 그의 유품 중 우연히 발견된 스케치북에 기계와 비슷한 그림이 남아 있었는데, 그가 스케치한 많은 아이디어 중 현재에 실제로 만들어 작동해 본 결과 거의 대부분이 작동이 가능하였다.

» 레오나르도 다빈치가 구상한 각종 장치 중에서 대표적인 부품과 작동 원리를 조사해 보자.

아이디어 장치	부품과 작동 원리	아이디어 장치	부품과 작동 원리
외륜선	• 사용된 부품 페달, 벨트, 태엽, 기어 장치, 톱니바퀴, 날개(터빈), 크랭크 등 • 작동 원리 왼쪽 페달 → 벨트 작동 → 중앙 장치 회전 → 바퀴에 동력 전달 → 기어 장치 작동 → 축 회전 → 오른쪽 외륜 작동(오른쪽 페달을 밟으면 교차되어 작동)	연마기	• 사용된 부품 크랭크, 기어 장치, 톱니바퀴, 숫돌 등 • 작동 원리 크랭크 회전 → 연마용 석재 회전 및 기어에 동력 전달 → 기어 장치 작동 → 연마 재료 회전
장갑차	• 사용된 부품 크랭크, 기어 장치, 톱니바퀴, 외륜 등 • 작동 원리 크랭크 회전 → 바퀴 및 외륜 작동으로 육지뿐만 아니라 물 위에서도 이동 가능	글라이더	• 사용된 부품 천막, 나무 뼈대 등 • 작동 원리 바람을 타거나 상승 기류 이용, 양력을 많이 받을 수 있도록 날개 크기 조절
프로펠러	• 사용된 부품 나선형 철판, 나무 뼈대, 천막, 고정 구조물, 회전판 등 • 작동 원리 회전 장치 작동 → 날개 회전 → 상승	자동 드럼	• 사용된 부품 수레바퀴, 기어 장치, 톱니바퀴, 북채 등 • 작동 원리 수레바퀴 → 기어 장치 작동 → 톱니바퀴 작동 → 북채 작동

문제 해결을 위한 발명 기법 알아보기

단원	IV. 기술과 발명의 이해, 그리고 표준화 04. 발명의 이해
활동 목표	일상생활에서 발명 기법이 적용된 제품을 찾아보고, 해당 제품의 발명 기법을 설명할 수 있다.

○ 발명가의 입장에서 여러 발명 기법과 아이디어를 구상하여 문제를 해결해 보자.

> 발명품을 자세히 관찰해 보면 일정한 원리나 규칙이 있다. 이 원리나 규칙을 분석하여 체계적으로 정리해 놓은 것을 발명 기법이라고 한다. 발명 기법은 새로운 아이디어를 구상할 때 문제 해결 방안을 고안하는 데 도움을 준다. 현재보다 새롭고, 진보적이고, 실용 가능성이 있는 발명품을 창출할 수 있는 능력을 키워보자.

≫ 다음은 문제를 해결하기 위한 다양한 발명 기법이 적용된 발명품이다. 이 발명 기법의 종류를 쓰고, 각각의 발명 기법을 적용한 제품을 찾아 기록해 보자.

발명품	발명 기법과 제품	발명품	발명 기법과 제품
세면대 포함 소변기	• 발명 기법 　더하기 기법 • 적용 제품 　– 라이트 펜 　– 다용도 칼 　– 롤러스케이트	 무선 전동 공구	• 발명 기법 　빼기 기법 • 적용 제품 　– 씨 없는 수박 　– 좌식 의자 　– 무선 마우스
 풀 통 활용 비누통	• 발명 기법 　용도 변경하기 • 적용 제품 　– 온도계와 체온계 　– 선풍기와 환풍기 　– 풀 통 활용 버터통	여러 모양 드라이버 날	• 발명 기법 　모양 바꾸기 • 적용 제품 　– 구부러지는 빨대 　– 곡면 음료수병 　– 휴대폰 모양 변경
 거꾸로 가는 시계	• 발명 기법 　반대로 하기 • 적용 제품 　– 거꾸로 세우는 용기 　– 러닝머신 　– 분수	 접히는 자동차	• 발명 기법 　크게 또는 작게 하기 • 적용 제품 　– 접이 우산 　– 파라솔 　– 접는 자전거
 여러 재료로 만든 컵	• 발명 기법 　재료 바꾸기 • 적용 제품 　– 유리컵과 종이컵 　– 나무 책꽂이와 플라스틱 책꽂이 　– 구두와 운동화	 벨크로 테이프	• 발명 기법 　아이디어 빌리기 • 적용 제품 　– 우표와 커터 칼 　– 냉장고와 에어컨 　– 가시 넝쿨과 철조망

수행 **활동지 ④** 일상생활 속 표준 알아보기

단원	**Ⅳ. 기술과 발명의 이해, 그리고 표준화** 06. 생활 속 문제, 창의적으로 해결하기
활동 목표	표준화와 비표준화 사례를 알아보고, 표준화의 필요성을 설명할 수 있다.

⬤ **표준화된 제품을 사용하며 편리했던 경험을 바탕으로 다음 문제를 해결해 보자.**

> 우리가 인식하지 못하는 사이 우리가 생활하는 공간에 굉장히 많은 약속과 규칙이 있다. 흔히 사용하는 멀티탭, 규격 나사, 건전지, USB 등 만드는 업체가 다르더라도 누구나 공통으로 사용할 수 있도록 한 표준화는 우리에게 많은 편리함을 가져다준다. 우리는 일상생활에서 비표준화되어 불편한 것들을 찾아 표준화할 수 있는 노력을 하여야 한다.

≫ **일상생활에서 표준화되어 편리함을 주었던 것과 아직 표준화가 되지 않아 불편한 사례를 찾아보자.**

1) 일상생활에서 표준화된 사례(제품)

사례(제품)	좋은 점	표준화되지 않았다면?
건전지 규격	AA, AAA 등 규격만 알면 교체 가능	지금의 휴대폰 배터리처럼 규격이 맞지 않아 교체 불편
나사 규격	어디서든 지름과 길이만 알면 사용 가능	같은 호칭이라 크기가 맞지 않는 경우 발생
형광등 규격	어느 업체 제품이든 교체 가능	업체별 형광등 기구마다 규격이 맞아야만 사용 가능
신발 사이즈	업체별 사이즈가 거의 동일	맞춤 신발만 사용해야 하는 불편
플러그	어느 회사 제품이든 사용 가능	각 제조사의 기기와 맞는 멀티탭만 사용 가능하여 불편
그 외 표준화된 사례들	페트병 뚜껑, 신호등 규격 및 색깔, 표준어, 계단 오르내림 방향, 방문 손잡이 규격, 샤프심 규격, 전압, 전봇대의 길이, 도로의 규격, 키보드의 배열 등	

2) 표준화되지 않아 불편한 사례(제품)

사례(제품)	불편한 점
교과서 크기	가방, 책꽂이, 서랍 등의 정리 및 보관이 불편
휴대폰 충전기	안드로이드 폰과 아이폰의 충전 단자가 호환되지 않아 불편
휴대폰 배터리 크기	다른 기종의 휴대폰으로 교체 시 기존 배터리 사용 불가
기존 전통 단위 사용	평, 길, 리, 척, 돈, 배럴, 야드, 온스 등의 단위 사용으로 혼란
고기와 밥의 1인분 양	지역이나 업소마다 고기와 밥의 1인분 양이 달라 혼동
그 외 표준화되었으면 하는 사례들	자동차 정비 서비스 기준, 노트북 충전 단자, 동일한 질병에 대한 의료비, 프린터 토너, 의류 사이즈 등

수행 활동지 ❶ 제품의 재료, 설계, 공정의 과정 알아보기

단원	V. 생산 기술 시스템 01. 생산 기술의 이해
활동 목표	생산 기술을 이해하고, 하위 요소인 재료, 설계, 공정을 설명할 수 있다.

○ 필기를 할 때 흔히 사용하는 연필의 재료, 설계, 제조 공정을 조사해 보자.

제조 공정	과제 해결 내용
재료 (원료)	흑연, 나무, 고무(지우개), 함석 등
설계 (도면)	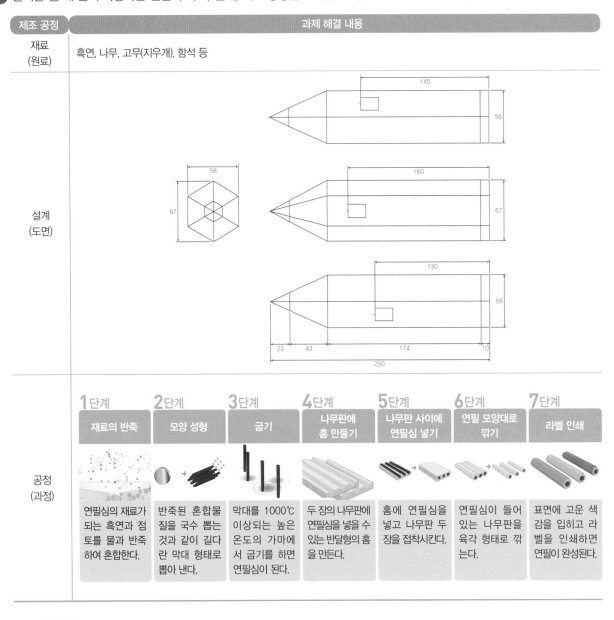

공정 (과정)

1단계 재료의 반죽 연필심의 재료가 되는 흑연과 점토를 물과 반죽하여 혼합한다.

2단계 모양 성형 반죽된 혼합물질을 국수 뽑는 것과 같이 길다란 막대 형태로 뽑아 낸다.

3단계 굽기 막대를 1000℃ 이상되는 높은 온도의 가마에서 굽기를 하면 연필심이 된다.

4단계 나무판에 홈 만들기 두 장의 나무판에 연필심을 넣을 수 있는 반달형의 홈을 만든다.

5단계 나무판 사이에 연필심 넣기 홈에 연필심을 넣고 나무판 두 장을 접착시킨다.

6단계 연필 모양대로 깎기 연필심이 들어 있는 나무판을 육각 형태로 깎는다.

7단계 라벨 인쇄 표면에 고운 색감을 입히고 라벨을 인쇄하면 연필이 완성된다.

※ 주의 사항
1. 연필은 일반적으로 사용하는 나무 연필을 대상으로 한다.
2. 설계는 표준화 규격 또는 각자의 손에 맞는 제품으로 할 수 있다(신제품 디자인).

나는 토목 설계 기획자_직업 체험하기

단원	**V. 생산 기술 시스템** 05. 건설 기술 시스템과 생산
활동 목표	건설 기술 시스템의 의미를 이해하고, 토목 구조물의 생산 과정과 특성을 구체적으로 설명할 수 있다.

○ 내 직업이 토목 설계 기획자라고 가정하고, 다음 문제를 해결해 보자.

> 토목 구조물은 도로, 항만, 댐, 교량 등과 같이 자연을 효과적으로 이용하여 인간이 보다 좋은 환경에서 생활하기 위하여 생활 환경을 정비하고, 자연 환경을 바꾸는 구조물이다. 이러한 토목 구조물은 규모가 크고 반영구적이므로 경제성, 효용성 등을 충분히 검토한 후에 건설해야 한다.

① **다음 각 토목 구조물의 문제점을 조사해 보고, 해결 방법을 제안해 보자.**

구분	문제점	해결 방법 제안
도로	• 아스팔트, 시멘트 도로가 보편화되고 있다. • 지역의 특성이 반영되지 않고 있다.	• 주변 환경을 면밀히 검토하여 어울리는 도로를 건설한다. • 지역 특성이 반영된 도로를 건설한다.
항만	• 건설 지역이 제한적이다. • 많은 건설 비용이 들어간다.	• 자연친화적인 항만 건설 기술을 발전시켜 적용한다.
교량	• 시간과 비용이 많이 들어간다. • 생태 환경을 파괴할 수 있다.	• 새로운 공법 개발을 노력한다. • 자연 친화적인 재료를 사용한다.
공항	• 주변이 소음 공해의 피해를 받고 있다. • 자연 환경을 파괴할 수 있다.	• 자연 환경 파괴를 최소화하면서 공감대가 형성되는 공항을 건설한다.

② **위의 ①에서 알 수 있는 공통된 문제점을 분석해 보고, 자신이 토목 건설 기획자의 입장에서 문제를 해결할 수 있는 정책을 제안해 보자.**

공통된 문제점	• 많은 시간과 노력, 비용이 들어간다. • 자연 환경을 파괴할 수 있는 영향이 있다. • 지역의 민원을 유발할 수 있다.
정책 제안	• 친환경적인 건설 공법을 적용한다. • 생태 환경의 분석과 영향을 연구한다. • 함께 공감하는 건설 정책을 제안한다.